论建筑场

丁宁　著

中国建筑工业出版社

图书在版编目（CIP）数据

论建筑场/丁宁著. —北京：中国建筑工业出版社，2010
ISBN 978-7-112-11724-6

Ⅰ. 论… Ⅱ. 丁… Ⅲ. 建筑理论 Ⅳ. TU-0

中国版本图书馆 CIP 数据核字（2010）第000625号

责任编辑：唐　旭
责任设计：崔兰萍
责任校对：陈晶晶

论 建 筑 场
丁宁　著

*

中国建筑工业出版社出版、发行（北京西郊百万庄）
各地新华书店、建筑书店经销
北京嘉泰利德公司制版
精美彩色印刷有限公司印刷

*

开本：880×1230毫米　1/16　印张：12　字数：480千字
2010年3月第一版　2010年3月第一次印刷
定价：**68.00**元
ISBN 978-7-112-11724-6
（18964）

引　言

建筑是非常奇妙的事物，它除了现实生活实用的功能，还包含与表达很多东西，比如技术、科学、艺术、美学、哲学等，这些内涵被溶解在建筑的意识或形象中，给人以丰富的体验和想象。建筑正是以得天独厚的包容性优势，赋予了建筑多重的意义。它既是物质的，又是意识的；它既可以刺激人的感官知觉的感应体验，也能够触及人的心灵情感的哲思体悟；它既具有明确的公众意志指向，也反映微妙的个体思绪变化；它既是功能的物化，又是文化的载体。就像安藤忠雄所说："……没有哪个领域像建筑和城市这样，涉及社会、文化、哲学、艺术、经济、政治、科学技术以及其他的各种社会层面，并对各个领域都有着本质的影响。因此，建筑和城市可以认为是所有人类活动的交汇点。"①

在建筑环境中生活，是人类文明的体现，是人的一生中每天都在经历的事情。建筑场，就是一种触摸、体验和解读建筑的方式。这种方式不同于一般诉诸理性的分析，而是以人的感性体验为基本特征来实践的，我们必须重视这种感性体验的实践，因为在这种感性体验背后，有着人们丰富的知识、经验、记忆、情感作为积淀，它支配着感性体验，并成为建筑情感与精神意义的台基。

建筑、环境、场所有着自身的存在特征、变化规律和生态价值，它是一个包罗万象的肌体，是具有情感影响力的事物。我们每天都生活在我们自己营造的老的或新的建筑环境中，我们所有的行为、心理、感觉、体验、感情都溶解在这个环境中，无论在什么样的建筑环境中生活，人们也许会习以为常，司空见惯，不会特别意识到它们什么是应该的或不应该的，什么是好的或者什么是不好的。但是，由建筑存在而产生的建筑场效应却在潜移默化地影响着人们的生存意识和状态，使得人们的生活过程在这种影响之下悄然地发生着变化。紫禁城、圆明园、四合院、胡同对北京的浸润；外滩、苏州河、弄堂、石库门于上海的熏染；秦淮河、明城墙、夫子庙、乌衣巷之南京的陶泽。它们不仅仅是有差异的物质环境，更是对城市文化性格构建产生了巨大影响的精神环境。这就是建筑场的意义与魅力！

对于城市这个象征着现代文明的建筑场而言，它具有更深远的意义，因为它记录着社会演化的轨迹，也预示着未来文化的走向选择。因此，对待当下建筑及其活动的态度应该保持一种宽广的文化视野，在对深层的人性探寻和理性的科学考证中前行。

在对建筑若干问题的探讨研究中，对于建筑活动整体价值的认识是一个核心的问题。

---

① （日）安藤忠雄．安藤忠雄论建筑．白林译．中国建筑工业出版社，2003，62.

概括说来，对建筑活动整体价值的认识来源于三个方面，第一方面是建筑意识活动，总体上属于建筑哲学范畴，它包括建筑思想、建筑伦理、建筑观念、建筑美学、建筑思潮等方面的建筑意识活动，体现为形而上的特点。第二方面是建筑物化活动，即建筑物化过程中所包含的科学、技术、材料、艺术、工艺等因素的实践性活动，它体现了建筑活动的创造实践性。第三方面则是建筑体验活动，即人在建筑空间环境中的体验与认知过程，它反映了人与建筑空间环境之间的关系，即功能、精神、情感等方面的价值体现。三个方面的内容对于建筑活动具有同等重要的意义：缺失了建筑意识活动，建筑活动的内在机理就无法考证和推导；没有了建筑物化活动，就失去了建筑活动中的物质存在和物化实践的意义；忽略了建筑体验活动，建筑与人的诸多关系及效应则无从衡量和评价。这三个层面的内容基本构成了建筑活动整体价值体系的框架。因此，在考量建筑活动效应价值的过程中，有必要从这三个方面来综合考虑，才能够客观地、科学地、由表及里地进入建筑活动体系的机理，研究并揭示出建筑活动的整体价值意义所在。

建筑及其空间的形成，是实现建筑功能的物质基础，这些由物质构成的建筑（或称建筑物）能否实现积极的建筑活动目的，既立足于建筑物本身的规划、设计与营造，又取决于置身于建筑空间环境中人的个体或群体对建筑空间环境的心理和行为参与性的体验和评价。“建筑的意义并不简单依赖于实体——建筑物本身，而是与接受者的主体意识密切相关。因而建筑的意义不是一成不变的，随着时间、地域的变化，接收者的个体差异，会使建筑作品的意义也处在不断被创造的过程中。”① 因而建筑并非是孤立的研究对象，它必须与人的建筑体验结合起来，才能完整地解释建筑活动的意义。

由于建筑与人的信息交互活动是在某种特定的建筑环境中产生的，因此便会衍生出建筑信息场的概念，这就是本文所设定的研究课题——对“建筑场”的研究，在这里面我们会涉及到很多问题，比如，对建筑场的基本概念如何理解？人在参与建筑空间与环境的活动中，信息交互活动会反映出何种规律与特征？不同的建筑体验会导致何种场效应？整个建筑场信息活动内在的机理是什么？这就是本书所要研究、讨论和阐述的问题核心。简而言之，这既涉及建筑与空间环境物化的问题，也探讨关于人对建筑空间环境知觉心理与行为体验的问题，二者既互为因果关系，也为互动关系，是一个相互关联的整体。

同时，建筑场研究与实践的意义具有软科学的特征和意义，内涵极为丰富。李斌在《空间的文化——中日城市和建筑的比较研究》一书中指出：“我们的生活环境不仅仅是由空间实体结构构成，还包含着社会的因素和信息的因素。建筑学不应当仅仅局限于对空间实体结构的研究，还有必要对与城市建筑密切相关的社会环境（规则、习俗、制度、组织、结构等）和信息环境（感知、意识、心理、语言等）进行深入的研究。对社会环境和信息环境的研究往往比对空间本身的研究来得更为重要。对城市建筑的研究，需要更广阔的多学科的视野，这样，才能更接近生活环境的真实状态。”② 我非常赞同此观点，对建筑诸问题的研究应扩展到多学科的综合性研究领域，才能够更好地把握它的因果关系和意义所在。因此，建筑场研究就是在大的环境科学范畴内，对所涉及的建筑学、社会学、心理学、信息学、美学等学科内容进行交融和渗透，建立起一个涵盖面更广的理论体系。

对于当今社会建筑的种种现象——包括意识、态度、观点和操作而言，建筑场理论将显示出它的重要性、必要性和迫切性，它能够从更为科学理性的角度来审视建筑的价值认同与美学意义，是对建筑物化研究极为有益的理论补充。重视并展开对建筑场的研究，就是扩展思考空间，对建筑活动进行更全面、更深入的分析和研究，从建筑体验活动现象中找到其中的特征，并推导出其中的机理和规律，这有助于我们更深入地理解建筑的意义，更有效地实现建筑活动的目的，进而对建筑创

---

① 赵巍岩．当代建筑美学意义．东南大学出版社，2001，1.

② 李斌．空间的文化——中日城市和建筑的比较研究．中国建筑工业出版社，2007，1.

作实践进行科学理性的审视、评价与指导，这也是本书研究所希望达到的目的。

应该说，对建筑场理论的研究还是一个较新的课题，也是一个涵盖面极广的题目，并非几篇论文或几本专著所能够讲清楚、论透彻的，它有着很宽广的研究开发空间。所以，对于本书，仅可作为一种线条较为粗略的纲要性论述，对建筑场这一概念以及它的发生、活动机理规律等方面进行尝试性的研究讨论。需要说明的是，这种研究讨论是带有探索性的，是可商榷的，而不是作为对建筑这一事物现象的绝对原则或定论。有了这样一个前提，或许我们都能够以比较宽松的学术心态来介入对此主题的阅读、讨论与交流。

本书围绕建筑场研究，涉及建筑设计、城市规划、城市设计、环境心理、美学、信息构架学、风水学等学科内容，内容较为丰繁，但限于笔者的学识和能力，论述中常有顾此失彼之现象，疏漏浅显在所难免，还会有论述不当甚至谬误之处，希望各学界专家勘误斧正，不吝赐教。

丁 宁

2009 年 10 月于济南

目　录

第一章　建筑场概述

建筑对于人而言，不仅是实用性的空间，它还同人交流、供人体验、与人共生。建筑本身虽由物质构成，但它具备了人所赋予它的生命意义。建筑——从它确立为一个物质实体之始，就开始了它自身的意义历程，它同生活融为一体，它与人们一起共度时光，它与各种生活记忆相联系，它对人的情感产生影响，它成为某种文化的载体。可以说，人与建筑须臾不可分离，并共同构建了一个生存的情感场所。

当人们身处某种建筑环境之中时，常常会感受到建筑与空间能够给予某种知觉情绪的体验，而脱离了这个建筑环境时，这种感觉也就随之消失，或者，随着建筑环境的转换而发生体验感觉的变化。这是一种很奇妙的现象，这种影响着体验变化的现象内在的机理是比较复杂的，它既涉及客观存在的建筑，也涉及主观人的生理、心理、知觉、意识，同时也离不开诸多的与建筑相关的自然因素和社会因素。我们姑且将这种能够给人带来某种影响的空间环境称为“场”现象。由于我们在此是讨论由建筑而引起的场现象，也就自然引出“建筑场”这一概念。那么建筑场现象的发生以及内在的机理规律是怎样的，就应该是本章所要论及的主要内容。

在本章论述中，将讨论建筑场的概念、建筑场的特征、建筑场的研究内容、建筑场的理论构成、建筑场的研究方法等内容，下面对此进行系统的论述。

一、建筑场的概念

在探讨建筑场的诸问题之前，我们需要首先明确建筑场的基本概念，这一概念的逻辑确立，能够为我们展开的对建筑场的研讨确立其科学合理性，建立起一个基本的概念与范畴。

（一）“场”的解析

什么是“场”，“场”在词典中的释义，主要是从物理学角度来解释的，释义如下：“场”是“物质存在的一种基本形式，具有能量、动量和质量。实物之间的相互作用依靠有关的场来实现。如电场、磁场、引力场等”。[①] 在网络上搜索“场”的词条，解释为：“物质存在形式的一种，场中存在已知的效应（如引力、磁力或电力），并且在每一点上具有确定的值。”

为了便于理解电场、磁场与建筑场的关系，有必要对有关术语、定义进行解释，以便与其后的建筑场现象相联系。

电场——电荷周围存在着的一种特殊物质，电荷之间的相互作用是通过这种物质作为媒介而发

① 现代汉语词典．2002，3．商务印书馆，2002，143.

生的，这种物质就是电场。电荷和电场是不可分割的整体，电荷周围总存在着电场。电场具有物质的基本属性：质量和能量。电场的基本特性是它对放入电场中的电荷产生作用力，称作电场力。电荷在电场中移动时，电场对电荷做功，因此，电场具有力和能的特性。

磁场——磁体周围的空间存在着一种特殊的物质叫做磁场。磁极之间通过磁场发生作用。磁体不是磁场的惟一来源，在电流、运动的电荷以及变化的电场周围都可以产生磁场。磁场的基本性质是对处于其中的磁体、电流、运动电荷有力的作用。

电磁场——任何电场的变化都会在它周围空间产生变化的磁场；任何磁场的变化都会使它周围空间产生变化的电场。变化的电场和变化的磁场相互激发、相互依存、相互联系，是不可分离的统一体，这种统一体就称为电磁场。电磁场是一种特殊的物质，具有质量、动量和能量，基本成分是光子。

电磁感应——穿过闭合电路的磁通量发生变化，闭合电路中就有感应电流产生，这种现象叫做电磁感应。由此产生的电流叫做感应电流，形成感应电流的电动势叫感应电动势。

通过以上物理学范畴有关概念的释义，我们可以了解到，电场、磁场、电磁场、电磁感应是一种相互激发、相互依存、相互联系、不可分离的统一体。它们均为物质的存在形式，并且通过某一因素的变化而引起“场”的变化。电磁现象能够导致感应，产生感应电流。这一客观物质的表现特性与规律是我们研究建筑场科学的基础。

“场”是一种物质的存在形式，换句话说，物质的存在会产生相应的“场”。同时，这个场还具备了相应的能量、动量和质量，这是物质世界任何场效应的客观体现。从“场”的活动规律看，物质之间的相互作用决定了“场”的发生与其后过程中的一系列的变化。

那么，建筑实体作为一种物质存在，同样符合这条定律，建筑实体具备产生“场”的前提。假如我们将建筑视为“磁体”或“电荷”，那么，这个“磁体”或“电荷”周围的空间就会产生相应的“磁场”或“电场”。假如我们将人视为“电荷”，那么这个电荷既可以产生电场，也可以产生“磁场”，二者处在同一空间中时，就会因其相互作用而产生电磁场以及电磁感应现象。这种类比基于物质的客观属性。当然，建筑借用物理学概念只能是从一般物理现象的角度表述，由于建筑场涉及生理、心理、意识、社会等多方面因素，其中既有自然科学内容，也有社会科学内容，其内涵较之于一般物质的物理现象要复杂得多，但这并不妨碍由此而引出的对建筑场的逻辑推理依据。

同时“场”与其他词的组合可以基本分为两类含义：第一类表达环境的位置、范围、形状、面积，如场所、场域、场地等。第二类表达环境的景象、气氛，如场合、场景、场面。这些词组的释义，侧重于“场”的某一方面特质，呈现出“场”多方面的意义，也正是广义的“场”概念内涵的组成依据。

此外，在中国传统哲学思想体系中，“场”与“气”常联系在一起，是一个非常模糊也非常活跃的概念，它与中国传统文化对事物的体验认知观念有关。它的内涵包括人对待自然的态度，人的心理知觉体验与社会思想意识，尤其是在中国传统风水学说中的应用，更体现了其文化的综合意义。

（二）“场感”的产生

“场感”一词，表达了主客观两个方面的内容，“场”是客观环境，“感”是人的知觉体验。因此，“场感”是基于人对某种场合的感知体验而产生、决定的。

“场感”的形成首先依赖于具有某种特征的环境，比如环境所表现出来的某种景况、某种特质、某种关系、某种意义、某种氛围、某种势态等。其次，人必须处于这个环境之中，对以上环境所具有的表层的或潜在的特质进行感知体验，由此而生出一种心理上的“场域”感。

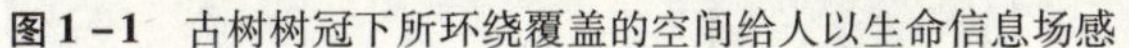
图1-1 古树树冠下所环绕覆盖的空间给人以生命信息场感

图1-2 在佛寺前的朝拜行为形成的宗教氛围场

对于“场感”，人们在生活环境中随时能够直接感受到它的存在。比如一棵古老的大树，由于它的“巨大”，能够造成空间性体量对人的知觉体验，它的树冠覆盖面就会形成伞状的空间场域感；由于它的“古老”，它就具有了人们对其时间维度的认知意义，同时也会与“生命”、“存在”等哲学问题相关联。因此，古树的空间、时间、生命、存在等信息就会交织起来，释放出它的场能量，从而形成人对其“场感”的认知体验。它体现出的是古树这一事物的某种特质和意义。

如果说，古树的例子是属于自然属性的，我们还可以举出社会属性的。无论是农村还是城市，“集市”也是一种“场”的发生地。这是一种典型的商品贸易场，是自古以来就有的人们聚集进行商品交换的空间场所。在一块场地上，有了人，有了各种商品，有了交易活动，“集市”这个场的性质和氛围就产生了，而当集市散了，这个贸易交换的“场感”也就不复存在了。可见，这个场的构成要素是人、商品和交易活动。它体现的是集市这一事物中人与人、人与商品的关系以及整个活动所形成的社会氛围。

我们还可以看到，教堂、佛寺、道观常有祈祷、拜谒的人群，人们虔诚的朝拜行为就会形成强烈的宗教氛围场。它体现的是某种宗教精神所形成的氛围。

城市中也常看到，若干排档小吃在不断地聚集，就形成了一个热闹且有市民风情的井邑餐饮场所，其实也不过就是几张简易的方桌，几个条凳而已，但它却形成了“场”。一个演讲者如果有出众的口才，听众云集，气氛热烈，整个演讲环境中就会形成信息场和情绪场的氛围。一场没有观众的足球赛，球员的比赛情绪很难全部调动起来，只有在观众山呼海啸般的观战助威声中才能形成球场比赛的热烈氛围。可见，这些事物所表现出来的氛围、情景、势态、关系，都是某种“场”的体现。

建筑也不例外，不同的建筑环境总会有属于自身的特质、氛围、态势、关系。比如住宅建筑环境具有安详平和的生活氛围，商业建筑环境则营造出喧闹扰攘的市井氛围，而宗教建筑环境则笼罩着神秘虚空的心理氛围等。

我们同样可以把这种由建筑形成的具有特质的氛围和态势称之为“场”，这种“场感”由建筑而产生，由人们来感受体验。

图1-3 传统民居安详平和的氛围

即便是属于同一类型或性质的建筑环境，因不同的境况，也常常会呈现出不同的特质。比如同为住宅，中国北京的四合院住宅形式与日本京都的町家住宅形式就有很大不同，建筑格局的不同，就会带来生活行为的不同，它们会释放出不同的场所信息，给人以不同的住宅文化体验，从而形成不同的场所意义。其原因在于这两者包含着各自的建筑文化机理和建筑外化形式，因此形成了不同的住宅生活场。

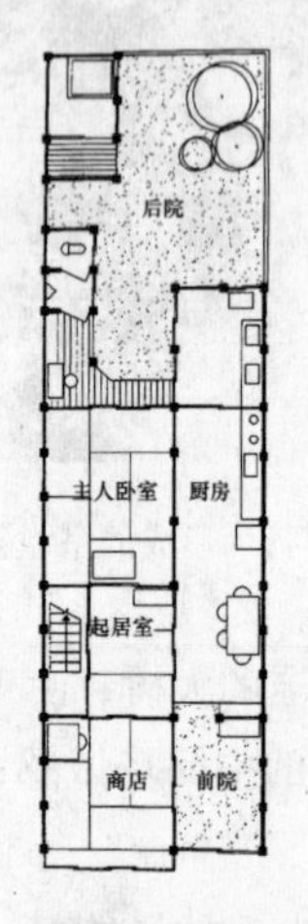

图 1-4 京都町家平面图

注：图片选自《空间的文化·中日城市和建筑的文化比较》。

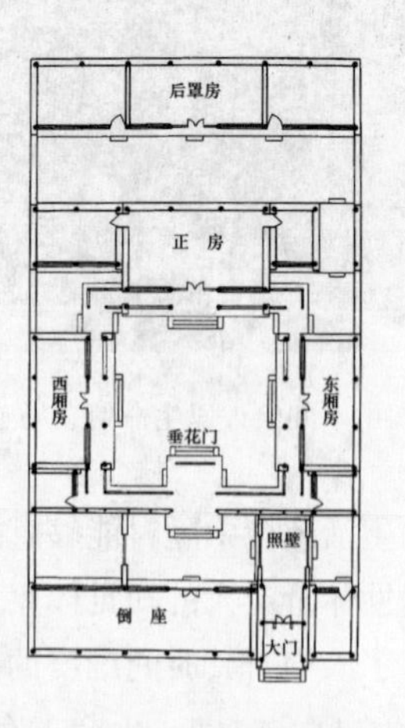

图 1-5 北京四合院住宅平面图

注：图片选自《空间的文化·中日城市和建筑的文化比较》。

还是以住宅为例，不同时代所代表的住宅形式不同，也会造成场所特点和体验的不同。中国传统的合院住宅形式，因其建筑围合的特征，会产生内向封闭的建筑物质场。同时，住所中的人际交往和生活氛围，也会形成建筑生活场。时光岁月所留下的印迹也会发散出住宅的建筑记忆场。那么，物质场、生活场和记忆场就会交织成合院住宅所特有的场所品质，形成合院住宅最鲜明的场所特点。当代高层住宅，在结构布局、空间联系、交通方式、生活方式等方面与合院住宅形式是截然不同的，由此而导致人的活动与人际交往方式的不同。合院住宅是水平空间形式，形成平和轻松的心理感受，在这种空间体验中，人是意志的主体。而高层住宅则是竖向空间和单元模块组合形式，容易造成警觉戒备的心理倾向，而此时人与空间的关系中，空间成为意志的主体。可见，同为住宅，不同时代的建筑形式造成的住宅文化和生活场均有较大的差异。

建筑的场感，是由多种因素交织而酿成的，也是人们最直接的感性体验。关于建筑场感，建筑师卒姆托曾在笔记中描述自己的感受："我在这里，坐在阳光下。一个在阳光下显得十分美丽的宏伟而高大的拱廊。那个广场为我提供了一个全景——住宅的立面，教堂，纪念物，身后是咖啡店的墙，不多不少的人们，花市，阳光。十一点钟，广场的对面在阴影中，令人愉快的蓝色。奇妙的不同声域的噪声：邻近的对话，广场上的脚步声，踏在石头上的声音，鸟语声，人群中传来的有节制的低语声，没有汽车，没有发动机声，偶尔从某个建筑工地传来的噪声。我想象开始的节假日使人们走得更为缓慢。两个修女——我们现在回到现实中，不仅是我在想象——在空中挥动着她们的手……什么使我感动？所有的事物，人、空气、噪声、声音，呈现的材料、肌理，还有形式——那些我能欣赏的形式。还有什么其他的使我感动呢？我的情绪，我的感觉，坐在那里时，充斥着我的那种期望的感觉。这不禁使我想起柏拉图那句名言：'美在观者'，也就是所有的都在我自身。但是我做了一个实验：将广场取走，我的感觉就不再一样了。当然，这是一个简单的实验：拿走广场，感觉消失。没有了那个广场的气氛，就不可能有那些感觉，真的很有逻辑性，人们与物体互动。作为一个建筑师，这正是我经常面对和处理的。事实上，这正是我的激情之所在。"① 从以上的描述可以看出，建筑场感的生动与活力既是建筑物化环境存在的结果，也是人的心理感受体验的结果。

应该认为，无论是从物质存在范畴还是心理感应范畴，无论是作为理论推导，还是对客观实践的体察，"场"的存在是毋庸置疑的。它既体现了物质客观存在中的逻辑意义，也反映了人与场所关系的感性意义。在这样一种对"场感"认同的前提下，我们就能够为"建筑场"这一命题确立科学的依据，进而对其内在的发生展开研究。

（三）建筑的意义

建筑，与人类文明的起源和发展具有同等辉煌的意义。人类为了栖息而创造了建筑，从此人类改变了自己的生命存在方式，从最初的极其原始而简陋的庇护功能被提升到人类文明标志的高度，建筑已经作为人类文化的一种形态或符号被表述。

对于"建筑"这一概念，有狭义和广义之分。狭义的"建筑"与"建筑物"或"构筑物"同义。无论是原始形态的穴居住所形式，还是当代的摩天大厦，都属于建筑的范畴。而广义的"建筑"则内涵丰富得多，它不仅体现为一个建筑物的存在，而且还包括种种隐含在建筑物背后的因素，譬如建筑的历史发展，不同时代建筑思想意识，对建筑哲学观、价值观、审美观的认识，都是广义建筑的内容。

建筑对于人的意义是不能简单地用一个物件使用功能的价值观来看待的，从人类最初的各种栖息茅舍、石屋就能够体味到，建筑是人的生存依赖和感情寄托。从我国的西安半坡遗址、北美洲印第安人棚架民居、非洲的茅舍等早期的住房就可以看出，人类文明起源与住宅的关系。住宅在人的心理上是作为某种象征而受到崇拜的。建筑之所以能够对人产生深刻的心理影响，同人类生命孕育的形态有关，母体内的子宫所带来的安全、孕育、温馨的知觉遗传最终由人世间的房屋所替代，庇护的安全感和栖息的温馨感在房屋的围合中得到体现。

建筑直接的作用是使用，但是由于人们对建筑的崇拜情结，建筑就承载了许多精神内容。首先，人们要把理想的"美"灌注于建筑之中，使其具有艺术的审美价值，同时还要将物质的建筑和空间转化为人的心理体验，使之产生丰富的体验联想，具有某种精神的象征意义。如此，建筑就不仅是一件仅被使用的事物，而且还是被知觉体验并满足情感需要的物化形态。

从无机的建筑材料到有机的建筑，建筑的意义可以分为三个层次。第一个层次是建筑的物质意义层面，它呈现为一个由物质构成的形态，这个形态是由一系列物质如砂、土、石、木、砖、钢等材料构成的，它体现建筑本源的物质意义。第二层次是建筑的现实意义层面，它呈现为一个具有现实功利意义的形态，这个形态将物质材料功能化，无论是柱、墙、屋面还是门、窗、台阶，都直接按照建筑的使用功能来设置，它使建筑具有了现实意义。第三个层次则是建筑的哲学意义层面，在这里，建筑完成了对现实的超越，建筑成为了具有符号象征意义的建筑意象，使建筑具有了美学和哲学的深度。当工匠们将一块块石头砌筑为帕提农神庙的墙体和柱体时，当工人们将一根根铁件卯固为埃菲尔铁塔的塔身时，无机的石头、钢铁就完成了自身意义的转化，升华到建筑哲学和美学的层面。这三个层次将建筑从物质升华为精神，由自在转化为意识，通过这个递进过程，我们可以从整体上把握建筑的内涵，更为系统的考察建筑的意义所在。

无论是狭义的建筑或是广义的建筑，以发展的眼光来看，就会发现它们始终在变动着，无论是建筑意识、观念，还是建筑物本身，或是一种建筑思潮取代另一种建筑思潮，或是在并存中显示各自的建筑主张，以极至的方式表达建筑，以期引起人们的关注。当今的建筑已经完全不能以传统的或者是既定的思维模式来理解和认知了，在当下，什么是建筑，建筑应该是什么样子，这样的讨论已经变得越来越不重要了。由于建筑变革的速度实在是太快了，以至于我们不能够有一种很恰当的

① 沈克宁．建筑现象学．中国建筑工业出版社，2008.

字眼来形容当前的建筑发展势态。但可以肯定的是，建筑在当今仍是多元化的，并没有固定的模式可以束缚建筑师的自由创作发挥。当今社会对建筑的宽容态度，也使得建筑更像是魔术师变幻的戏法，或是娱乐大众的游戏，建筑规则或法则的概念已经逐步被消解了。这样的建筑境况和势态对于建筑场研究来说，比较容易从建筑的个性化方面发现建筑场信息特征，同时，也由于建筑形式规则被打破，而使得在建筑认知规律方面为建筑场研究带来一定的困难。

我们在此书中使用的“建筑”，既有对其狭义的概念的理解，也包含对其广义的概念理解。之所以这样界定，是因为，建筑场的研究是围绕着建筑的物化形态——“建筑物”这一基本客观存在的事实确立并展开的，缺失了建筑物这个主体要素，建筑场就不复存在了。因此，建筑场最直接地体现在“建筑物”上。但同时，一个客观存在的建筑物必定含有建筑广义外延的多重历史、自然与社会要素。比如，建筑思想意识，建筑的时间、地域、文化、经济等背景因素对建筑的影响，建筑形式与建筑技术的体现以及建筑审美认知心理等，都是影响建筑活动与建筑物形成的条件。因此，建筑场中建筑的概念，是以狭义的建筑物为基本物质要件的，同时也涵盖通过建筑物所体现出的广义建筑所包含的相关信息内容。

（四）建筑与“场”

建筑场是由“建筑”和“场”组合成的一个新的复合词组，构成了“建筑场”的概念。从词面的基本意义上理解，就是由建筑存在而形成的场所。然而，这个由建筑存在而形成的场所并不仅仅是一个物质性空间概念，它具有更为丰富的心理感知的意义。

日本著名建筑师安藤忠雄曾说到：“虽然我认为建筑是从抽象理念中诞生出来的，但是建筑在‘建造’时，已经存在一个多样性的价值积累的‘场’，因此必须有对话交流。建筑如果没有与他者的关系是不能够存在的。”①

关于这段话，可以这样理解，建筑被物化的过程中，它已经被赋予了一定的价值积累，价值积累具有能量，从而由能量产生了“场”，而这个“场”必须在交流中被呈现意义，这种交流是在建筑的彼此之间，建筑与人的彼此之间来进行的。这是一个整体有机的关系与过程。

对“场”的释义与理解，前面已作过陈述。在以上对“场”的释义中，我们注意到了这样几个关键词，如“物质存在形式”、“量”、“效应”、“值”。这几个概念对于本书命题的研究非常重要，是我们研究命题得以确立的关键所在，也是我们展开研究的思路与线索。在以上对“场”的解释中，我们似乎能够找到与我们所讨论的建筑场相联系的契合点，“场”与建筑有一定的对应关系。其对应关系为：

物质存在的形式——建筑实体与建筑空间的客观存在。

场中存在已知的效应——建筑实体与建筑空间的综合功能（包括使用功能和精神功能）所引起的某种效应。

场中的能量、动量和质量——建筑空间场本身的综合能量强度、感应程度以及反馈效应程度，需依靠人的使用、观赏、体验活动来体现。

传递实物间的相互作用——建筑物之间、建筑环境要素之间、建筑与人之间、建筑环境与人之间的关联，他们之间信息系统的交流以及相互间的影响。

值——建筑、空间、环境所体现出的综合效能价值。

虽然建筑场感应现象并不能机械地类比物理学中电磁场的感应现象，但其中的发生机理、规律是可以借用的，这就为建筑场研究提供了一个“场”的科学依据。

另外，有关场的词组如场所、场地、场合、场景、场面等，如果与建筑进行组合，则成为建筑场地、建筑场合、建筑场景、建筑场所、建筑场面。具体对其理解的释义如下：

---

① （日）安藤忠雄．安藤忠雄论建筑．白林译．中国建筑工业出版社，2003，35.

建筑场地——一般理解为建筑营造所需要的用地，包括位置、形状、面积等内容，主要是指客观的物质空间概念。

建筑场合——一般理解为在有建筑物的地方呈现出的一种境况，其中包括建筑物、人的活动以及相应的氛围。

建筑场所——一般理解为在有建筑的地方，也兼有建筑场地与建筑场合两种含义合并的意思，是指建筑所形成建筑环境的所在。许多建筑师将“建筑场所”引申为具有时间、空间、情感、体验和文脉综合意义的建筑环境。

建筑场景——是指由建筑及相关环境构成的景象，属于建筑客观景象通过人的视觉所反映的一种映像。

建筑场面——通常是指在建筑营造活动中的一种场景状态，也可以看作是建筑施工的活动过程的景象。

以上这些词组的概念并不能够单独等同于建筑场概念，但与我们所讨论的对象——“建筑场”均有某些方面上的联系，尤其是“建筑场所”的引申概念，与建筑场关系最为密切，可以作为建筑场概念构成的有机组成部分来使用。

建筑与场的关系，概括之，就是建筑能够对其周围包括人在内的空间环境产生影响，使它们因建筑的存在而具有了场域的感应效应。建筑与场，就像是光与影的关系，有光就会产生影，有建筑则会产生相应的“场”。建筑的场通过信息交互活动，就会形成“场”效应。但是由于这个“建筑场”在建筑信息的类别、组织、结构、含量、深度等方面的差异，会造成建筑信息的系统构成不同，导致“建筑场”的性质差异，从而左右建筑的情感体验和认知倾向。

建筑的“场”是由它的多重价值性与人对这种价值的认同而产生的，建筑的价值有所不同，建筑所形成的“场”的意义也会不同，宏村古村落建筑群形成的场与上海陆家嘴商务区建筑群形成的场显然是不同的，前者的价值在于对中国传统住宅生活方式的传承展示与对建筑文化的保护，后者的价值在于当代经济发展的建筑开发需要。显然，在这两种环境中的建筑，能够有效地传导这样意义的场所信息，并为人们所获取认知。

关于建筑与场，我们以法国普罗旺斯 Senanque 修道院（1148 年）为例，这座罗马式教堂坐落于一个自然闲适的山脚下，这样的自然环境随处可见，景色并无特别之处。修道院在此建成后，建筑就与周围的自然环境形成了一道不同寻常的景致。相信当人们游历法国普罗旺斯 Senanque 修道院时，都会被这所朴实、沉静、安详的修道院所感动。修道院用石块砌造，屋身坚固、厚重、单纯、静默。屋顶密密匝匝叠落着灰白色的石灰片岩，呈现出细密的肌理感，与屋身形成强烈的疏密对比。修道院周围种植了许多薰衣草，每到开花季节，紫色的花朵簇簇绽放，就像在低声诉说着修道院所经历的时光与故事。阳光照耀着它们，建筑、树木、花草、小径都恬淡安详地被它爱抚着。湛蓝的天空下，寂静的山谷中，古老的修道院愈发显得沉静，微风轻抚蓝紫色薰衣草花穗……在这一刻，就有了一种静默感，时间在此时停滞，所有的一切都沉浸在一种悠长、安宁、朴素、美好的体验之中。古老的修道院在自然中生长和沉积，自然与人类文化就这

图 1-6 法国普罗旺斯 Senanque 修道院

样凝结成了一体，共同地呼吸着，没有任何虚张声势的喧嚣和哗众取宠的造作……这座修道院之所以具有这样的魅力，就是因为它所释放出的历史、美学、宗教价值信息，使修道院具有了建筑磁场的能量，人们置身其中，自然就会感受到建筑磁力的作用，使这所建筑产生出强烈的建筑美学效应。

图1－7 法国普罗旺斯 Senanque 修道院

各种建筑环境都会通过自身信息的凝聚和传递，形成各自的建筑场的特质和氛围。我们通过对中国皖南民居宏村的考察，同样能够强烈地感受到建筑与场的关系。高高的马头墙、错落有致的民居组合、层层递进的院落天井、环绕村中的水圳与沼池，置身并穿行于这样的生态建筑群落中，感受着生动质朴的生活场景，就会被这种散发着中国传统文化气息的建筑营造所感动，体验到中国建筑文化和地域民居风情的信息能量释放。在这里，建筑既营造了一个村落民居的物质场，也营造了一个生存文化的精神场。在这里，不仅仅是看到了民居房屋，还会真切地感受到这里渗入肌体的生活氛围和人伦情感。可见，建筑不仅是本身物质形态的构建，还会因自身的信息特质的释放而营造出特有的场感精神和场感体验。

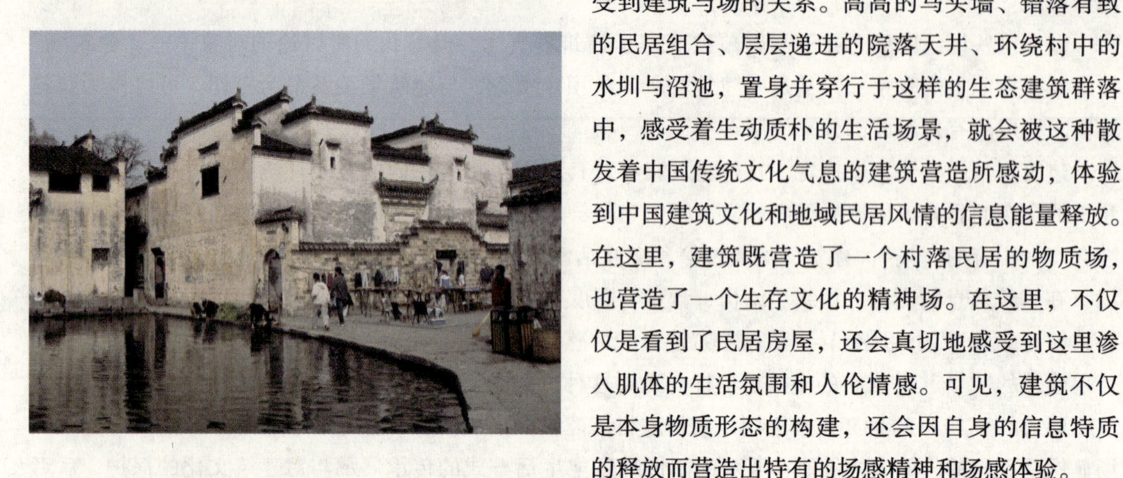

图1－8 安徽黟县宏村

（五）建筑场与建筑空间

建筑场这个概念与建筑空间有密切的联系，但又不完全一致。从某种意义上看，“场”与空间有其共性的部分。那么，建筑场是否就等同于建筑空间呢？如果建筑场等于建筑空间，我们就没有必要再创造出建筑场这样一个新的概念来替代建筑空间了，还延续原有建筑空间的提法岂不更好？关于这一点，下面我们来进行讨论分析。

在对建筑相关问题的论述上，我们在通常情况下会使用“建筑空间”一词，在这里，使用“建筑空间”概念并无逻辑上的问题，但既然这里提出了“建筑场”的概念，那么就意味着这两个概念是有所区别的，应该不是简单的对“建筑空间”一词的置换，而是对其含义的理解上的区别。下面我们可以从其释义上来分析二者的不同。

现代汉语词典中对“空间”的释义为：“与时间相对的一种物质存在形式，表现为长度、宽度、高度。”① 从释义中可以看出，“空间”虽然也表现为物质存在形式，但它所表述的是客观、物理的三维特征。两者之间的共同点在于，“场”与“空间”都可以表述一个由长度、宽度、高度三维要素构成的区域，而“场”则表述在物质三维特征存在的同时，又增添了“动态性”这一要素，其内容包括时间与维度的动态变化，使用建筑或置身于建筑环境中的人心理动态变化与行为的动态变化。

两者的不同点：“场”的意义在于“存在形式”、“量”、“效应”、“值”必须要有标准参照要素，否则无法进行对“量”、“效应”、“值”等概念的测定。

下面我们可以比较一下“建筑场”和“建筑空间”之间的关系与差异：

（1）“建筑空间”可以独立存在，“建筑场”须在人的个体或群体的参与下才能形成。“建筑空

---

① 现代汉语词典．商务印书馆，1981，122.

间”是形成“建筑场”的前提条件，人对“建筑空间”的感知体验是形成“建筑场”的必要条件。

(2)“建筑空间”表述物质存在的物理尺度，而“建筑场”除了表述物理尺度，还包含了人的心理尺度与精神尺度的内容。

(3)“建筑空间”具有独立客观存在的表述，而“建筑场”除了具有客观存在表述，还具有主观（人）客观（建筑）相互作用所产生的效应意义。

(4)“建筑空间”表述长、宽、高三维关系，“建筑场”除了表述长、宽、高三维关系外，还包括“运动”和“时间”二维关系，因此建筑场的内涵中包括静态的长、宽、高三维关系与动态的运动、时间二维关系，共呈现五维关系。

由此可见，“建筑空间”与“建筑场”概念存在着一定的差异，“建筑空间”是纯客观的物化存在形态，“建筑场”则是介入了标准参照要素，这个参照要素即使用、认知和体验建筑空间的人。“建筑空间”所显示出的“量”、“效应”、“值”，应是由使用、体验建筑空间的人来判断和评价的。参照要素的介入，才使得“建筑场”这一概念在其性质上不等同于“建筑空间”。在“建筑场”概念中，建筑空间状态是主观的人在观照客观建筑时所呈现出的一种特殊的建筑体验形态，使得“建筑场”具有了主体（人）和客体（建筑）之间的信息交流、认知和体验的性质。也正是这一参照要素的介入，使得“建筑场”这一概念具备了生动和丰富的活性内涵。

通过以上分析看出，在某种意义上，“建筑场”比“建筑空间”的外延要广，内涵要丰富，但这也并不意味着在任何情况下都必须要用“建筑场”取代“建筑空间”，对于不同的研究对象和研究目的，这两种概念可以择情而用。

需要说明的是，建筑场地、建筑场合、建筑场景、建筑场所、建筑场面等概念并不等同于建筑场，但与建筑场有着密切的关联。建筑场地、建筑场合、建筑场景、建筑场所、建筑场面等概念表述侧重于一种客观的、旁观的、外在视野的表述，它们可以作为建筑场概念中所涉及的某些相关部分，而不能取代建筑场的概念内涵。

（六）建筑场概念系统

建筑场具有复合性，它涉及并包含三种子系统，它们分别为：物质场系统、心理场系统和社会场系统，建筑场就是由这三种系统的共同发生而生成的。下面我们分别对这三种系统展开具体分析。

1. 物质场系统

建筑场概念构成系统之一，是建筑物的存在而形成的场系统，源于物理学对“场”的意义解释，体现为物理电磁感应现象，是物质间相互作用而产生的一种场现象。这种电磁感应现象对于建筑场概念的确立具有极其重要的意义。我们知道，建筑物的物质特性构成了空间“体”与“量”的客观事实，同时，这个“体”和“量”还包含着知识、经验、材料、技术、艺术、应用等诸多的信息，比照物理学电磁感应原理，我们可以将建筑视为一个信息载体，它的周围存在着强弱程度不一的信息场，建筑物、建筑空间及相关环境所释放的所有信息都可以被视为建筑场的能量，其强弱程度依照建筑信息的“量”和“质”来确定。而身处建筑磁场中的人的个体或群体可以被视为电荷（信息接收体），当人们在建筑信息场中活动时，就会被建筑场中的信息流所穿透，产生类似电磁感应的现象。在这种类比中，主要是从物理学电磁感应现象中获得的启示，而其中的生物电磁感应机理并不是我们在此所要推导的重点。

2. 心理场系统

建筑场概念构成系统之二，源于建筑信息作用于心理的感应。主要体现为人类感官神经对外部事物信息刺激的知觉反应，进而引发的心理感应和体验活动。它与人的感官神经知觉特性有关，也与人对建筑的功能性意义认知心理和建筑社会性意义认知心理有关。

人对外部事物信息刺激的反应依赖于人的感官生理构成，感官的功能以及它们所发挥的作用。人的感官分别为：视觉、听觉、嗅觉、触觉、动觉、平衡觉等。在对建筑环境的知觉中，不同的感官各司其职，分别获取不同的信息，在经过大脑的处理后，形成对建筑环境的综合知觉，而建筑环境这一事物信息的丰富性则会极大地影响人们复杂的心理活动。从心理学角度分析，人的知觉系统包括生物遗传知觉与后天经验知觉，是由一般形式知觉机理与经验知觉机理共同构建的。在一定的建筑场域内，除了三维物质场，还会有暗示与联想的心理场，这个心理场会因人而异地形成个体性的空间联想，物质场衍化为一种空间的情绪或情感知觉，它超出建筑空间所规定的物理尺度，形成活跃的个体心理场的体验。

3. 社会场系统

建筑场概念构成系统之三，源于建筑的社会属性。建筑现象的发生与一定的社会形态、伦理意识、生活方式、生产方式、建造技术等社会因素有关，无论是古老的民居宅院还是当代的摩天大厦，它们之所以能够存在，必定离不开社会诸多因素的影响。而作为使用和体验建筑的人，也因生活在特定的社会形态中而受到社会意识的影响，对具有社会属性的建筑产生相应的认知。因而，建筑不可能是脱离社会背景的“纯粹物”，尽管可能会有建筑师以“纯粹”这样的字眼来阐释自己的建筑观念，但从客观事物发展规律的角度看，作为生活在特定社会中的建筑师，必然会处在社会的思想意识包围、浸润、影响之中，因而他所创作的建筑，也必然会按照事物发展的规律来呈现出它的面貌。建筑的社会场也就是建筑的社会意识形态场，它既贯穿于建筑物体内，也渗透于人对建筑的感知、体验、认知和感情中。

以上三方面系统是建筑场形成的依据，三者相互交叉感应，便会生成复杂多样的场效应，从而形成建筑场的概念体系。

（七）建筑场概念的形成

基于以上对“建筑场”概念逻辑的系统分析，我们现在力图能够用一种言简意赅的表述来概括建筑场的含义。下面为“建筑场”概念作一个概括的陈述：

建筑场是一种建筑环境形态，但这种形态超出人们通常所认识的建筑物化的实体形态的内涵和外延，它将建筑、环境与人之间可变性的因素都加入到了这个概念中来，它包括自然、人工、社会、意识、心理、行为、体验、情感等因素，而且特别强调作为使用建筑的人对建筑的情感体验的重要意义。建筑场是由客观存在的建筑物质要素、建筑社会意识要素与人的主观体验认知要素共同构成的，是物质与意识信息交互感应活动的产物，概括其定义为：建筑场是以建筑物（建筑信息发生方）的存在所形成的建筑实体与空间作为前提条件，以人（建筑信息获取方）介入其间的动性存在形式作为必要条件，在一定的社会思想意识的影响作用下，通过建筑—人之间信息活动的方式，在建筑空间环境与人之间所产生的某种共振感应的情感体验形态。

在以上建筑场要素中，每一个要素群条件的构成都呈现出复杂的交汇现象。如建筑的构成要素群，它涉及建筑物所涵盖的建筑材料、建筑技术、建筑科学、建筑艺术等内容，其内容构成基本上是在建筑学的范畴内。作为主观的人的心理构成要素群，涉及生理学、心理学、文化心理学、审美心理学、建筑现象学、建筑美学等内容，其内容构成主要是围绕着心理学范畴，并辐射相关的分支心理学内容。建筑要素群与心理要素群这两者都被建筑的社会属性——建筑思想意识要素群所渗透、影响和支配，它涉及建筑文化学、建筑社会学、建筑伦理学、建筑思潮、建筑观念等内容，其内容构成主要是围绕建筑意识形态范畴。可见，建筑场概念的提出，涉及诸多的学科内容，此后还要对此有专门的论述。

二、建筑场的特征与观点

（一）建筑场的特征

建筑场所反映出的特征具有主客观的统一性，即建筑与建筑体验之间的关系，其特征体现在四个方面。下面对这四个方面的特征分别论述。

1. 建筑场的多因性

建筑场是一个多因性的构成概念。其一，建筑场是由建筑实体、建筑空间、建筑环境与人相互作用而衍生出的建筑物态感应形式，它的构成体现了建筑活动的多元内涵，它涉及规划学、建筑学、心理学、行为学、生态学、社会学、美学、风水学等多个学科，具有综合审视建筑的多元意义。它既包含了建筑文化层面的意义，也体现了建筑实践活动的规律特征。它通过物质形态和意识形态的有机结合，非常生动地反映出了建筑的创造、体验、应用和审美机制。其二，建筑场不仅仅是建筑物本身所能够独立体现的，它还有赖于与建筑相关的其他环境因素的有机融合。建筑处在一定的环境中，必然会受到周围环境的影响，实际上它已经同周围的环境形成被感知的整体了。简而言之，建筑场信息并非只靠建筑物本身提供，而且也靠建筑周围环境提供，所有与建筑相关的环境因素都会成为影响建筑场的要件。比如城市建筑环境中的绿化、道路、设施、公共艺术景观、交通工具等，农村建筑环境中的山水、农田、家畜、生产生活用具等，都是建筑环境的有机构成物。

2. 建筑场的信息性

建筑场是通过建筑客观存在和人主观感知体验共同构筑完成的，建筑场是一个信息的载体，承载着信息聚集与释放的作用，处于场内的人主要表现为信息感知和主观体验作用，能够对信息感知、处理和反馈。可以说，建筑与人之间是一种信息交互活动的关系，而这个交互活动过程也就是信息处理过程。建筑是信息的承载方与发送方，它将建筑信息传递出去，由信息的接收方——人来接受获取。同时，作为获取方的人而言，在获取建筑信息的同时，亦将生活经验中储存的心理信息释放出来，参与现实建筑信息的获取与感知活动，反馈并作用于客观的建筑，在彼此的信息交互中建立起新的建筑信息系统。建筑所承载的信息是一个非常复杂的系统，它既可能有所侧重地涉及建筑历史、建筑技术、建筑艺术、建筑观念等不同的方面，也可能是在一定程度的综合反映。而人的个体信息系统则是由个体的人的生活经验、价值观念、审美观念、思辨能力、判断能力等方面因素构成。

如果建筑信息不能满足人们的心理期待，或者建筑信息不能够有效地被人接收处理，则建筑空间的场感就无法生成建立，也不能进一步完成对建筑场的感知和体验。建筑场需要处在信息交互通畅的状态中才能显现出建筑场的效应。因此，建筑场是遵循建筑环境信息活动的规律来运行的。

3. 建筑场的体验性

在建筑场的发生与活动中，建筑场必然是要通过一个感知体验的过程才能得以体现。人的感知和体验是必要的构成因素，也是建筑场最重要的特征之一。

人作为对建筑主观观照的一方，对建筑具有体验的决定权。建筑场之所以能够发生效应，固然与建筑本身的信息价值有关，但更与人的体验期待、体验能力、体验过程有关，缺失人的体验环节，建筑便无法实现它的价值和意义。帕提农神庙就在那里静默着，当人们在它的遗址面前徘徊沉思体验时，帕提农神庙才具有了建筑场的效应价值，这便是人对建筑体验的重要意义。无论是观赏建筑，还是身处建筑空间之中，人们都会通过感官体验、认知体验和情感体验来感受建筑对他们的影响。

对建筑场的体验，从群体共性角度看，有一定的差异，但亦有基本规律可循。最终对建筑场的评价以群体的综合体验为主要评价尺度。

4. 建筑场的动态性

建筑场的活动过程具有很强的动态性。这里反映两方面的内容：其一，由变动因素造成的建筑环境状态变化；其二，人在建筑场体验中的动态特征。

所谓变动因素，就是客观时空中存在并发生变化的、影响人们对建筑体验的因素。比如季节、气候、白昼、社会氛围等因素，都会对建筑场的状态显现产生影响，从而影响到人的知觉和体验。建筑虽然在物质构成上是稳定的，形成对建筑感知的基本形态，但是由于潜在环境因素的变化，比如季节所引起的树木、植物的变化，气象变化中天光、云影、阴晴的变化等，都会对建筑所涉及的环境产生影响。一个城市街道或广场，人的疏落、密集、聚合等状态，也会造成建筑氛围的不同。由于以上原因，建筑场就会表现出不同的氛围、情调和意境状态，因此，变动因素使得建筑场处于动态的变化中。

人作为建筑场的参与者和体验者，同样存在动态状态。“城市中动的因素，尤其是人和人的活动，与静的因素同样重要。我们并不是城市的单纯观察者，而本身是它的一部分，与其他的东西处在同一个舞台上。”① 因此相对于建筑的“静”，建筑场所中的人可以算是动态的因素。

人的主观动态性表现为两个方面：①人的生活经验、行为特点、心理机制、审美取向等因素造成的人对建筑场体验的差异。②人对建筑场的体验过程，是以动态为主要方式完成的，多维度、多视角、多感官、多取向地构成了人与建筑交流的动态性。

关于人的动态性，法国思想学家德塞都对待城市体验的观点认为，“行走”是更加贴近城市生活、贴近城市空间的实践方法。行走，即最普通平常的动态行为，是很容易被忽略的。“城市里那些平凡的实践者，生活在（我们的）‘眼界之下’，生活在‘可视性’之下。他们行走——这是一种体验城市的基本方式；他们是行人，他们的身体依照着自己写就的但是却不能去阅读的城市文本的厚薄而起伏……”② “在德塞都看来，行走带有‘感情交流’的特征。行走一方面创造了对场所的空间化组织，一方面也带了感情融入和交汇，因此，行走不应该被简单地降级为任何一种地图上的线路。”③

行走作为一种日常行为，可变因素始终贯穿其中，行走能够使行人经过不同的路线、遭遇不同的场所。静态的空间场所，因为人的行走而连缀成一种生动的城市空间景象。而且，每一次的境遇不同，因而也就产生了由身体创造的不可复制的体验。

（二）关于建筑场的观点

除了建筑场的特征之外，笔者对建筑场还有以下观点，提出供大家商榷、探讨。

1. 建筑场概念与其他相关概念的关系

本书中所提出的“建筑场”概念与目前许多建筑理论文章、著作所提到的建筑空间、建筑场所、建筑环境等概念之间是一种复合性的涵盖关系。

比如“建筑场”与“建筑场所”或“场所感”的关系，它们之间是有所区别的，主要区别在于，“建筑场所”或“场所感”主要是指处于某种文化圈中（包括自然地域、文化地域、居住情感等）的人对建筑空间环境的一种情感认同体验，简而言之，就是人对某种建筑空间环境有文化情感的归属感。比如中国不同地区的民居使得民居这种形式具备了“建筑的场所感”。而“建筑场”则不仅仅是局限于这种建筑文化情感的归属感，它的意义在于广泛的建筑体验范畴。比如，中国人来到意大利的罗马或是法国的巴黎，那里的城市建筑环境并不会给中国人带来文化情感的归属感，但是会给中国人带来很强烈的西方建筑文化的建筑体验和认知，这时候“建筑场”的意义便会呈现出来。由此看来，“建筑场”与“建筑场所”或“场所感”是有区别的，“建筑场”应该涵盖“建筑场所”或“场所感”。但在某种文化认同的情况下，这两种概念就会不分彼此、形成统一。

建筑场的内涵与外延涉及建筑空间、建筑场所、建筑环境等，并与其有着密切的联系。建筑空间、建筑场所、建筑环境等概念在建筑场论述的使用中，是指其事物概念的基本意义，而不能取代建筑场概念的复合意义。例如在表述中可以这样说：具有建筑场效应的建筑空间，或者，某建筑环境能够产生积极的建筑场效应等。

2. 建筑场的离散特征

建筑场并不是既定的、有着明确物理尺度边界的建筑场地。建筑红线，建筑实体的长、宽、高

① （美）凯文·林奇．城市意象．项秉仁译．中国建筑工业出版社，1990，1.

② Michel de Certeau, *The Practice of Everyday Life*. Berkeley: University of California Press, 1984, 93.

③ 孙逊，杨剑龙．都市空间与文化想象（第5辑）城市实践：俯瞰还是行走 练玉春文．上海三联书店，2008，78.

尺寸能够规定一个建筑最终客观存在的物理尺度，而建筑场则不是这样，它的区域分布并不能事先人为地确定，而是人在对建筑环境的体验中获得的一种离散性的心理空间效应，呈现为离散状态。随着建筑空间信息的分布、变化与人的体验的随机性而呈现不确定的分布状态。

尽管建筑包含着所有的场信息，但是并不可能在一瞬间全部为人所获取，而是人在建筑信息场中随着位置、角度、时间、知觉、注意力、联想的变化而随机获取。所以，“场感”的呈现是以人的身体为中心展开的。例如，一栋建筑的外部空间与内部空间，并不会由其建筑界面的界定作为建筑内外建筑场感知的物理边界，而是由人在建筑进出活动中所能够知觉到的一系列体验活动所决定。在一栋建筑物的外部观赏该建筑，也不会限定某个距离范围或某个具体的位置作为建筑场感知的界定，而是以人的身体为感知中心来呈现，对建筑场的感知可以在涉及建筑环境的空间区域内随时产生和变化。

除了对建筑场感知体验的空间方面的离散效应，心理离散性也是重要的因素。一方面，人的个体之间的生活经验与知识积累的差异较大，对建筑的认知心理有着较大的差异，存在着不确定性；另一方面，即便是同一个人，在对建筑场的知觉体验中，也并非能完全反映出理性的分析与判断，而是在一种相对自然的体验状态中进行的，人的意识、潜意识会在这个过程中交替呈现，以离散的方式形成对建筑场的信息知觉、体验和认知。

3. 建筑场的效应功能

建筑场存在一定的效应功能，这种效应是在人与建筑环境的相互作用中产生的。首先，建筑的信息必须是具有能量的载体，有释放建筑价值能量的能动作用，它所释放的能量值随着建筑物对人影响的重要程度而变化。建筑所产生的积极的能量能够成为人对建筑空间环境的审美诱因，能给人带来具有特定意义的联想效应，对建筑空间的性质、内涵、意义都会起到非常重要的揭示作用。其次，建筑信息的传递渠道是否通畅，人们对建筑信息的接收、整理和归纳是否具备完整的系统，最终的信息反馈能否体现建筑场效应价值，这个循环的过程是一个互动的过程，建筑可以影响人的心理和行为，人的需求也会对建筑提出期待、要求和评价。建筑场的价值效应是依靠人与建筑双方互相的信息活动而导致的心理、行为和情感倾向来呈现的。

建筑场的效应价值体现为积极或消极的认知反馈，积极的效应使人对建筑产生认同、肯定、满足、美感、体悟等认知评价，而消极的效应使人对建筑产生逆反、否定、失望、浅薄、丑陋等认知评价。

三、建筑场理论的研究内容

建筑场的研究范畴为：建筑物及建筑空间、建筑环境等客观存在要素与介入建筑的人这一主体体验标准参照要素之间所发生的关系的总和。

建筑场是以研究建筑与人的各种信息交流与体验关系为主要目的，建筑是核心内容，围绕着建筑而引发出各种关系要素，并在各种关系要素中整合出建筑场的形成机理和规律。建筑场具体的研究内容有以下六项：

（一）建筑物与建筑场的关系

建筑物是一个具有三维体量以及以一定的形式来表现的实体，但是它的内涵却是复合性的。建筑物是构成建筑场的物质主体，它的物质性构成因素对建筑场具有最基本的影响，同时建筑物的内涵意义已经参与了整个建筑物质化的表达。建筑的物质空间形态所引发的建筑场性质与心理变化，是针对建筑设计与建筑体验所提出的一个两者之间的关系问题。当然，当代建筑观念与行为的变化为这一研究内容带来了很大的不确定性，比如当代关于建筑的文本性特征，建筑意义趋于多元、模糊，不再遵循传统建筑的可读性与解释性，而是强调读者参与的可写性与体验性，这种观念导致建筑作品往往超越人们以往的经验。同时这里面也有许多建筑物不成功存在的现象，对于建筑场会造

图1-9 拉萨布达拉宫的特质对建筑场的影响

成消极的效应。这些建筑现象都增加了把握建筑体验认知规律的难度。因而，在这方面的研究，就不仅仅是对建筑物的研究，而是要把建筑观念的发展变化考虑在内，才能够解释当代某些建筑现象，形成建筑实践引领的指导理论。

建筑物化形态从来都是建筑意识的反映。如北京传统四合院的形态的直接物态反映是水平围合式的，而北京建国门外 SOHO 住宅的直接物态反映是体积叠加的。二者的物质构成形式差异是由社会意识、住宅文化、建筑技术等原因综合造成的，二者的物态差异造成了对建筑场的体验差异。建筑材料也是解读建筑的重要因素，石、木、砖、混凝土、钢、玻璃等构成建筑，一方面有物质层的意义，同时也是科学技术、建筑观念、建筑审美等意识层的映像化，从建筑的物质层中反映出了建筑意识层的内涵，从而形成特有的建筑场效应。可以说，建筑物的特性与建筑场形成了一种对应的关系。因此，建筑场的研究，就是要从建筑物的特性中找出形成某种建筑场效应的规律。

（二）建筑空间与建筑场的关系

建筑空间应视为建筑场形成的非物质空间部分，但它是依据建筑实体而形成的，包括建筑内部空间和建筑外部空间。

建筑内部空间作为建筑实体的负形态，首先是为建筑的实用功能而构建的，同时也不可忽视其中的精神作用。无论是实用功能还是精神功能，都需要在人的实践体验中实现。建筑内部空间的尺度、形状、体量、组合、连接、材质、色彩、光影等都会对空间的塑造产生影响，形成不同的建筑场氛围。

建筑外部空间环境是指环绕在建筑物周围的空间以及建筑物相互间的空间，虽然对建筑外部空间的具体体验不同于内部空间，但在视觉观察与身体感受方面，依然处于一种场域的控制之中。日本建筑师芦原义信所著的《外部空间设计》对此方面的理论研究做出了极大的贡献。对此的研究，主要是人对建筑外部空间形态的体验，分析基本物理尺度与心理尺度的关系规律，研究空间的形与量对人的心理影响，最终归纳出建筑外部空间与建筑场体验的关系，以及如何利用空间的处理有效地塑造建筑场形态。

图1-10 济南洪家楼教堂内部建筑空间

图1-11 上海 The Bridge 8 建筑群落中的庭院有机地贯通内外空间

（三）建筑环境与建筑场的关系

建筑环境之于建筑物和建筑空间的含义更宽泛，它既包括建筑物与建筑空间，同时还包括与二者相关的诸多内容，所有的这些内容与建筑物和建筑空间共同构成了建筑环境。因此，建筑环境一般可以理解为“建筑周围的环境”，它既可能是自然环境，也可以是人工环境，抑或是二者兼而有之。比如流水别墅周围是自然环境，中国国家大剧院周围是城市的人工建筑环境，而悉尼歌剧院的周围既有人工环境也有自然环境。建筑场的形成与效应不仅要看建筑本身，还要考察它所在的位置与相关的环境因素。建筑与环境只有形成某种有机的联系，才能够更理想地体现出建筑场效应。这一研究内容，主要就是探讨建筑的环境构成与建筑场效应的内在关系，从而为建筑合理有效的规划营造提供符合规律的依据。

图 1－12 上海新天地石库门的里弄形成的空间特征

图 1－13 福建客家土楼周围的自然环境

图 1－14 上海石库门建筑群处在现代高层建筑的包围之中

（四）建筑心理与建筑场的关系

人是建筑场中不可或缺的参与者，建筑场本是一个相对模糊、离散的建筑空间概念，要在人对建筑信息的感知体验过程中把握，因此要将人看作建筑场构成的有机组成部分，从人对建筑感知体验的角度来对建筑场展开研究，探讨人与建筑场之间的信息活动规律与心理感应特征，对人的意识思维、行为特征、审美需求、情感体验等建筑心理现象加以分析，找出人的需求与建筑创造、建筑信息能够产生共鸣的齿轮契合点。

建筑心理现象是由建筑引起的，与建筑本身相关，但心理活动机制又属于心理学研究的范畴，所

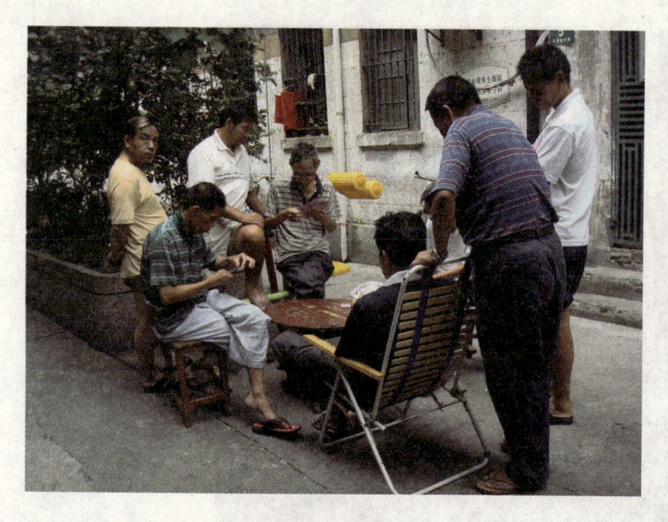

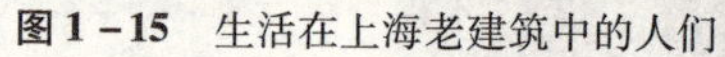
图 1－15 生活在上海老建筑中的人们

图 1－16 拉萨哲蚌寺的小喇嘛

以这就涉及建筑和心理两方面的内容，二者之间的交汇必然会产生诸多新的关系。建筑场的生发也正是这二者之间的交互活动所决定的。因此，人的建筑体验心理活动应该是建筑场研究的最为重要的内容之一。研究的内容涉及人对一般事物的心理知觉认知机制，其重点是包括建筑知觉、建筑联想、建筑体验和建筑认知等心理活动的规律与内在机制以及建筑心理活动对建筑场效应的影响等内容。

（五）建筑文化与建筑场的关系

建筑文化是一个很宽泛的提法，既包括建筑物化层面，也包含建筑意识层面，有一个很大的外延。在建筑场研究中，主要是要考虑建筑所处的文化时空的思想意识对建筑的影响。实际上，建筑文化与建筑场的体验认知是紧密联系在一起的，巴黎的卢佛尔宫是法国古典主义建筑文化的具体物化体现，而北京的故宫则是中国封建社会思想与中国传统哲学意识的物化体现。建筑的物化活动离不开建筑社会文化意识的支配，我们对建筑中轴线对称的研究，恐怕不仅仅是一个建筑的构图形式问题，而是与建筑文化意识有关的问题。我们在看待蓬皮杜文化与艺术中心（伦佐·皮亚诺）的建筑形式时，也不仅仅是一个建筑的形式问题，而是社会文化观念变革所引发的结果。及至后来，为什么会产生后现代建筑、解构建筑，为什么建筑的发展会有价值观的轮回现象等，都源自建筑文化的影响。因此，所有这些渗透、凝聚在建筑中的思想、意识、观念、主张，都直接影响建筑的创作形成、特征与信息释放，它们对人在建筑认知体验中的影响极大，甚至可以超出一般建筑物质层面的信息能量。因此，研究建筑场就不可避免地要涉及建筑文化这样一个极其复杂的课题。

以上研究内容虽然分别列出，但却是纠结交错的关系，其核心是围绕在建筑与人之间、物质与精神、存在与体验之间的活动规律来展开的。以上各项研究任务之间并非割裂开而单独研究的，而是要融合在一个整体的系统中展开。在论述中把握住其中的主干线索，通过对建筑构成、建筑信息活动、建筑知觉体验等方面的分析，得出一定的规律性结论，从而初步形成建筑场的理论框架。

四、建筑场理论的研究方法

本文所要研究讨论的建筑场命题有着明显的综合性特征，虽然冠以“建筑”为关键词，但它并非传统的建筑学科领域所能涵盖。从建筑场的内涵与外延的特征来看，其中要涉及众多相关学科，应该属于围绕建筑学领域展开的渗透与融合性的研究，因此它带有很强的边缘性、交叉性和融合性。

图 1－17　苏州民居建筑立面蕴涵了东方建筑美学意境

图 1－18　拉萨大昭寺建筑渗透着深远的藏传佛教文化

对于建筑场的研讨，需要用一种借鉴与整合的方法来操作进行。所谓借鉴，就是借鉴其他相关学科的研究成果，作为建筑场理论研究的基础理论；所谓整合，就是要围绕建筑场的理论命题，对多方面的理论进行系统的归纳和整理，使之成为新的建筑场理论体系。总之，跨学科研究能够大大地拓展新的研究领域的思维空间，对建筑场的理论研究能够起到有力的支撑作用。

实际上，对于建筑场的研究，可以以不同的学科为基础，围绕建筑场这个核心展开研究。这有点"条条大路通罗马"的意思，虽然研究的通道不同，但都可以向着建筑场这个主题开发。比如，可以通过以下学科途径展开研究。

（一）从建筑与环境心理学角度展开研究

建筑心理学是心理学与建筑学交叉而形成的新的学科领域，但其形成也有较长的历史，有关的理论研究可以追溯到 19 世纪。早在 1886 年，德国美术史家沃尔夫林（H. Wolffin）就著有《建筑心理学绪论》一书，曾运用"移情"的美学观点讨论建筑的设计问题。当代学科的迅速发展，也使建筑心理学得以发展，成为建筑学理论体系中的重要组成部分，其主要内容涉及建筑设计与人的心理、行为之间的关系，研究揭示建筑与人的心理、行为之间所形成的相互作用的机理与规律，其研究成果对于建筑场的研究会起到基础理论的支撑作用。

环境心理学形成约在 20 世纪 60 年代，先在北美兴起，继而在欧洲和世界其他地区迅速传播和发展，其形成与发展的动因是随着世界范围内的环境问题应运而生的。该领域的研究既包括人工建筑环境，也涵盖整个人类生存的自然生态环境，涵盖建筑学、心理学、城市规划学、园林景观学、地理学、社会学、人类学、生态学等多个领域。由此可以看出，环境心理学从更为广阔的环境范畴关注并研究环境认知心理和行为心理问题，并从环境生态、环境保护等与生存质量等相关方面进行了卓有成效的研究。环境心理学中的环境知觉理论、环境行为理论都可供建筑场研究所借鉴，如格式塔知觉理论、生态知觉理论、概率知觉理论、唤醒理论、环境应激理论，环境负荷、适应水平和行为约束等理论。环境心理学同时也关注和探索环境质量的评价问题，对建筑场研究具有很强的科学依据性，故而可以以此为出发点辐射建筑场研究。

（二）从建筑美学角度展开研究

美学是哲学领域中专门研究事物美的规律的一个分支学科，具有悠久的历史。早在古希腊时期，毕达哥拉斯学派就提出了"万物皆数"、"美是和谐与比例"等美学观点。德国哲学家鲍姆嘉通（A. G. Baumgarten 1714～1762 年）1750 年在《美学》一书中首次使用"美学"名称并使其发展成为一门独立的科学。

建筑美学是美学与建筑学交叉融合形成的新学科，故而建筑美学应是建筑学理论体系中最具艺术内涵的组成部分。建筑美学研究分析建筑美的本质、特性、原则，对建筑审美现象的内在机理和规律进行了系统的分析研究，涉及建筑场的审美体验，是建筑场研究需要紧密依托的学科。因此，可以以建筑美学为主线索展开对建筑场的研究。

（三）从信息科学角度展开研究

信息科学是当代迅速发展的一门学科，目前已成为各学科所必须了解和掌握的基本知识，同时从信息学的角度来分析问题，能够理性地分析和解释繁杂的感性现象。信息架构学是信息科学类新的学科之一，从信息架构的角度对信息历史、信息文化、传媒系统、信息交流、信息环境等方面给予新的视野和观点，可以针对建筑场中的信息活动的研究展开思路和确立研究线索，从而建立新的建筑信息学科，为建筑学与信息科学联姻进行有益的探索。

（四）借鉴其他相关理论及研究成果

除了可以从以上诸学科的涵盖中确立对建筑场的研究范畴，我们还需要借助一些其他的理论，如建筑史论、城市规划理论、城市设计理论、中国传统风水理论等。这些理论都与建筑环境，建筑空间的规划、营造有密切的关系，能够从不同的角度渗透我们所要涉及的建筑场内容，而且这些理论的体系较为完整，实践性较强。中国传统的风水理论在今天看来，其中合理科学的部分应研究继承。而当代的关于城市规划与设计的新的思想、观点、信息及研究成果，也需要有机地贯穿于建筑场的研究中，使建筑场研究更具依据性、丰富性和科学性。

由于建筑场理论的研究涉及建筑的客观存在与人的主观心理两个大的方面，故而一方面从建筑纵向和横向的结合中以典型的建筑及建筑空间作为研究的实体来解释说明问题，另一方面，则要借鉴环境心理学研究方法，比如实验法、场所观察法、自我报告法等研究方法，对人在特定环境中的心理、行为、情感状况进行有效的统计、归纳、分析，会对建筑场的形成及效应机理有更为科学理性的把握。

第二章　建筑场理论构成体系

由于建筑场研究有着极强的跨学科、交叉性、融合性的特点，所以自身的理论体系形成需要其他多个学科的理论支持。围绕着建筑场研究，引入相关学科的理论与实践成果，提取出其中的可借鉴部分，并在借鉴的基础上对这些理论进行整合，最终形成建筑场理论的科学框架。

从建筑场的理论研究特点来看，建筑场理论构成的基本框架理论应来自四个方面。第一个方面理论是心理学理论，它主要论证人的生理和心理对事物较为共性的感知觉实践机制的理论问题，为我们提供已验证的事物认知心理的机理规律，作为建筑场最基本的理论依据。第二方面的理论是关于建筑场所体验方面的理论，它们包括建筑场所、建筑心理、行为、体验等方面的内容，涉及的理论已经将建筑和感知体验结合起来了。第三方面来自于城市设计理论，城市设计理论是从宏观的城市设计角度出发，对城市、建筑、环境、生态以及与人的关系进行系统分析的理论，对建筑场研究有着重要的理论意义。第四方面是建筑美学理论，其内容包括建筑美与建筑审美研究，有其自身较为完整的理论体系，也是建筑场研究所依据的重要理论组成部分。第五方面的理论是相关学科的理论，如信息架构学、规划学、景观学、建筑文化学、中国传统风水学等理论，起到补充和丰富建筑场理论研究的作用。

下面就从这五个方面对建筑场理论体系构成进行分析。

一、心理学相关理论

作为对客观世界进行观照的人，对外部世界的认识，是通过生物性神经感官系统信息知觉获取和后天社会性的心理情感系统信息认知处理综合而完成的。简而言之，是人的生理与心理对外部事物反应的综合活动过程。涉及建筑场研究的心理学理论由三部分内容构成：第一部分为生物心理学（Biological Psychology）内容。属于自然科学范畴，其母学科是生物学和心理学。它研究人的心理或行为的生物学基础，从遗传、进化、生理机能、神经系统生理机制等方面对行为和心理进行多角度的研究，对生物心理机制进行把握。第二部分为认知心理学（Cognitive Psychology）内容。认知心理学是以信息加工为核心的心理学，又可称作信息加工心理学。认知心理学运用信息加工观点来研究认知活动，信息加工观点就是将计算机作为人的心理模型，研究其信息加工原理。其研究范围主要包括感知觉、注意、表象、学习记忆、思维和言语等心理过程与认知过程，从信息加工观点来把握人对一般事物的认知心理机制和规律。第三部分是环境心理学（Environmental Psychology）内容。环境心理学是近二十年来迅速发展起来的一门新兴的心理学分支学科，主要研究和分析人与其所处环境之间的相互作用和诸多复杂关系，从而发现其中的心理特征与行为特征，把握环境知觉与认知的心理活动机制。这三部分心理学内容是研究讨论建筑场的重要基础参照理论。

（一）生物心理学

在建筑场研究中，人作为其中的必要条件，必然要对其知觉心理作出科学的推论。那么，就必须首先从人的自然生物属性中寻找内因和答案，而生物心理学研究领域的内容和成果正是我们所需要的基础理论依据。

我们先来明确生物心理学的基本概念。“生物心理学（Biological Psychology）属于自然科学范畴，其母学科是生物学和心理学，它是研究行为及经验与大脑机能及机体其他生理活动相互关系（身心关系）的实验科学。作为科学心理学的一门分支，它研究心理或行为的生物学基础，从遗传、进化、生理机能，尤其是神经系统生理机制等方面对行为和心理进行多角度的探索和阐述。”①

生物心理学有很系统的研究体系，从学科构建、研究范畴、研究对象、研究方法到研究的主要问题都有完整的序列，对感知觉系统机能运作有着详尽的论述，其中的基本理论线索对建筑场研究具有科学的依据作用。

1. 感知觉形成理论

感知觉形成的两个条件是：①作为生命活动装置的身体各部位的感受器（Receptor）②外界各种能量形式的刺激。感知觉系统的构成如下表②：

感知觉系统构成表 表 2－1

感知觉系统	感受器	视网膜光感受细胞、耳蜗听毛细胞、盘氏小体等
	感受通道	视感觉通道、听感觉通道、触压觉通道等
	感觉皮层	大脑皮层 Brodmann 17、41、3 区等
	高级皮层区	颞下回、下顶叶皮层等

感知觉活动机制是：

（1）外界刺激作用于身体各部位的感受器，感受器经过换能将所受刺激的物理或化学能量形式转变为神经元活动的电化学形式。

（2）感觉神经元的编码工作将刺激特征及其所含信息与神经元活动的不同模式相对应，经过编码的神经信号在感觉通道中传送。

（3）经过多个感觉特异性传导中继站而到达接受各种上传感觉冲动的大脑机能特异性初级感觉皮层。

（4）进一步到达其他更高级的皮层区域以进行信息整合处理，最终形成知觉。③

其感觉通道的活动序列为：

外界刺激—感受器（换能编码）—感觉特异性传导中继站（信息传输与信息处理）—大脑初级感觉皮层（感觉）—高级机能皮层区（知觉）。

从以上感知觉运作机制可以得知，从外界刺激到形成知觉，是一个生物生命对外部刺激知觉的系统过程。首先，外界刺激应具有相应的能量，然后才能进行能量转换，能量的强弱对于知觉的形成及强弱有着很大的影响，刺激太弱就不能够引起感觉，其强度必须达到某一最低限度才能使感觉神经元产生传导性的冲动，产生知觉效应。其次，感觉对信息的处理具有特异性，要与神经元活动的模式相对应并经过编码处理，这具有对客观事物的属性或特征辨识的意义。再次，从感觉到知觉是一个连贯的信息处理过程，是将客观事物个别属性整合为对事物各种属性综合反映的过程。

① 张卫东．生物心理学．上海社会科学出版社，2007，2.
② 张卫东．生物心理学．上海社会科学出版社，2007，37.
③ 张卫东．生物心理学．上海社会科学出版社，2007，36.

此外，生物心理学对感觉信息传递与编码、感觉信息处理的基本神经机制、感觉皮层的结构与机能的基本特征等方面的分析，系统揭示了感知觉的科学规律。感知觉运作理论的研究，对建筑场理论研究具有重要的基础理论意义。

2. 感知觉系统理论

人靠感官获取外部信息，视觉、听觉、前庭觉、嗅觉、味觉、动觉等构成感知觉系统，生物心理学对感官所做的分析，从解剖学和神经学的角度揭示了感知活动的机理。

在感知觉系统中，视觉系统所发挥的作用最大，人从外界所接受的信息大部分来自视觉，人的眼睛是直径约为2.5厘米的近似球状体，由眼球和眼球容物构成。外界光线首先通过眼的瞳孔进入眼，并且经过眼的折光系统改变光路，外界物像才能聚焦投射到眼的视网膜上，形成缩小倒置的实像。光感受器分布在视网膜上，可以将光刺激换能为神经电活动。

视觉感官的研究，为我们详细解述了神经解剖构造、视觉信息的传输、视觉神经元感受特征和色觉信息处理的原理，尤其是视知觉行为的脑机制研究，物体视觉、空间视觉以及错觉等实验理论，对建筑与空间的观察感知有着直接的关系。格式塔心理学研究的图底理论也通过实验说明验证了知觉的规律性特征。

听觉系统是感知外界声音的机能系统，负责接收声波刺激和处理各种声音信息。体觉是多种感觉的总称，包括触觉、压觉、冷暖觉、运动感觉以及痛觉等，而嗅觉是对气味所产生的感觉。这些感觉同视觉共同构成了人对外界的综合知觉，其理论是从自然科学的角度来阐释的，它所揭示的是人的自然属性部分的机理，对于建筑场知觉而言，无疑能够起到奠定其科学论证依据的作用。

3. 情绪理论

情绪也是生物心理学研究的内容之一，同时也是建筑场体验研究所关注的焦点。情绪是由人的内在体验和情绪行为构成的，由于它主观体验性强的特点，在一般情况下，研究者难以观察和测定，能够观察到的只能是情绪行为，但生物心理学对此的研究，可能会对建筑场体验研究有积极的启发意义。

情绪的心理学定义包括四个方面：

（1）情绪是个体的主观感受体验（Feelings），具有复杂、微妙和不易用语言描述的特点。

（2）情绪是机体的生理唤醒（Physiological Arousal）的反应，具体表现为自主神经系统反应和各种不同的身体反应。

（3）情绪是对不寻常事件或情境的认知判别，当人感知到自身的生理唤醒状态变化时，会对引发事件或情境的性质予以判断，从而给情绪反应以一种“情绪标记”（Emotion Label）。

（4）情绪会导致一定的表达行为，比如外显的人的面部表情、身体姿态和动作、言语等，同时可能具有潜在的行为倾向。

在生物心理研究中，情绪侧重于生理机能对外界刺激的变化和反应，对其中的内在机理有着实验性的考量和结论，并对情绪所引起的身体反应、感受体验与认知评价有系统的研究。而在建筑场体验研究中，情绪则侧重于对包含多种要素的建筑环境的生理感知觉与社会意识综合的心理反馈。总之，生物心理学对情绪的研究成果，对建筑场体验理论有着极为重要的意义。

（二）认知心理学

建筑场研究可借鉴的另一部分是认知心理学内容。认知心理学是当代心理学领域研究的热点，它研究人的注意、知觉、学习、记忆、语言、情绪、概念形成和思维等错综复杂的现象，是对认知心理系统研究的学科。

认知心理学的基本观点是信息加工观。Broadbent（1958年）提出，绝大多数认知过程都是由一系列相继进行的加工阶段组成的。由刺激进入感觉器官，然后经知觉、注意、短时记忆等信息活动过程，最终存贮于长时间记忆中。在这个过程中，经验、期待等因素常常会表现出对信息加工的影响。

M·W·艾森克、M·T·基恩指出，信息加工范式是用来研究人类认知的最好方法：

(1) 人类是自主地、有目的地与外部世界发生交互作用的。

(2) 通过与外部世界交互作用而产生的心理是一个具有普遍目的的符号（Symbol）加工系统。符号是一些存贮于长时间记忆中的模式，这些模式指定或指向它们之外的结构。

(3) 这些符号又被转化成一些最终代表外部事物的符号。

(4) 心理学研究的目的就是去确定这些符号加工过程以及认知任务中所有的表征（Representation）。①

以上信息加工范式理论对于建筑场研究是很好的启发，如果我们将信息确定为建筑信息，则有可能沿着这种信息加工范式寻找到对建筑认知的线索。

1. 视知觉理论

在认知心理学的视知觉心理研究中，格式塔图形理论是很重要的内容。格式塔心理学最基本的知觉原则是完形律（the Law of Pragnanz），即具有最好、最简单和最稳定特征的结构最有可能被知觉为一个目标，格式塔知觉组织原则中的接近率、相似率、连续率、闭合率、同域率、连通率、图形—背景分割等视知觉整合理论，都反映了人对外界事物视知觉心理的普遍现象。此外，在视知觉心理学理论中，还包括对于深度和大小知觉、颜色知觉，大脑系统中信息加工和信息整合等方面的理论研究。为视知觉心理反应建立起完整的理论系统。我们所讨论的建筑以及空间环境，亦属于图形形态的范畴，只不过建筑的形态是多维形式的，格式塔图形理论与视知觉理论同样适用于对建筑的观察和体验，因而引入格式塔图形理论与视知觉理论，能够对建筑认知起到形式逻辑推理的作用。

2. 物体识别理论

物体识别理论是对视觉如何分辨区别物体的信息加工过程的研究，物体识别理论研究广义的物体识别机理，它要解决的问题是复杂的，但包括的基本问题是：第一，如何从众多的物体中确定一个物体的起始与结束，也可以说如何确定物体的整体呈现；第二，在不同的距离和方位观察物体，物体均可以被准确地识别出来，这就涉及“恒常性”的视觉心理调整的研究；第三，物体的构成包括多方面要素，物体的视觉特征（如颜色、大小、形状）是变化无常的，识别系统是如何将这么广泛而复杂的刺激归纳到同一类别中的，这涉及物体识别整合研究的内容。

在现实建筑环境中，对建筑识别的情况更为复杂，建筑物常常是相互重叠遮挡的，人在观察建筑时会处在不同的位置和角度，建筑的视觉也会呈现出多变的特征。识别建筑这类现实中的物体，就要从认知心理学对物体识别的理论研究中了解和把握它的内在机理，并应用到对建筑物的识别现象中去。

在物体识别理论中，有模板理论和特征理论对这一问题给出了答案。

模板理论的基本观点就是在长时记忆中存在一个与我们知觉的视觉模式相对应的缩微复本或模板。模式识别成功的条件就是某一模板与输入刺激进行最为接近的匹配，但是当刺激表现为不存在一个简单的可以匹配的模板时，模板理论则表现出明显的局限性。比如建筑物，古典建筑或某种风格类型的建筑或许能够具有这种模板匹配，而现代建筑突破了传统建筑的形式构成，在模板匹配方面就难以操作了，也就为建筑识别带来了困难。

特征理论的基本观点认为：一个模式由一组特征（Feature）或属性（Attribute）组成，模式识别以从输入视觉刺激中提取特征开始，然后这组提取出来的特征被整合起来并与记忆中的相关信息进行比较，最终形成对这一特定物体的识别。例如一个一般性的建筑拥有诸多特征：屋顶、屋身、门、窗、台阶等，我们把拥有这些特征的物体记忆为“建筑”，形成对一般建筑的特征识别模式。对

① M·W·艾森克，M·T·基恩．认知心理学．2004，4．华东师范大学出版社，2004，3．

现实中具体的建筑识别，则需要在一般性与具体性之间进行比较，然后整合形成对某一具体建筑的识别。这一理论的优点是，即使视觉刺激在大小、方位和细节上千变万化，我们还是可以把这些刺激鉴别为同一模式的不同样例。

3. 信息理论

在认知心理学研究中，信息理论的研究是不可忽略的组成部分，因此也将其称为信息加工心理学，它兴起于20世纪50年代中期，其后得到迅速发展，逐步形成了自己的内容体系。与通常的认知心理学所不同的是，在此理论中，主要是以信息加工观点为出发点而展开研究的。运用信息加工观点来研究认知活动，是现代心理学开拓的新的领域，其研究范围主要包括感知觉、注意、表象、学习、记忆、思维和言语等心理过程或认知过程以及儿童的认知发展，其中主要的研究手段是人工智能计算机模拟。"所谓信息加工观点就是将人脑与计算机进行类比，将人脑看作类似于计算机的信息加工系统。但是这种类比只能是机能性质的，也就是在行为水平上的类比，而不管作为其物质构成的生物细胞和电子元件的区别。换句话说，这种类比只涉及软件，不涉及硬件。作为信息加工系统，人与计算机在功能结构和过程上，确有许多类似之处。例如，两者都有信息输入和输出、信息贮存和提取，都需要依照一定的程序对信息进行加工。信息加工观点将计算机作为人的心理模型，企图对人的心理和计算机的行为做出某种统一的解释，发现一般的信息加工原理。"① 认知心理学中的信息观点在很大程度上能够揭示建筑场信息活动的现象，进而可以整合出建筑场信息机制，是我们以下对建筑场展开的研究的重要理论依据。

4. 其他理论

认知心理学中还有其他理论能够直接或间接为建筑场研究所用，这些理论是：记忆理论、心理表征理论、认知与情绪理论等。

认知心理学记忆理论是对记忆心理现象的研究与解析，它包括记忆贮存、记忆过程、回忆和再认理论等。在建筑场研究中，我们会发现建筑记忆现象对建筑场效应的影响，这些记忆包括感觉贮存、图像贮存和声音贮存，这些记忆所唤起的情景再现或联想是建筑场研究的重要内容。

心理表征理论认为，表征（Representation）是指可反复指代某一事物的任何符号或符号集。在某一事物缺席时，它代表该事物并作为外部世界的一个特征，或者是内心世界所想象的一个对象。外部表征可有多种表现形式，既可以是文字、符号，也可以是图形符号，而图形符号更接近于客观世界。对于建筑而言，它的外部表征属于图形符号的形式。建筑外部表征意义在于它的典型性，从而形成内部表征的概念意义。假如我们说到纪念性建筑，就会浮现出一组相关的抽象概念，如坚固、宏大、庄严、典雅等，而这些抽象概念的具象组合也恰恰是纪念性建筑的外部表征符号。

认知与情绪理论是生物心理学情绪理论的深化研究，由于情感体验在建筑场研究中的重要性，所以心理学对情绪、情感的研究成果就成为了建筑场情感体验反映的基本依据。在此部分的研究中，首先提出的问题是，情感是否需要通过认知，或者说认知是否是情感反应的必要前提。在这个关键问题上，有两种相反的观点。"Zajonc（1980年，1984年）认为，对刺激的情感评价可以不依赖认知加工而独立进行。按照他（1984）的观点：'情感与认知是分开的，是部分独立的两个系统……虽然它们一般都是结合在一起发生作用，但是情感可以不依赖预先的认知加工而产生出来'。与此相反，Lazarus（1982年）认为某些认知加工是情感反应发生的必要先决条件："对意义或者重要性的认知评价是基础，也是所有情绪状态的基本特征。"②

我们在此并不对这两种观点作出评价，只将其各自所强调的认知与感情的关系作为建筑场情感体验研究的线索。在认知与情绪理论体系中，还有情绪加工、情绪与记忆以及情绪、注意与知觉等

① 王甦，汪安圣．认知心理学．北京大学出版社，1992，1-2.

② M·W·艾森克，M·T·基恩．认知心理学．华东师范大学出版社，2004，750.

理论，都是建筑场研究的重要的理论参照依据。

（三）环境心理学

环境心理学属于应用性心理学，与建筑场研究有比较直接的关联。

在环境心理学理论中，环境知觉理论可以为我们提供对建筑知觉的理论参考。其中，布鲁斯威克（1956年）提出了环境知觉的透镜模型（Lens Model）理论，这个模型假设感觉信息不可能正确地反映真实世界，因此它在本质上是模糊的，需要透镜，即经过信息过滤才能完成。

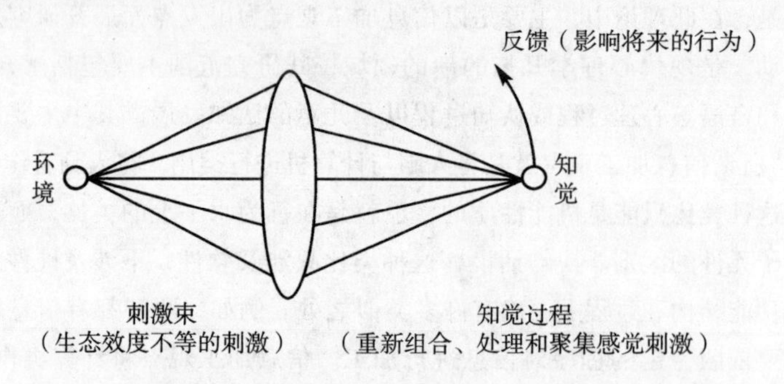

图2-1 布鲁斯威克的透镜模型

注：C. J. Holahan，1982年。

与布鲁斯威克的透镜模型理论相对的是吉布森（J. J. Gibson）的生态知觉理论（Ecological Theory of Perception）。吉布森的模型基于演化观点，强调有机体在环境中适应于功能，认为“知觉是直接的，没有任何推理步骤、中介变量或联想。根据他的生态知觉理论，知觉是和外部世界保持接触的过程，是刺激的直接作用。”① 这两种观点虽然相反，但对于建筑场研究都有一定的启发意义。

环境认知理论则与城市和建筑表象、环境认知地图相关联，“环境认知（Environmental Congnition）是指人对环境刺激的储存、加工、理解以及重新组合，从而识别和理解环境的过程。环境认知包括环境中的实质要素及其中的事件、个人或群体情感属性及象征意义，如城市和建筑物的表象，环境中的认知地图和探路（Wayfinding）等都是环境认知的主要研究内容。”②

对于环境知觉与环境认知的活动机理，环境心理学为我们这样阐述：“我们可以把环境与人类行为互相影响的过程视为一个信息的交换过程。这个过程的第一步是获得信息，然后才是对信息的编码、加工和处理。而知觉就是取得或接收输入信息的过程，认知则由于涉及记忆、思维和感情等高级心理活动，是对信息的加工处理过程。在人与环境的交互作用中，知觉和认知紧密相连，环境知觉是环境认知的基础，而环境认知是环境知觉的产物，这样为个体的空间行为（信息输出）做好了准备。”③ 从以上的阐述中可以看出，这个过程实际上就是一个环境信息交互活动的过程，在这里为建筑场研究提供了关键词——信息活动，信息活动就成为了建筑场极为重要的研究线索和理论依据。

在环境心理学中还有其他诸多理论，如环境应激和环境压力理论、个人空间理论、领域性理论、潜在环境理论、空间行为理论，这些理论都与建筑场研究有着非常密切的内在联系，在本书研究中会经常借助于这些理论来论证建筑场的观点和理论。应该说环境心理学已经为建筑场研究打下了必要而重要的理论基础，使建筑场研究能够站在一个比较坚实的平台上，顺利地进入它自身的理论体系构筑。

---

① 俞国良，王青兰，杨志良．环境心理学．人民教育出版社，2000，39.
② 俞国良，王青兰，杨志良．环境心理学．人民教育出版社，2000，44.
③ 俞国良，王青兰，杨志良．环境心理学．人民教育出版社，2000，33.

二、建筑场所体验理论

有关建筑场所和建筑体验的理论见于建筑学术专著、研究论文、建筑评论等各种文体中，虽然从纯粹理论的角度上还不能够称为体系化，只能算是散论，但是却从中体会到了真实生动的多重体验意义。这样的多样化的理论，是建筑场研究的实践性理论的有机组成部分，下面就对此进行必要的摘录以评述。

（一）关于建筑场所的论述

许多建筑师都曾在其建筑论述中提到“场所”这一概念，并对此有所阐述。

首先要提到 Team 10 这个建筑师团体，这个团体对城市设计思想的贡献之一，就在于针对现代主义城市设计的“机器秩序”和“功能主义”观念，提出了场所的概念。Team 10 认为，空间作为生活发生的场所，必然和社会、文化、历史事件、人的活动及所在区域的特定条件相联系。空间（Space）只有从环境背景中获得“文脉”（Context）意义时，才可以称之为“场所”（Place）。而场所感是人的一种基本的生活情感需要，场所感能够引发人们的情感认同。范艾克认为，场所感是由场所和场合构成的，在人们的意象里，场所是空间，场合是时间，在时间和空间的融合中，场所感的意义才能够呈现。

安藤忠雄曾在《安藤忠雄论建筑》一书中谈到关于场的问题，他说：“虽然我认为建筑是从抽象理念中诞生出来的，但是建筑在“建造”时，已经存在一个多样性的价值积累的‘场’，因此必须有对话交流。建筑如果没有与他者的关系，是不能够存在的。”① 安藤忠雄在此提到“场”，表明建筑师已经从对建筑活动的意识和经验中得出这样一个既客观存在又相对模糊的概念，对所提到的“多样性”，是对建筑所承载的内涵的丰富性的表述。“对话交流”应该理解为建筑与环境的关系，与人的认知体验的交流。

肯特·C·布鲁姆和查尔斯·W·摩尔在关于建筑的场域感的论述中提到美国人住宅外草坪的例子。“房子外部是美国人的户外草坪，这是一种相当奇怪的普遍现象。草坪并没有像欧洲或者近东的花园那样的围墙，而是通过仔细的预先布置衬托出房子的高度和独立性，不时唤起人们对于它的存在的关注。草坪在某些方面让人想起私人的空间场域，这种空间场域是我们常常试图在我们身体周围保持的，对于这一场域来说，任何入侵或者侵犯都会被我们敏锐地感受到。”② 分析此种情况，有两层含义：第一层是说明美国住宅文化的开放性；另一层则是说，住宅的“体”与周围的草坪的“面”共同构成了住宅的物质性场域，“体”辐射场域影响，“面”限定场域边界，二者同时唤起人的场域意识。住宅的体量与草坪的面积所形成的比例非常关键，在住宅定量的基础上，如果草坪的面积过大，则会失去住宅对它的控制，使人的住宅场域意识减弱或模糊，如果过小，则使得住宅场域呈现为拘谨的行为体验知觉。

图 2－2　Time's 一个蕴涵着场所意义的建筑（安藤忠雄）

日本建筑师香山寿夫曾提到关于场所的问题，对于什么是“场所”（place）的问题，我们在这里必须首先明确一下。所谓

---

①（日）安藤忠雄．安藤忠雄论建筑．白林译．中国建筑工业出版社，2003，35.

②（美）肯特·C·布鲁姆，查尔斯·W·摩尔．身体、记忆与建筑．成朝辉译．中国美术学院出版社，2008，10.

“场所”’指的就是赋予“room”特性的地形。地形的凹凸不平、倾斜，地形中的岩石、水以及树木等，形成了“room”的中心、围合、覆盖物、开口部分、出入口以及更大意义上的开放和封闭、光和阴影等构成要素的各种不同的特性。当我们发现了地形的这些特性，并赋予它们以特殊含义的时候，这个地形对于我来说，就成为了场所。而在不断地发现和赋予这些特性意义的过程中，场所的性格被不断地强化，这就是场所的记忆和场所的发展。①

以上所提到的“场所”并非确切地反映如本书所提的建筑场含义，但与建筑场有密切的关系。以上“场所”是指建筑与环境合乎生态规律的结合关系，假如注意到环境地形的特征并很好地与建筑结合起来，则这个地形就会产生意义。从建筑场理论的角度看，如果建筑与所在环境（地形）有机地结合，便是能够产生良好建筑场效应的一个重要因素。

在刘松茯、李静薇所著的《扎哈·哈迪德》一书中，提到关于场域的观点。斯坦·艾伦（Stan Allen）认为，场域就是“形态或空间的基底，可将不同的元素统一成整体，同时又尊重彼此的个性。场域的构成是以多孔性和局部的关联性为特征的，松散限定的集合体。局部的内在规律则是决定性的，总体的形状和范围是极不确定的。场域不是通过包罗万象的几何学图解来定义，而是通过复杂的局部关联来定义。场域赋予事物以形式，但着重于事物之间的形式，而不是事物本身的形式。”② 以上“场域”概念并不完全等同于建筑场概念。“场域”表示一个明确的基地空间范围的概念，而建筑场则不仅仅是平面性地拓展基底面积，而且还带有复杂的多维特征。但此处“场域”中提出的元素关联和松散型集合体的原则和规律，则是对建筑场理论研究有益的理论参考。

该书在分析场域概念时还指出：在某种意义上，场域概念的提出表明了一种观念和视角的转换，即关注的对象从“个体”转向“群体”，从“形式”转向“体验”。③ 这段话非常准确地概括了建筑场的某些特征，尤其是对“体验”的提出，说明“建筑的身体感受”作为场域中的要素得到了应有的重视。

1971年，挪威建筑理论家诺伯格·舒尔茨（Christian Norberg Schulz）发表了《存在、空间和建筑》，提出“存在空间”的概念。他解释说，建筑空间可以认为是环境的图式或意象的具体化，这种图式或意象成为人类的一般取向或“存在于世界”的必要部分。1979年，舒尔茨出版了《场所精神——迈向建筑现象学》一书，用新的术语重新解释了“存在空间”的内涵。他指出，这个概念包含了空间和特征两方面的内容，“存在空间”和“定居”是同义语，而“定居”在存在意义上就是建筑的目的，它包括了有生活呈现的空间——场所关系。场所是有明确特征的空间，场所精神表达的是一种人与环境之间的基本关系。建筑现象学的基本内容包括了自然环境、人造环境和场所三个方面，它希望帮助人们完整地理解人与环境之间的各种复杂联系及其意义，分析当今建筑环境中存在的某些问题，并找到解决这些问题的办法。④

在这里还必须提到日本建筑师隈研吾在《十宅论》中关于建筑场所表述的重要观点。他在这本书中写道：“这里所谓的‘场所’指的是，一种约定俗成的体系（密码）所支配的领域。另外，这种约定俗成指的是，一种记号代表什么、象征什么，起到这种指示作用的约定俗成。当‘场所’不明确的时候，我们就会对象征的意义产生疑虑……建房子的时候，这个原则也适用。住宅是由各种事物、空间中的这样的记号组成的。有了记号，也就有了这个记号代表什么、象征什么的约定俗成（密码）的存在。例如，壁龛代表什么，覆盖着镶边装饰草席的壁龛象征什么，这些都是规定好的。在所有人中通用的约定俗成是不存在的，只是在某个领域内，有着通用的象征意义，这叫做‘场所’。在某些场所，人们知道壁龛代表着什么，有的地方的人就完全不知道。建房子的时候，必须先

① （日本）香山寿夫．建筑意匠十二讲．宁晶译．中国建筑工业出版社，2006，132.

② 刘松茯，李静薇．扎哈·哈迪德．中国建筑工业出版社，2008，56.

③ 刘松茯，李静薇．扎哈·哈迪德．中国建筑工业出版社，2008，56.

④ 徐苏宁．城市设计美学．中国建筑工业出版社，2007，127.

要确定这些‘场所’。地理上的‘场所’可谓是一目了然的，但是这种“场所”却是很难看清的。当看不清这样的‘场所’时，建房子当然也就变成一种‘难为情’的行为了……现代已经演变为一个看不清‘场所’的时代，特别是像住宅这样，靠细微的约定俗成来支配的领域，而‘场所’就更不容易发现了……在这个看不清‘场所’的时代中，我们只能依靠合理主义、功能主义了。”①

图2－3　日本京都天隆寺，建筑空间有着日本建筑文化认同的象征意义

隈研吾关于“场所”的观点的核心在于：构成场所需要具备地域、乡土、民族的文化的认同内因，也就是约定俗成的密码，解读这种密码的钥匙并不是通用的，而是由某个领域内的群体所掌握，这种密码往往是通过一些细节来支配的，这种密码具有象征意义，进而能够产生文化情感的认同。而现代建筑的境况则忽略了“场所”因素，只依靠功能的合理性来支配建筑，虽然科学性得到体现，但建筑的情感体悟则消失了。

显然，隈研吾关于“场所”的观点对建筑场研究具有极大的启示作用，它能够从某一方面提供建筑场价值体现的内因机理。在建筑场研究中，建筑能否依据 场所原则，形成场所象征，关键还是要明确“这一个场所”所含有的约定俗成的密码含义，才能使得建筑场实现积极的效应。

图2－4　意大利锡耶纳圣玛利亚医院的修复重建，空间具有西方建筑密码的含义

（二）关于建筑体验的论述

“体验”一词，是指人通过亲身经历的实践来认识周围事物的方式。建筑体验就是人们置身于建筑空间环境中，对建筑的亲历实践方式，这种认识建筑的方式是全感官、多信息、动态化的，人们据此来获取最直接的对建筑的感性认识，具有很强的感情色彩。

日本建筑师安藤忠雄曾经三次访问朗香教堂，而每一次都有不同的体验。他写道：“我第一次看到朗香教堂的时候，就被其内部的从各种色彩斑斓的窗户射入的光线所感动，这是一座以光为主题的成功建筑……可是当我第二次来到这里时，淡化了对其个性形态印象的关注，感觉到这座建筑是以视觉为中心的建筑。但最近当我时隔很久又一次来到这里的时候，听到教堂里唱起了赞歌，那回响在内部空间的声音浸入了我的心中，我又感觉到这座建筑是以听觉为主设计的建筑。我在想，勒·柯布西耶是不是想要在这里设计出通过五官可以感觉到的建筑。每次来到朗香教堂都有新的感受。”②

安藤忠雄在对朗香教堂的三次访问中各有不同的体验，说明了两个方面的问题：第一，建筑信息对感官的影响的程度与接受层次。作为“光”而言，对建筑，尤其是像朗香教堂这样以光作为重要表现手段的建筑而言，无疑是最能够迅速直接地影响到人的情绪体验的。然后是对建筑的造型和

① 隈研吾．十宅论．上海人民出版社，2008，163，164.
② （日）安藤忠雄．安藤忠雄论建筑．白林．中国建筑工业出版社，2003，164.

图 2-5 朗香教堂内部（柯布西耶）

图 2-6 江苏古镇周庄具有人性化的知觉体验

细部形态的视觉观察，会感受到建筑呈现出奇妙的表现力。当教堂传出赞歌，又会通过听觉器官进一步丰满对建筑的体验。第二，建筑体验具有即时性特征，每一次与建筑相遇，都会因为不同的环境条件和情景而获得特殊（这一次）的感受，所以，建筑体验具有相当强的主客观条件变化所带来的即时特性。因而建筑体验无论对于人的个体还是群体，都是生动的，不可复制的。

关于建筑体验，安藤在回忆拜访赖特的东京帝国饭店时的感受中还曾写道："我能够清楚地回忆起，一组幽暗而狭窄的廊子结合低垂的顶棚天花将人们引导向一个大厅空间，就像穿过洞穴一样。我认为，赖特真正学到了日本建筑中最重要的空间处理方式，当我后来考察美国宾州流水别墅时，我找到了同样的空间感觉，不过这次还有另外的自然水声也吸引了我。"①

"从 20 世纪 60 年代中期至 1977 年，我们尝试着从体验建筑的视角来介绍建筑，体验之后才能够更为关注如何建造他们。我们深深地相信，同时也能够逐步地理解：建筑如何在情绪上影响个人和群体，而且，建筑怎样为人们提供愉悦的感受，提供身份和所处之位，我们已经无法将建筑从日常的建造行为之中区分出来了。"② 以上这段话是《身体、记忆与建筑》一书开篇的主旨。该书主要是谈建筑与人的体验的关系，并且主要观点是建筑需要以人的体验为核心来考虑设计和营造。书中使用频率最高的概念是"身体"和"体验"，可见作者对建筑评价的依据所在。其中的内容和观点对于建筑场的研究有相当的启发价值。体验建筑的观点表明了建筑所应具有的某些特质以及获得其特质效应的途径。

书中还指出："研究中发现，人们很少在建筑研究中涉及人类的知觉与情感，甚至历史学家也更多地关注建筑和景观中文化因素的综合影响……与此同时，我们一直注意观察身体，因为身体是我们最基本的三维财富，但是在理解建筑形式的过程中，身体一直没有受到重视。建筑已经在某种程度上被看作是艺术，表现在它的设计阶段是作为一种抽象视觉艺术，而不是作为一种以身体为中心的艺术。"③ 作者之所以着重强调建筑体验，是有感而发的，正是由于当代建筑活动对人的本体体验的忽略，而导致建筑更多地呈现出独立的物质、文化与艺术现象。在此段表述中，可以察觉到，作者是基于人的身体知觉被忽略而提出的，建筑现象更多的是把建筑看成是一种被物质化了的文化和艺术形态，而忽略了建筑作为与人的生命体验有关的形态存在。建筑只有以人的身体为基本维度参照，才能够获得人性化的体验感。如果只是将建筑作为一种抽象的视觉艺术，则会丧失掉建筑最为优秀的本质。

① 建筑师．国外建筑大师思想肖像．中国建筑工业出版社，2008，199.
② （美）肯特·C·布鲁姆，查尔斯·W·穆尔．身体、记忆与建筑．成朝辉．中国美术学院出版社，2008，1.
③ （美）肯特·C·布鲁姆，查尔斯·W·摩尔．身体、记忆与建筑．中国美术学院出版社，2008，1.

肯特·C·布鲁姆 查尔斯·W·穆尔在《身体、记忆与建筑》一书中对建筑的人性化体验做出了描述："一种典型的幕墙摩天大楼，它牵引我们进入运动或者健康游戏领域的潜力几乎等于零。我们既不能依靠它估量我们自己，也无法设想身体的参与。我们的身体反应缩减到只剩下伸长脖子、瞪大眼睛，也许还张着嘴，感叹那宏伟的高度，那设计优雅的直棂细节。与之相比，20世纪30年代的退台式摩天大楼，例如克莱斯勒大厦，不仅有垂直方向的区别，而且形体上一块块呈阶梯式后退，让人想起地貌或者大楼梯。我们可以想象攀登、跳跃、占据它的表面和空隙。"① 这样的举例形象而生动，实践证明，不近人情的建筑是与人隔离的，人们无法贴近建筑体验，也无法在体验中发挥想象。从建筑场的角度分析，这类建筑所产生的体验效应只能是负面消极的，而符合人的体验知觉的建筑则是亲和而富于联想的。

以上建筑师对建筑体验的描述，可以生动地反映出人的个体感受的意义。在流动的时间、空间、信息与意识中，所有丰富的客观呈现与独特的个体感知联想形成了交融互动的景象。这或许能够说明，建筑场绝不是一个纯粹的物质环境，缺失了在"那一刻"生动、具体而独有的建筑环境信息氛围，建筑场所获得的体验效应可能会大不相同。

建筑体验与建筑现象学说有着非常密切的关系，建筑现象学的某些理论可以作为建筑场理论的借鉴。现象学（Phenomenology）原词来自希腊文，意为研究外观、表象、表面迹象或现象的学科。建筑现象学建立在现象学的基础上，自20世纪70年代末逐步展开研究。建筑现象学强调人们对建筑的知觉、体验和真实的感受与经历。建筑场研究将涉及建筑现象学中的表象、知觉、体验、感受等方面的内容。

关于建筑现象学的思想，沈克宁所著《建筑现象学》中分析说：建筑现象学研究的各家虽然侧重不同，但从其思想取向上来看，大体可以分为两种：一种是采用海德格尔的存在主义现象学，另一种采用的是梅洛－庞蒂的知觉现象学。前一领域的代表是诺伯格－舒尔茨，主要是纯学术理论研究；后一领域的主要代表是斯蒂文·霍尔和帕拉斯玛，他们侧重于实践性的建筑理论……在建筑研究中将现象学思想转化为具体的建筑讨论，较为突出的有两个领域，一是"场所"和"场所精神"，二是建筑和空间知觉……建筑现象学强调人们对建筑的知觉、体验和真实的感受与经历。②

建筑现象学的研究成果或许能够为建筑场理论提供具有启发意义的内容。建筑场理论在研究中也需要这两个基本研究要件：其一为客观的建筑物质场所。也就是建筑现象学中所提到的"场所"和"场所精神"，建筑场效应的价值和程度要考察客观的建筑物质环境所具备的"精神"。其二为人的个体或群体对这个建筑场所的知觉体验。也就是建筑现象学中所提到的建筑和空间知觉。应该说，在研究的内容方面，建筑场理论与建筑现象学有许多相同之处。

建筑现象学中有两个基本观点。简而言之，基本观点之一：排除建筑意义的复杂性，主张建筑的自身意义。基本观点之二：强调人对建筑知觉的独立性和纯粹性。以上引用所述，表明建筑现象学对建筑存在意义的观点和人的知觉重要地位的观点。建筑场理论可以在某些方面对此介入思考，并作为理论探讨的参照。

三、城市设计理论

城市设计是伴随着工业革命带来的城市化进程而出现的新的学科，城市设计是对城市建筑空间组织、控制和优化的理论研究。较之于建筑设计，城市设计是从更宏观的角度来探讨建筑问题，其理论是围绕着对城市的形态构成以及人对城市形态环境的体验认知的讨论而展开。

从20世纪初至今，城市设计理论有许多不同的观点，客观的原因是因为社会、城市的不断发展

① （美）肯特·C·布鲁姆，查尔斯·W·摩尔．身体、记忆与建筑．中国美术学院出版社，2008，79.

② 沈克宁．建筑现象学．中国建筑工业出版社，2008，6，7.

而导致要有相应的理论应对，主观的原因则是建筑师、规划师们敏感地把握城市发展的轨迹，通过城市的历史积淀更深入地体察城市人文情结的一种意识反应。城市设计理念观点的不同，直接导致城市结构、形态和肌理的不同，对于建筑场的体验产生影响。但在这里，并非要对不同的城市设计观念作出评价，而是客观地看待各种城市设计理论所倡导的精神实质与物质形态，分析它们对建筑场体验和效应的现象结果。从研究内容上看，城市设计涉及城市、建筑、环境、文化、历史、记忆、市民、行为、心理等，与建筑场研究有着很强的渗透性和交互性，因此极有必要将其作为建筑场研究的重要理论参照。

20世纪20~50年代，柯布西耶进行了一系列的现代主义城市规划构想，但已被实践证明是缺乏人性化的城市设计。他在操作城市这个大型的建筑聚集区的时候，将人的体验置于一个无关紧要的境地，将巨大的行政事务和住宅楼群采用集中式的布局，并在其中容纳密集的人口，造成人的主体意识的缺失。1925年，柯布西耶在巴黎市中心部分地区的伏瓦生规划（Voisin Plan）方案，1935年，柯布西耶关于城市规划的研究方案“光明城市”，以及1951年，柯布西耶对印度东旁遮普邦首府昌迪加尔的规划等都说明了这一点。柯布西耶规则集中的城市设计理论由于过分地从概念规划出发，倾心于现代科技的利用和几何化空间的创造，忽略了人的空间情感体验，忽略了城市的社会性和文化性，所形成的建筑场可能是缺乏城市文脉和情感体验多样性的。

日本建筑师丹下健三提出的“巨型结构”的城市规划理念，是基于他对城市发展模式的展望，同时也与日本当时的现状有关。他认为“原有的城市结构已经不能适应这些变化，城市的功能处于严重的麻痹状态”。日本的土地资源紧张是不争的事实，所以丹下健三的城市设计理论也是有着地域针对性的，因此大型城市综合体建筑就在这样状况下应运而生。为了解决土地问题，丹下健三建议城市向东京湾延伸，使之成为海上城市。建造一座跨越东京湾的巨型结构建筑，它悬吊在吊桥上，以速度的不同将交通分为三层，最低一层为人造地面。同时，采用“中核系统”（Core System）作为垂直交通和供应管道，居住与工作空间全部安置在上层。按照规划，海上城市在25年内可以供500万人居住在其间。我们可以想象的是，这样的城市建筑所能带来的视觉震撼力，但同时人们会在建筑场体验中，感到一种巨大的生活尺度与行为心理的反差与失衡。

1942年，沙里宁出版了他的《城市：它的发展、衰败与未来》（The City Its Growth Its Decay Its Future），书中提出了“有机分散”城市设计理论，认为物质环境设计应该结合社会、经济、文化、技术和自然条件等各个方面因素加以考虑。沙里宁把城市设计的问题归结到恢复建筑秩序上，他认为“城市设计基本上是一个建筑问题”。他主张应当根据城市的功能，把城市有机地分解和组合成不同的区域，每个区域由大小不同的建筑群体组成。他认为城市的建设是动态的，因此城市的布局就应有足够的“灵活性”，以适应城市有机的生长。沙里宁认为“有机分散”理论是医治大城市疾病的有效方法。从沙里宁的“有机分散”理论中我们可以看到，建筑师和规划师对于城市综合意义的进一步认识，以及对城市区域规划、建筑秩序方面如何处理的应对策略。

在这里，值得提出关注的是Time 10的城市设计思想，这个建筑师团体1954年1月在荷兰的杜恩（Doorn）集会，发表了Team 10成立前的宣言——有关人类聚居环境的“杜恩宣言”。Team 10认为，人类的实际活动决定城市结构，城市和建筑的设计必须以人的行为方式为基础，城市和建筑的形态必须从生活本身的结构发展而来。他们提出了城市发展应在不同的尺度条件下考虑住宅、街道、邻里等各自不同的功能，从整体上去研究现代城市。Time 10以现象学分类为基础，以层级系统表述城市体系，它们是住宅（The House）、街道（The Street）、区域（The District）和城市（The City）所构成的层级系统。

Time 10的城市设计理论最重要的贡献，是强调人应该是城市设计的主要参照主体，人、生活、行为、场所等构成的系统应成为城市设计的出发点。它为建筑场研究提供了很多可借鉴的观点，无论是从城市空间形态构成方面，还是对城市的场所体验方面，都会给予极大的理论支持。

从20世纪60年代开始，城市设计理论呈现出多元化的势态。1960年，凯文·林奇（Kevin Lynch）出版了《城市意象》（The Image of The City）一书，开创了城市意象理论。凯文·林奇通过对城市景观记忆测试的调查和分析，借助于认知心理学的理论，在城市设计领域取得了开拓性的研究进展，建立起城市空间结构和认知意象之间的关系。林奇认为城市空间不应只凭客观物质形象和标准来判定，还要凭借人的主观感受来判定。凯文·林奇在《城市意象》一书中强调了人对城市环境感知的重要性，他说到："本书通过对市民的心理形象来讨论美国城市的视觉质量……本书将论述可识别性是城市构成的一个重要方面……所以，除了考虑城市本身还应考虑市民感知的城市。"林奇概括总结出了构成城市意象的五个要素，具体为：路径（Path）、边界（Edge）、区域（District）、节点（Node）和标志（Landmark）。

在谈到城市识别时，凯文·林奇指出："构成并识别环境是动物必不可少的能力，它们往往为此而借助各种各样的提示——色彩、形状、光谱、运动视感、嗅觉、听觉、触觉、动觉、引力、电磁感等，人和动物的寻路能力来自对外界环境的明确感觉所形成的连贯和组织，而这种组织的能力是运动的生命存活的关键。"① 可见，林奇已经在对城市意象的研究中运用了生物心理学和认知心理学的理论。

1961年，作家出身的加拿大城市理论家简·雅各布斯（Jane Jacobs）发表了被认为是20世纪最具影响力的城市理论著作《美国大城市的生与死》（The Death and Life of American Cities）。雅各布斯在书中对现代主义的城市设计理论进行了全面的抨击，指出了现代主义的弊端，提出了与现代主义完全相反的理论。认为无论是霍华德的花园城市还是柯布西耶的功能城市，本质上都是以建筑作为城市设计的本体，而不是以人为本体。她反对机械的功能主义，抨击建筑师、规划师只想着通过设计展示其所谓的城市景观效果——非人性的砖石集合体。雅各布斯的城市设计的思想核心是恢复街道和街区的"多样性"，雅各布斯认为，城市最基本特征是人的活动，而人的活动与街道密切相关，街道担负着城市功能的重要作用，它是城市肌体中最富有活力的"器官"。街道、步行街区和广场构成了城市的开敞空间体系，现代城市的更新改造，首要的任务就是要恢复街道和街区的"多样性"活力。

简·雅各布斯认为：城市活力在于城市的多样性。无论是建筑，还是社区，街道、城市公共空间、城市交通、城市景观，都要体现出多样化特征，多样化概念涵盖城市的各个方面，同时城市的社会、政治、文化、人口、种族、教育等也需要多样化。简·雅各布斯概括了充满活力和多样性的城市的四个先决条件，它们是：

（1）地区主要用途的混合。

（2）较短距离、转弯丰富的街道的必要性。

（3）不同年代建筑自然而丰富的搭配。

（4）保证城市活动人口达到足够的密度。

我们必须注意到的是，简·雅各布斯是以参与城市生活体验的人的身份来关

注城市问题的，她不仅调查访问了大量的市民，掌握现实城市问题的信息资料，而且还从自身的体验中思考问题，通过对人的情感需要与城市社会交往活动特征分析提出"多样性"的观点，而不仅限于对城市建筑物质形态的辨析，因此，她的理论洋溢着了城市人性化的真实感和生动感。

1961年，城市建筑与城市历史学家、城市规划与社会哲学家刘易斯·芒福德出版了他最为重要的著作：《城市发展史》（The City in History）。刘易斯·芒福德认为："城市创造了艺术，自身也是艺术；城市创造了戏剧，自身也是进行社会活动的大剧场。"② 在这里，刘易斯·芒福德强调了人在

---

① （美）凯文·林奇．城市的印象．项秉仁．中国建筑工业出版社，1990，3.

② 刘易斯·芒福德．城市发展史——起源、演变和前景．中国建筑工业出版社，2005，120－124.

城市中活动的社会意义。城市文化构成中，人是不可或缺的因素，离开了城市文化的主体——人，城市文化也就不复存在了。

1966 年，阿尔多·罗西（Aldo Rossi）出版了《城市建筑》（L'Architettura della Citta），此书在当代建筑与城市理论中具有重要影响。罗西在书中提出了城市的三个概念：城市发展有时间的尺度，城市有空间的延续性，在城市环境中有一些具有特别性质的主要因素，它们有能力加速或延缓城市的发展。这三个概念概括了城市线、面、点要素，城市发展时间的尺度具有纵向“线”的性质；城市空间的延续性具有“面”的特征；城市环境中那些具有特别性质的主要因素，则是能够代表这个城市“点”特质的形态。罗西的城市观认为城市就是由两种持久物构成的：其一是作为大量“母体”或“一般城市组织”存在的普通的“事实”；其二是能被人们强烈感受到的纪念物（Monument），而纪念物是城市中的基本要素，它既能延缓也能加速城市都市化的进程。

罗西论述了城市文明与现存纪念物的关系，现存纪念物能够集中体现城市文明特征，这种特征存在于人们对这些纪念物的记忆，人们的记忆片段的集成就会形成一个被认知的城市意象。罗西认为城市的场所精神存在于城市的历史之中，一旦这种精神被赋予形式，这种形式就会成为场所的符号，记忆则成为它的结构引导，因此，记忆就被赋予了历史的意义。城市是群体记忆的所在地，它是群体对城市历史的记忆，当记忆被某些城市片段所触发，城市历史就会与记忆一起呈现出来。

1975 年，芦原义信（Ashihara Yoshinobu）出版了关于城市空间设计的《外部空间设计》。1979 年，芦原义信又出版了《街道空间美学》（The Aesthetic Townscape）。他在对空间的研究中提出了新概念，如“空间秩序”、“逆空间”、“积极空间和消极空间”、“加法空间与减法空间”等许多富有启发性的概念。“积极空间与消极空间”的概念对建筑场效应的研究具有很好的启发意义。此外，芦原义信从人与空间的体验关系以及空间体验变化因素入手对外部空间进行分析，他说到：“空间基本上是由一个物体同感觉它的人之间产生的相互关系所形成的。这一关系主要根据视觉来确定，但作为建筑空间考虑时则与嗅觉、听觉、触觉也都有关。即使是同一空间，根据风雨日照的情况，有时印象也大为不同。”①

城市设计的意义在于，除了考虑城市中的硬件——建筑物，还要通过人与建筑的关系，即在动态的体验过程中的变化来考量，而这个变化既包含着物质的变化，也包括人的心理变化，所有城市环境要素综合在一定的时空关系中，才能完整地体现出城市空间的意义。

图 2－7 上海石库门老住宅内的生活场景

同时，在城市体验中，城市文化的意义不可忽略，一个城市在它形成、发育和生长的过程中，有其自身文化的基因，它与这个城市的市民生活状态共生，并且建立了千丝万缕的联系。在识别系统内，物质被溶解为文化知觉，就像北京与上海，建筑环境的不同则是城市文化的巨大差异所造成的，即便是同一相似的建筑分别建在北京和上海，我们依然会将其与城市文化相联系，而不会单独地去认知它。因此，城市体验的研究要结合城市文化，研究“由都市的各种符号形态承载的、都市人可视的、活动中

① 芦原义信．外部空间设计．尹培桐．中国建筑工业出版社，1985，1.

的都市经验的类型和范式。”① 城市文化是由若干可视的建筑所构成的符号形态，从而形成了城市体验的文化类型和范式，这一点，我们可以从任何一个具有历史文化积淀的城市中找到答案。

尽管很难在此全面概括城市理论，但以上关于城市设计的诸理论，能够为建筑场的研究提供颇为有力的支持，应是建筑场研究的重要理论依据。

四、建筑美学理论

建筑场研究中包含了对建筑美的认知，所以对建筑美的本质与特性的把握是建筑场研究不可或缺的重要理论组成部分。

建筑美学是美学的分支学科，从研究内容看，建筑美学包括建筑美研究与建筑审美研究，建筑美探讨建筑美的本质，建筑审美研究建筑审美意识和建筑审美活动规律。这两个方面的内容是建筑场研究必不可少的理论基础与研究依据。

（一）建筑美本质与特性理论

建筑美学是美学在建筑学领域展开的研究，属于美学的分支研究，其主要研究目的是探讨建筑美形成的内在机理，也就是建筑美的本质及相关内容。对建筑这一事物而言，由于它的复杂性而导致对美的探讨产生一定的难度，其难度在于：其一，建筑本身的功能复合性决定了不能够仅从单一的方面来评价它的美学品质；其二，建筑这一事物在发展过程中，所受到的思想、意识、观念、思潮等背景的影响，都会使得对建筑美的认识发生变化。

建筑场研究所需要参照的建筑美学理论主要有两个基本问题：一是建筑美的本质是什么，二是建筑美的特性如何体现。

关于建筑美的本质，一直是建筑美学的核心问题，实际上也是建筑场研究的核心问题，从古罗马到当代，许多建筑或建筑美学理论著作中都有论述。古罗马建筑师维特鲁威的《建筑十书》提出“适用、坚固、美观”为建筑三要素，文艺复兴时期建筑师阿尔伯蒂在《论建筑》中也提出建筑的基本原则是“需要、适用、功效、美观”。美国建筑师埃罗·沙里宁指出：“不论古代建筑还是现代建筑，都必须满足功能、结构和美这三个条件”，“每一个时代、时期或每种风格，都用不同的方式满足了这三个条件”。② 这里所谈到的建筑原则中都有“美观”这一要求，但是“美观”是与使用功能和技术条件并列的，这就说明这里所提到的“美观”基本上可以认定是属于视觉的建筑形式。而当代的建筑美学观却将功能和技术纳入到建筑美的范畴，产生了“工业美”、“技术美”、“功能美”等概念。可见，对建筑美范畴的拓展也是随着时代发展而变化的。

对于建筑美的本质，历来有不同的诠释，其一为“益美说”，认为“美是有用的”、“美是有益的”。“益美说”强调建筑美的功利性，认为建筑物的美是由功能派生出来的。路易斯·沙里文所说的“形式追随功能”，弗兰克·劳埃德·赖特提出的“有机建筑”论，勒·柯布西耶提倡的“工程师美学”、“房屋是居住的机器”等，都是“益美说”的观点的反映。其二为“愉悦说”，“愉悦说”强调建筑美的形象性，认为建筑物的美有其外在形式美的规律。它的形式要表现出完整、和谐、生动和鲜明，从而激起人的“愉悦性”美感。黑格尔曾经有一句名言：“美只能在形象中见出”，就是对“愉悦说”的观点的诠释。其三为“表现说”，“表现说”强调建筑美的蕴涵性，认为建筑物的美应能表达某种意义、思想、情感、意境、气氛及外在的客观世界。它包括主观表现（表达人的主观的情和意）和客观表现（表现“物”的本质，如力、运动、时间）。苏珊·朗格认为：艺术是情感表现的符号。作为艺术的建筑，应当通过“领域”、“场所”、“空间”来表现某种情感。如住宅—家、庙宇—神、陵墓—归息、教堂—圣所等，就是建筑与其表现符号的对应。

---

① 论都市文化的类型及其演进．都市空间与文化想象．孙逊，杨剑龙．上海三联书店，2008，185.

② 埃罗·沙里宁，功能、结构与美．建筑师．

当代的建筑美学研究又有了诸多新的观点，比如“新功能论”、“两层次论”、“负正论”、“系统论”等论说。“新功能论”强调建筑美的功利关联性和技术合理性，主张结合现实的物质经济条件，并遵循形式美法则去创造“美”的建筑。“两层次论”把建筑的美分为“形式美”和“艺术美”两个层次，前者只需具备一般形式上的审美性质，后者除此之外，还需具备较强的思想性和艺术性，并强调“气氛”的渲染和“意境”的创造。“负正论”认为，建筑可以有正负之分，正建筑是具有艺术性的建筑（Architecture），负建筑则是一般意义上的建筑（Building）。“系统论”则提出了建筑的“部类效应”概念，基本观点与前者相似，它是以部类区分美的形态，从而遵循不同的美学法则。

以上关于建筑美的解说是从不同的思维角度来定位并展开研究的，应该说都各有其内在的机理，但似乎又都有其各自的局限。由此看来，对于建筑这一复杂的事物，对其美的本质的界定也是颇为困难的。但是，所有关于建筑美的研究成果，都能够为建筑场研究提供有参照意义的理论参考。

关于建筑美的特性，也是建筑场研究需要弄清楚的关键问题。从建筑的起源可以看出建筑的物质性与功能性特征，这是建筑美最基本的认知因素。后来的建筑发展使建筑承载的内容多了起来，建筑美的特性也演变得更丰富多彩。

康德把现实世界的“美”分为两类：第一类属于“纯粹的美”，也称“纯形式的美”或“自由的美”，这类美仅仅“通过它的形式使人愉快”。第二类属于“依存的美”或称“计较目的、内容和意义的美”，即所谓“有条件的美”。①

从一般意义上分析，绘画、音乐、戏剧、文学应属于康德所说的第一类美，即“纯粹的美”；而建筑则应属于第二类美，即“依存的美”。建筑的依存性表现在它的物质性、技术性和功用性上。但是建筑事实绝非这样简单。黑格尔对此有着更为辩证的观点，他首先指出建筑美的素材是“受机械规律制约的笨重物质堆”，同时又强调“建筑的任务在于对‘外在的无机自然’进行加工，使它与心灵结成血肉的联系，成为符合艺术的外在条件”。②

另一位意大利建筑师P·L·奈威尔也曾指出：“建筑现象具有两重意义：一方面，是由服从客观要求的物理结构所构成；另一方面，又具有旨在产生某种主观性质的感情的美学意义。”③

以上辩证地论述揭示了建筑美的特性，建筑应该是“依存”和“纯粹”相统一的美学形态，它是物质与精神、技术与艺术、材料与形式的统一。P·L·奈威尔特别强调指出，这种统一“必须是一个技术与艺术的综合体，而并非是简单的技术加艺术”。④ 这种观点明确解释了建筑美的特性所在，任何建筑，不管它的类别、功能、形式如何，它的美学特性是须在一种总体的建筑理念的支配下而显现的。

在这里必须提到的是，建筑有一种特殊的体验转化功能，在某种情况下，它能够把具象物质的建筑体验转化为抽象精神的体验，建筑的大量体验实践都证明了这一点。我们都知道石头、清水混凝土是无机的、物质的，但是帕提农神庙和光之教堂却将物质形态转化为精神体验，这可以说是对建筑美特性最生动的证明了。

（二）建筑审美理论

建筑审美的理论对于建筑场研究的重要性不言而喻，因为建筑场所研究的对象、主要内容和活动机制与建筑审美极为相近（但并不完全相同）。建筑审美理论能够在许多问题上给予建筑场研究以积极的启示和有力的支持。

如果说建筑美是关于建筑本身美的本质、特性、原则的话，那么建筑审美就是解释“建筑美”是如何被人所感知的，建筑美感和建筑审美的概念由此而产生。这里面就涉及审美关系的两个方面，

---

① 汪正章．建筑美学．东方出版社，1991，77.

② 黑格尔．美学．1（105）.

③ （意）P·L·奈威尔．建筑的艺术与技术．黄运昇译．中国建筑工业出版社，1981，1.

④ （意）P·L·奈威尔．建筑的艺术与技术．黄运昇译．中国建筑工业出版社，1981，9.

即审美主体和审美客体。在这两者之间所发生的审美交互关系与审美活动规律，被称为建筑审美机制。审美机制中揭示了建筑审美效应——建筑“美感”的发生。

汪正章在所著《建筑美学》一书中指出：当代建筑的中心命题是“人·建筑·环境”。讨论建筑美的生成机制，归根结底，要顾及到人和建筑两个方面。这就需要把它“当作人的感性活动，当作实践去理解”，而不只是“从客体的或者直观的形式去理解”。① 这种阐述恰好是对建筑场基本观点的说明。

建筑审美理论所研究的主要内容是建筑美感心理的一系列活动，具体涉及几方面的内容：其一，建筑视知觉理论；其二，建筑审美的中介理论；其三，建筑美感心理理论。

1. 建筑的视知觉理论

建筑是将自身的形式作为信息传达出去，而后被人的视觉所获取的。在这个活动过程中，建筑首先要提供具体可感的“形”和“体”的信息刺激，视觉感官则在刺激下获取视像感觉，通过有序的视觉信息处理过程，将其整合为一个整体形象。格式塔（Gestalt）视觉心理机制、视知觉认知机制会在这个活动中发生机能作用。

其中可以归纳出视知觉的整合性功能、选择性功能、调节性功能、转化功能。

整合功能，就是视知觉能够把建筑形式中的片段或局部通过视觉的“完形”知觉能力整合成为建筑的整体形象。

选择功能，就是对视野中所出现的建筑信息扫描时，会自动产生注意和选择的现象。通常是特殊的、新颖的、复杂的、对比强烈的形式信息易受到注意和选择。

调节功能，就是视知觉能够对建筑形象的表象做出“标准样本”的认知，这与视知觉的恒常特性有关，而不会由于多个位置和角度的视觉观察而得出不同建筑形象的结论。

2. 建筑审美的中介理论

中介，即事物与事物之间发生关系的中间环节。建筑审美是在建筑与人之间产生的，那么建筑审美的中介，就是反映建筑物这一有总体概念而每栋建筑又有所不同的建筑“表象”。建筑表象对于人而言会产生以下作用：直觉性、经验性、联想性。

建筑审美中介的直觉性，是人对建筑表象审美反馈的直接反映。例如对同一栋建筑，有人认为美，有人认为不美，可能还有人认为是丑的。有人敏感，有人迟钝，有人麻木，反映出审美观念、标准、能力的千差万别。

建筑审美中介的经验性，是指建筑认知的心理积淀所形成的经验的释放。建筑的表象能够唤醒人的某种建筑心理积淀，对经验中类似的建筑与现实中的建筑进行比对，从而形成对现实建筑的审美判断。

建筑审美中介的联想性，是建筑表象所提供的信息能够使人产生一定的联想，即通过此建筑的表象联想到其他事物的形象或意义。使得建筑表象产生超出其一般建筑物质形式的意义。

3. 建筑美感心理理论

建筑美感心理是指人在观赏、体验建筑时所引起的积极的心理活动。美在于建筑客体，美感则是主体对美的能动反映。客观美因、主观美能是建筑美感心理形成的两个方面。

建筑美因是指建筑本身具备美学品质，能够发送传递建筑美的信息。主观美能是指作为审美主体的人所具有的建筑审美能力。

建筑美因可以归纳为三部分内容，它们是：建筑的一般形式美、建筑的功能美、建筑的内涵美。

建筑的一般形式美，是指建筑所遵循的一般形式美学原则所营造的美，它包括尺度、比例、体量、形态、对比、协调、节奏、韵律等建筑形式的塑造，满足一般视觉心理愉悦的感受。建筑的功

---

① 汪正章．建筑美学．东方出版社，1991，195.

能美，是指建筑的使用目的得到体现而衍化形成的美。它反映了建筑“用”的直接功利目的。本来功利性并不在美的范畴，但是由于建筑这一事物的特殊性，使用功能这一概念，最终能够通过人的物质体验而衍化为精神的愉悦。建筑的内涵美，是指建筑通过其物质的形态而表达的意识或情感联想的美。它的所有形式都是极有目的的设计，通过建筑的信息传递转化为建筑精神的内涵意义，通常是在感官综合接收信息的基础上，深入至“心悟”，通过体验而获得。

主观美可以从三个方面得到反映：一是审美经验，二是审美需求，三是审美取向。

审美经验，是指人通过学习、生活、职业等经历对建筑的认知经验积累。经历不同，认知经验积累就不同，也就会形成对建筑审美能力的差异，而这种差异对于建筑的审美效应产生不同的结果。审美需求，是指个体的人在审美方面的渴求程度，就像一个人在已经吃饱的情况下，任何美食也不会再刺激起他的食欲，而一个干渴的人，一滴水也会被视为甘露。司空见惯的建筑，再美也会被漠视，而偶见异样的建筑，则可能激发审美效果。审美取向，是指主体对客观事物美的关注和选择意向，人会因为不同的目的和兴趣而选择关注不同的审美成分。比如，在不涉及使用的情况下，可能更多的选择建筑形式审美；而在涉及使用的情况下，则更多关注功能审美；对于特殊意义的建筑，则会由表及里地体味其中的情景和意义审美。

以上建筑美学所研究的内容和机理将是建筑场研究重要的支撑理论。

五、其他相关理论

建筑场研究还将涉及其他如下学科的理论内容：

（一）信息架构学理论

什么是信息架构学？E·莫洛根在其《信息架构学》中概括说：“信息架构学是目前正在形成和发展的学科，是关于在线信息组织与呈现的系统方法的一门学科。信息构架学在很大程度上是为了探索信息架构理论、实践和从业者专业需求一致的设计方法……”①

之所以选择信息架构学作为建筑场研究的理论借鉴，是因为建筑可作为信息架构的主要内容来研究并实践。E·莫洛根指出，信息架构被定义为一个专业时，“与建筑学看起来可能是非常相似，因为他们的实践者有许多共通之处：架构师充当过程设计师和协调者的角色，这样可完成产品、交付或结构以及设计本身的创造性任务。”②

同时，E·莫洛根谈到，信息架构可以作为一种设计方法：哈佛设计学院的教育方法是为建筑学、园林、城市规划等一年级学生讲授跨学科设计的通识课程。这种方法的目的是培养学生的一种倾向——“了解设计的整个领域可以使他们具有广泛而灵活的基础，进而能在未来情境中创造性地工作”。对这种设计的通识教育具有的创造性功能的理解，可通过一个专业所需的专业态度和技能而扩增，可为信息架构作为专业领域提供很多有意义的参考。③

该理论提出的许多概念和观点值得我们关注，比如“实物”设计和“非实物”设计，且“非实物”设计是设计的必需部分，从“行为主义模型”转向“信息处理模型”的观点等。这些理论无疑会从一个新的角度来审视当代的建筑环境规划设计的行为，并给予建筑场研究以极大的启发。

（二）规划学理论

规划学是研究如何科学合理的规划人居环境的学科，它探讨及解决城市与乡村聚居环境的区域划分、功能布局、生态发育等方面的问题。

规划学与建筑学之间有着密切的关系，这种关系有一个形象的比喻，规划就像是设计一套住房

---

① E·莫洛根．信息架构学．祝智庭，顾小清，詹青龙，吴战杰，郭桂英译．华东师范大学出版社，2008，158.

② E·莫洛根．信息架构学．祝智庭，顾小清，詹青龙，吴战杰，郭桂英译．华东师范大学出版社，2008，159.

③ E·莫洛根．信息架构学．祝智庭，顾小清，詹青龙，吴战杰，郭桂英译．华东师范大学出版社，2008，160.

的平面，确定各个功能的房间，包括位置、面积、联系，建筑就是各个功能房间中的家具和设施，需要根据不同的功能给予设计配置。有了这两者的结合，“家”的实际形态才能体现。从这种关系中我们可以认为，需先有科学合理的城乡规划，才能进一步开展有目的的、科学控制性的建筑营造实施。它们之间是一项整体工作的两个步骤，同时也是整体与部分、构想与实施的关系体现。因此，较之于单体的建筑，规划对于人居建筑环境的形成更具有前瞻性、宏观性、科学性和指导性。

规划学与建筑场的关系，除了前面所提到的工作步骤的先后关系和控制关系外，他们之间还有着因果关系，即规划在前，是“因”，所形成的建筑场在后，是“果”。对“因”的研究自然是不可忽略的，怎样的规划就会导致怎样的建筑场效应，如何规划才能真正有效地实现我们的使用和情感愿望，正是我们所要探讨的问题之一。由此看来，规划行为绝不应成为图纸上甚至是行政指令性的行为，它应该是一种包括环境文化、环境生态和环境情感等因素在内的理念行为。因此，规划学理论以及研究成果将能够为我们提供这方面的相关支持。

（三）城市形态学

形态学（Morphology）一词产生于古希腊语，最初是研究生物形式与结构的科学，后来涉及艺术与科学两个方面，通过对其他学科的借鉴和自我完善，逐渐形成集数学、生物、力学、材料和艺术为一体的交叉学科。城市形态学是形态学的分支研究学科，是主要研究城市空间、建筑、环境与人所共同形成的整体构成关系的学科。这里所指的城市形态，既包括城市的物质结构形式和类型特点，更重要的是还反映了生活在其中的人们的历史文化图示——意识的、行为的、习俗的、价值观的等方面。它是对城市总体人文的形态化分析与研究。它借助于前人关于形态学的理论，又借鉴运用现代社会学、心理学、信息论、语言学等学科的研究成果，对城市形态进行系统的研究，对城市形态的有机构成规律进行了分析。其代表人物分别是：凯文·林奇、科林·罗和阿尔多·罗西、克里尔兄弟。

（四）建筑文化学理论

建筑文化学是建筑学与文化学的交叉学科，也可以说是文化学的一个分支研究领域。建筑文化学将“建筑文化”这一概念从一般建筑学中提出并加以研究，也就是研究建筑“意识形态”方面的内涵，它包括建筑思想、建筑观念、建筑意识、建筑情感、建筑思潮等方面的内容。陈凯峰在《建筑文化学》一书中提出：“建筑文化赋予客观存在的建筑哲理、建筑伦理、建筑心理、建筑逻辑等一系列意识形态的东西，为‘建筑文化’这一概括性的总称谓。”①

建筑文化学在学科性质上与建筑学不同，建筑文化学属于人文科学范畴。“建筑文化是无形的客观存在，即以意识形态为其存在形态，建筑文化的主体和载体都是人，由人在建筑活动全过程中表现出其客观存在。显然，研究以这一性质而存在的东西的建筑文化学，必定要归属于人文科学范畴的学科体系。那么，建筑文化学也就具有了人文科学的一般意义……”②

在建筑场研究中，有相当多要素涉及建筑认知等建筑意识方面的内容，其中的机理可以从建筑文化的角度来对建筑体验和建筑认知进行探讨和分析。所以建筑文化学的理论观点和研究成果都可以在某些方面发挥它的理论依据作用。

（五）中国传统风水理论

中国传统风水理论是中国传统文化的组成部分，是关于阴阳宅的勘察、选址、规划、营造的理论学说，可以说其内容涉及今天的地理学、生态学、规划学、建筑学、心理学、社会学和哲学等学科，主要由中国的传统哲学观为理论根基，结合民间对此的实践经验而形成。由于风水理论与生存环境质量有关，故中国传统风水学说在民间是作为一种营造活动的金科玉律来对待的。从当代理性

① 陈凯峰．建筑文化学．同济大学出版社，1996，260.

② 陈凯峰．建筑文化学．同济大学出版社，1996，260.

的观点看待中国传统风水理论，虽然可以认定其中有着迷信的成分，但总体上看中国传统风水理论是具有内在文化和科学价值的环境理论，对于当今的环境理论研究和环境规划设计实践都具有积极的启发和借鉴作用（本书将在第七章中比较详细地论述中国传统风水理论与建筑场研究的关系）。

综上所述，建筑场理论体现出了内容跨学科、交叉性、融合性比较强的特征，它由心理学、建筑学、建筑美学、城市设计理论、城市形态学、规划学、信息架构学、中国传统风水理论等相关理论作为理论平台整合而成。但无论理论来源如何多元、复杂，都是围绕着建筑空间环境信息交互活动这个过程，紧密联系着建筑场的发生、体验和效应这个总的主题。建筑场理论构建就是围绕、联系这个过程和主题，将诸多学科的相关理论进行提取、嫁接、整合的过程，所以，建筑场理论的构建应该是一棵综合意义上的新的理论之树。

建筑场理论研究的学科归属问题，应该这样推论：从建筑场的研究核心问题来看，一是跨学科特征明显，整个研究中借助其他的学科理论内容较多，既有自然科学属性，也有人文科学属性，比较难以明确界定。二是建筑场在研究建筑与人的体验认知关系时，始终是通过建筑信息活动规律这样一个运作过程，并通过建筑信息效应来验证建筑场的实际价值和意义的。由此看来，从运用研究手段及方法的角度看，建筑场理论应该归属于一个新的分支学科——建筑信息学。

第三章 建筑场构成要素分析

在本章中，我们将讨论关于建筑场构成要素方面的问题，提取其要素、归纳其形态、分析其机理，为建筑场的推导和研究确立必要的条件基础。

建筑场的构成机理较之于建筑物或建筑空间的构成更为复杂。建筑物或建筑空间的意义更多体现于客观存在的事实，而建筑场构成则体现出建筑的多元要素，从中可以反映出建筑场构成的复杂性与交互性，可以更生动地反映建筑作为一个活性形态的诸多特质。

在建筑场的要素构成中，我们可将其分为四个要素群，它们分别为：建筑物化形态要素群、建筑环境形态要素群、建筑心理形态要素群、建筑文化形态要素群。同时，这四个要素群在建筑场构成中错综复杂的组合关系还会衍生出建筑场多样化的效应特征。下面我们将通过对四种形态要素群的分析，把握建筑场构成的要素、形态和构成机理。

一、建筑物化形态要素

建筑场构成之一为建筑物化形态要素群，在建筑物化形态要素群中，具体包括三个基本要素，即建筑材料、建筑实体和建筑空间。

（一）建筑材料

1. 建筑材料的属性

建筑材料是建筑物形成的基本物质条件之一，具有物质属性。任何建筑都是依据自身的要求选择一定的材料来建造的。无论是树枝、泥沙、木材、石块、土坯，还是混凝土、钢材、玻璃、钛锌板，都是建筑物化必然要参与的物质内容。

不可忽视的是，在建筑活动的初期，材料只是作为单纯的建筑物质因素来使用，但在建筑活动逐渐发展和成熟的过程中，建筑材料除了其物质属性，还逐渐被赋予了建造活动的文化意义。比如建筑意志、建筑伦理、建筑情感、建筑象征、建筑生态等思想观念方面的内容。这里存在着建筑材料意义的转化过程，建筑材料一旦与建筑物相结合，就从一般的材料的物质属性中得到了升华，成为了建筑意义的组成部分。比如天然建筑材料常常与自然、原始、生态相联系，而人工建筑材料常常与科学技术、材料工艺相联系，材料的昂贵或简朴常常与生活态度、方式、追求相联系等。建筑材料的物质特征、耐久程度、成本价格、功能匹配、材料审美、联想体验等，都会随着建筑材料从物质范畴扩展到意识范畴。因此，建筑材料除了物质属性，也承载一定的建筑意识。在建筑场活动中，建筑材料将通过物质属性表现出其意义的延展。同时，建筑材料一旦形成建筑，材料本身就具有了独特的审美价值。

图 3－1 生土夯筑的福建客家土楼

2. 建筑材料的构造特征

建筑材料与建筑的构造方式及形象特点有关。泥土、砂子、混凝土要通过版筑技术形成建筑体块；砖、石要通过砌筑的方式形成墙体与符合砌筑力学原理的拱形开口；木材要通过柱、梁、檩、椽形成木结构建筑框架形态；钢铁材料要通过对型材的焊接、铆固形成建筑钢架结构形态；板材具有灵活的拆装特性等。

因此，建筑材料已经包含了对于建筑在技术应用中的合理性的意义，对于建筑结构以及建筑结构导致的外观，建筑材料起着不可忽视的作用。

归纳建筑材料对于建筑场的意义在于：

其一，建筑材料是建筑物的物质要件，建筑必须依附于材料才能实现。

其二，建筑材料体现为物质属性，但是凝结为建筑实体后，就会体现出建筑意识意义的延展性，并且具备了独特的审美意义。

其三，建筑材料因其物质特性能够对建筑构造方式与建筑形式起到较强的适配作用，因此具有了合理性的建筑美学意义。

图 3－2 陕西韩城党家村的砖结构建筑

（二）建筑实体

建筑实体形态是指由人工构筑的具有不同功能的建筑物。除了我们惯常所说的房屋建筑外，还有道路、桥梁、隧道等设施建筑，也包括多种形式的景观、园林建筑。它是采用一定的建筑材料和运用一定的建筑技术所构筑的建筑物实体，体现为建筑的物质性与形态性的特征。

建筑实体的物质构成表现为：

其一，建筑实体是由某种建筑材料构成的，它具有物质的材料属性。

其二，这个建筑实体呈现为三维立体形态，在空间中占有一定的量，具有物质的空间属性。

其三，这个建筑实体呈现为一定的形象，体现物质的形式属性。

这是建筑实体物质构成的基本条件。

建筑实体形态是建筑场构成的基本要件，进一步深入分析，建筑实体形态是由建筑实体的体量与建筑实体的形式两部分融合而成的。

图 3－3 北京南站的钢结构站台

1. 建筑实体的体量

建筑实体占有空间一定的“量”。这个“量”的概念不仅是某些数字反映在建筑体积上的扩大或缩小，而是直接影响到建筑场的性质与人对建筑场的体验。

建筑的体量不同，给人的感官刺激也不同，可以设想，著名的埃及金字塔比现在缩小一倍，朗香教堂比现在扩大一倍，会产生怎样的效果？虽然金字塔与朗香教堂的形象都没有改变，但是建筑的体量变化了，人们对建筑的感受就会有很大不同，都会失去现有的建筑意义和建筑体验。

现在有一种被称为“建筑微缩景观”的形式，就是将世界各地的著名建筑按比例缩小，做成景观的形式供游览参观。虽然这能够满足人们某种旅游观赏的需求，也可能会赞叹其复制工艺的精巧，但绝不可能在真正意义上去实现对实际建筑环境场所具有的审美的体验。因为此时的微缩建筑与人的比例关系处于一种“虚无”状态，人们不知道是建筑被缩小了，还是人变高大了。在观看规划沙盘或建筑模型时，我们知道它是一种缩小比例的规划设计方案的表达方式，所以只是将它作为一种建筑模型来审视观赏，而不是以“进入”的身体状态来体验它。

图 3-4 微缩建筑景观只能观赏，而不能使人真正进入建筑体验

关于建筑的体量，我们还可以举出许多现实建筑的例子。上海浦东陆家嘴 CBD 商务区高层建筑林立，建筑体量较大。日本东京的城市综合体建筑体量对城市空间的占有量也非常之大，构成了当代巨型城市的建筑场特征。而中国传统民居，如北京的胡同、四合院，皖南、江西等的民居村落的建筑体量较小，构成了传统民居及村落的建筑场特征。因此，建筑体量的因素对建筑场的形成影响极大，建筑体量因素会直接影响刺激人们对建筑场的生理与心理知觉。

图 3-5 日本东京大体量的城市综合体建筑

图 3-6 安徽黟县西递村小体量民居

建筑体量的大与小基于两点：一是指建筑之间相互比较而产生的，比如我们说上海大剧院体量比较大，但与北京国家大剧院相比它就相对较小了；二是指建筑与人之间的尺度关系，即从人本身的尺度来判断建筑的体量大小。从人的视觉与行为体验来看，北京四合院建筑的体量相对较小，而北京国家体育场“鸟巢”的体量则相对较大。

一个建筑要适合于特定的建筑场，其体量的大小与场效应有一定的相关性，它的大与小既是使用功能的需要，也是建筑场多重效应的需要。

中国历史博物馆、人民大会堂作为公共建筑，又代表着国家建筑的形象，因此它的体量应该比较大。但是大到多少才算合适，需要一个相互关联的标准，即它们的尺度体量既要给人以高大雄伟的印象，又要考虑同天安门城楼形成一定的比例关系。如果它们太大，势必会使得天安门城楼显得矮小，建筑之间的比例关系就会变得不协调，建筑场感觉失衡。其次还要考虑它们的体量与天安门广场尺度的关系，它们的体量变化也会影响人们对天安门广场的心理尺度。同时，中国历史博物馆、人民大会堂两者还必须采取建筑体量基本相当、建筑布局对称的处理手法，才能够显出庄重、雄伟、典雅的建筑场气氛效果。

可见，建筑体量的概念不仅是建筑体积“量”的变化，而且是直接影响建筑知觉的因素，建筑的物理量的变化能够导致建筑感知心理量的变化，从而影响到建筑场的体验与效应。

2. 建筑实体的形象

在建筑的实体形态中，除了建筑的体量，还有建筑的形象，所谓建筑的形象，就是建筑所呈现的体态相貌。

建筑的形象千差万别，由地域、时代、类型、功能等方面原因造成，比如西方建筑、中国建筑、古典建筑、现代建筑、住宅建筑、公共商业建筑、公共文化建筑等不同的建筑地域、时代分支和功能分类。但实际生活中，我们所看到的建筑形象，几乎是每一栋都有自身的形象特征，即便是同一功能类型的建筑，也会形态各异。比如观演建筑，上海大剧院和中国大剧院完全是两种不同的形象，悉尼歌剧院与林肯中心也截然不同，我们看到纽约古根海姆博物馆是一个样子，而毕尔巴鄂古根海姆博物馆又是另一个样子。

虽然具体到每一栋建筑的形象有简单、有复杂且多种多样，但是建筑形象的形成是有多种因素和条件所作用的。从建筑基本的应用方面分析，建筑形象是因其功能的合理性要求而产生的。从建筑意识角度分析，建筑形象与建筑意志、建筑伦理、建筑审美等建筑意识范畴有关。从宏观的历史视野分析，建筑形象是由时空因素、社会形态、科学技术等因素综合作为背景的。

建筑形象的产生是人类长期实践的结果，每一种类型的建筑形象都有其所形成的内在背景与机理。从古代建筑到现代建筑，世界各地区各时期建筑的形象繁多而不可计数，但在其多样性中有一定的规律可循，虽然每一栋建筑都有自己的形象，但可以在不同的类型中加以区别。一是可以按照历史时期来分类，如按古代、近代、现代来分；二是可以按地域分类，如欧洲、亚洲、非洲、美洲等地区；三是可以按使用类型分类，如住宅建筑、公共建筑、宗教建筑等。在这些类型中，有许多建筑的样式已经被称之为某种建筑风格，即已有定型的意思了，以至于某种建筑样式可以转化为一种建筑的认知符号。以西方古典建筑为例，古典三种柱式被作为古希腊建筑认知符号；拱券是古罗马建筑符号；而尖券、肋拱、尖塔代表哥特式建筑符号；穹顶是文艺复兴建筑符号；高陡屋面与突出的老虎窗表示西方古典主义建筑符号；繁复的植物涡卷雕饰为巴洛克建筑艺术符号等。而中国传统建筑则以木构架、起翘的大屋顶、斗拱以及各种富有含义的装饰形象为典型的符号。

工业革命带来的现代建筑强调建筑形象以功能和效率为特征，所以“方盒子”就会成为功能效率的最佳选择。而当代建筑则呈现多元化的形式，无论何种功能类型的建筑，都力图展现出与众不同的形象特点。例如作为宗教建筑的教堂，就颠覆其传统的教堂形制和形象，完全按照建筑师自己对宗教的理解来设计建造，其目的就是重新诠释，使人们重新体验宗教建筑的含义。在这种情况下，对建筑的形象认知就要费一番周折了，因为在建筑记忆储存中搜索不到已存的形象模式，需要重新建立一个形象模型来进行认知……总之，从古代到现代，建筑形象是通过建筑实践而逐渐形成的，同时又是通过不断的建筑认知实践的积淀而形成认知意识的。

建筑的形象既然已经具备了它自身形成的内在背景与机理，也在实际应用中作用于人的认知体验，那么，建筑的形象一旦通过建筑物化过程形成，便会产生和释放特定的建筑形象信息，从而酝酿成特有的建筑信息氛围，对人产生信息场的影响，这便是建筑形象对建筑场形成的意义所在。

以上海黄浦江两岸建筑形象为例，黄浦江西岸是被称之为“万国建筑博览会”的欧式建筑群，是19世纪中叶开始作为英国租界而陆续建造的，有其殖民地的历史背景，建筑呈现有哥特式、罗马式、文艺复兴式、巴洛克式等多种风格样式。而黄浦江东岸是现代开发建设的陆家嘴商务区建筑群，是典型的高层现代建筑群。隔江相望的建筑群在建造时期、建造背景、建筑形式上有着诸多不同，

图 3-7　青岛老城区建筑与街道

图 3-8　青岛新城区建筑形象

因此，建筑形象所蕴涵和发送的信息也不同，故而人们对其建筑场的认知与体验也不同。再以青岛市为例，青岛在 19 世纪末到 20 世纪初由德国人在青岛渔港的基础上开始建造建筑，逐步形成城市规模，即现在的青岛老城区。这些建筑是在德国建筑风格的基础上带有一定殖民色彩的建筑，总体上是外来建筑文化的体现。而在近 20 年来，青岛市大力开发东部地区，建设力度比较大，形成了扩展后的新城区，建筑形象也是现代的。这是在不同时期不同建筑形象所形成的建筑区域的典型实例。两者比较，在建筑形象、建筑肌理、建筑审美、建筑体验等方面均有极大不同。

图 3-9　周庄水乡古镇风情

3. 建筑形式的内同性

在某区域的建筑环境中，建筑群落形式的“内同性”是能否形成特定建筑场的重要因素。所谓“内同性”，就是区域内的多栋建筑贯穿着内在统一的形式要素，构成对建筑认知的内在线索联系。如果缺乏建筑形式的“内同性”，就会造成建筑形象的形式感混杂，导致建筑表象信息混乱，认知联想不能有效确定等现象。

能够比较完整地形成建筑场所认知的例子，都离不开建筑形式的“内同性”这个法则。

江苏周庄是著名的江南水乡古镇，建筑的外观形式均以中国传统建筑风格为基本建筑形象，因此具有浓郁的中国江南传统建筑与乡土氛围。其“内同性”为：传统江南民居建筑风格、建筑尺度与体量的控制，水巷、桥的交通性与景观性，集中布局。

老上海石库门是最具有上海特色的住宅建筑，它盛行于 20 世纪 20 年代，石库门的特色在于，

图 3-10　改造为上海新天地的石库门建筑形成了上海里弄文化风情

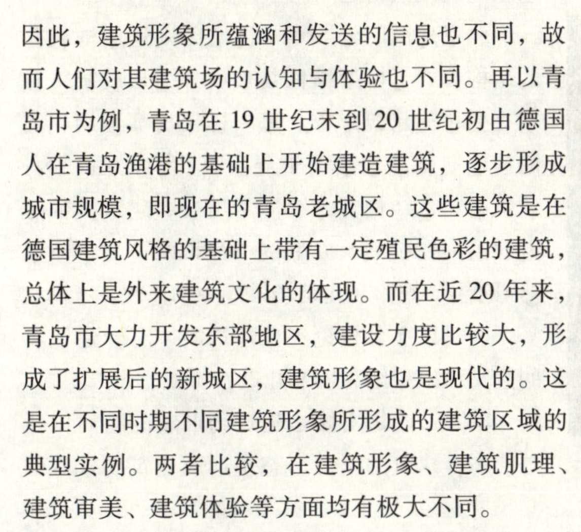

图3-11 日本京都某住宅区

它能够巧妙地把西方和东方的建筑文化融合成一种住宅形式，最终形成上海特有的里弄住宅文化建筑场的特征。其“内同性”为：在总体布局、建筑形式、建筑装饰、建筑材料等方面的中西建筑文化的有机融合。

日本京都传统住宅区的建筑形式虽然经过了功能性改造，但其建筑体量、形式都还保留了浓郁的日本住宅风格，这个区域里没有大尺度、大体量、高层现代建筑，形成典型的小型住宅街区。所以，日本京都传统住宅区的“内同性”体现为：建筑尺度与建筑体量的控制，本土建筑元素的运用。

图3-12 北京建国门外SOHO住宅

北京建国门外SOHO住宅区则运用框架式的结构方式，框架结构与玻璃界面形成统一且富有变化的建筑形象。每一栋楼房都运用相同的构成规则，大同而小异。其“内同性”为：建筑材料、结构方式、体量组合、建筑模数等方面的内在机理。以上例子都说明了建筑形象“内同性”规律在建筑场效应中的体现。

通过以上分析论述，建筑实体对于建筑场的意义可以归纳为以下几点：

其一，建筑实体是建筑场形成的物质依托与形态，建筑的物质形态是形成建筑场效应的基本物质要件。

其二，建筑实体的物理量变化能够影响人们对建筑场的感知心理变化，在建筑场信息活动中，它是一项不可忽略的重要因素。

其三，建筑形象具有直观生动的感性特征。它具备了认知符号的功能和意义，对建筑场起着视觉信息感知导向的作用。

其四，建筑群落形式的内同性是决定建筑场体验和认知的重要表征，在一定建筑区域内，建筑场的信息特征依靠建筑形式的内同性来反映。

（三）建筑空间

建筑空间是建筑实体的负形态，随着建筑实体的形成，建筑的空间形态随之发生。相对于建筑实体的“有”，建筑空间是“虚”的概念，这也是建筑功用在客观上所反映出的必然规律。

建筑的空间形态包含三个基本常态：其一，建筑界面围合封闭所形成的建筑内部空间形式；其二，建筑外部空间或建筑与建筑之间所形成的空间形式；其三，界于内部空间与外部空间之间的空间形式，即日本建筑师黑川纪章所提出的“灰空间”。下面分别予以论述：

1. 建筑内部空间形式

关于建筑空间，老子言：“凿户牖以为室，当其无，有室之用，故有之以为利，无之以为用。”建筑之所以有实用效能，在于它的内部是一个“容器”，它可以容纳人在其中进行各种活动。毋庸置疑，建筑内部空间是以具体的使用功能为基本目的的，对于建筑室内空间的建筑场而言，适用、便利、高效是基本功能要求，也是人们在使用体验中对其认可的基本条件。但内部空间在满足使用功能的同时，还有一种需求，即我们经常提到的空间的精神需求，空间的精神需求同空间的功能需求相比较而言，如果说空间的功能需求更侧重于空间的实用性，则空间的精神需求更侧重于心理体验。其实这两者并不矛盾，在具体的一个建筑实例中，它们会结合成为一个整体而体现出来。彭一刚在《建筑空间组合论》中谈到这一点："……古代高直教堂所具有的十分窄而高的内部空间就更为有力地说明了这个问题。如果单纯从宗教祭祀活动的使用要求来看，即使把它的高度降低十倍，也不会影响使用要求，但是作为一个教堂，它所具有的那样一种神秘的气氛和艺术感染力将荡然无存。由此可见，对于教堂这样一种特殊类型的建筑，左右其空间形式的与其说是物质功能，毋宁说是精神方面的要求。"① 教堂的功能是侧重于精神方面的，故尺度设置以精神体验为准则，而一个住宅是以经济实用为目的的，所以空间尺度要以适用为标准。

由此看来，建筑内部空间的塑造对于不同的建筑功能类型也会有不同的侧重，有侧重于使用功能方面的，比如一间语音教室、工厂车间、仓库等空间；也有侧重于精神功能方面的，如教堂、佛寺、纪念堂等。但在很多情况下，使用功能与精神功能都是必须强调的，而且应该有机结合的，如音乐厅、剧场、博物馆、美术馆、航站楼、旅游酒店。无论何种功能的空间，建筑空间只要能够满足相应的功能要求，则都具备设计美的品质，只不过是在美学层次和性质上有所差异而已。

图 3-13 中国国家大剧院音乐厅，以满足使用功能为主

图 3-14 拉萨哲蚌寺内部空间，以满足精神功能为主

建筑空间由建筑的分隔构件——墙面、楼面围合而成，这些构件可以有多种组合形式，因而也会带来多种空间形式，这种种空间形式对于人来说，它从物质上规定了空间一定的量和一定的形态，给予我们尺寸、大小、长短、高低、方圆、曲直等空间物质化的感知，同时还会因为这些物质因素对人的知觉心理影响而变得复杂起来。一个圆形或方形的空间会给人以张力均衡的稳定感，而一个长长的廊道则始终在流动中体现它的价值。

建筑内部空间形成的建筑场，首先在于对它基本功能的反映，如果一间家庭卧室面积达到100平方米，高度6米，不但浪费空间资源，而且还会产生空旷感，不利于睡眠的生理需求和自我保护的心理需求。此外，内部空间还应该是一种有韵味、有感觉、有魅力的建筑空间形式。在建筑内部空间中，由于空间的形态受建筑分隔界面的影响程度最高，所以人为设计、操作和控制的可能性也最大，我们可以有意识地对其进行塑造，以特定的空间形态影响人们的心理，使之产生空间体验的感知与联想。

日本建筑师安藤忠雄对于空间的心理化处理早已成为教科书式的例子，在其早期的"住吉的长屋"住宅设计中，我们便能够看出安藤对空间所特有的敏感及处理意识。此后，我们还能够从他的一系列建筑设计中体味其对空间的匠心营造，典型的例子当属安藤忠雄的教堂系列建筑设计。

---

① 彭一刚．建筑空间组合论．中国建筑工业出版社，1983，3.

图 3-15 光之教堂（安藤忠雄）

图 3-16 柏林犹太人纪念馆（里博斯基）

里博斯基设计的犹太人纪念馆，是一个很好的具有空间象征性处理的例子，倾斜的空间要素对建筑设计主题的表达无疑是一种非常有效的处理手法。由此，建筑场效应便会通过空间形式这一处理自然显现出来。因而，具有建筑场品质的建筑内部空间绝不是简单的物质化构造，而是由功能、主题、心理、感知、体验、联想等方面综合而成的空间形态。

2. 建筑外部空间形式

建筑外部空间是建筑物作为实体媒介，在不同的情况下所形成的空间形态。建筑外部空间又可以细化为：第一种是空间围合建筑型；第二种是建筑围合空间型，下面分别进行论述。

（1）空间围合建筑型

空间围合建筑型是以单体建筑为中心向周边辐射的建筑外部空间。这类建筑是以“空间包围着房屋”的形式出现的，即“建筑物以‘三维’（Three Dimension）的‘塑像体’（Plastic）的形式出现，它是视线的焦点，因此房屋平面的本身便要求有足够的变化”。[①] 这类空间形式因建筑的三维性而形成特征，即建筑的整体面貌能够随着人的行动和视线而呈现出其完整性，所以要求建筑物要具有多立面、多角度的观赏性。以建筑为中心环绕在其周围，形成一个圆形的空间场，这很像一颗石子投向水中泛起的圆形波纹，向四周扩散，并逐渐减弱直至消失。

图 3-17 拉萨布达拉宫是拉萨市的中心地标性建筑，属于外部空间围合建筑的形式

空间围合建筑这种空间形式建立起来的建筑场，场感体验的性质与强弱是很值得研究的现象。首先，场感体验与建筑物有关，即建筑物的综合价值越高、所包含的信息越丰富，建筑场的效应力越强，建筑周边的空间从属于建筑主体；其次，场感体验与同建筑物的距离有关，通常情况下，在一定的距

① 李允鉌．华夏意匠．天津大学出版社，2005，142.

离范围内，人的知觉生理系统所有感官所发挥的综合作用越强，随着圆形波纹的扩展，视知觉所发挥的作用将逐渐取代其他知觉器官的作用。再次，这种空间在向外扩展的过程中逐渐减弱，但并无一个明确的界面或距离限定。

图 3-18 中国国家大剧院属于外部空间围合建筑的形式

（2）建筑围合空间型

建筑围合空间型是由建筑群体组合建立起一个围合系统，中间包围着空间而形成的外部空间形式。这种空间形式与上述空间恰好相反。它是一种有比较明确界面限定的空间形式，其限定的界面为建筑的立面、院落的墙面等建筑外部界面。

建筑围合空间型最典型的例子是中国传统的院落式住宅形式，建筑四面围合形成中心的生活空间，集中、独立、安全、私密，有利于家庭或家族居住。这种外部空间形式其实很像建筑室内空间，只是将建筑的内界面置换成了建筑的外立面，不过是缺少了建筑的顶盖而已。建筑对于此种空间的意义，显然不同于空间包围建筑型建筑的意义，李允鉌在《华夏意匠》中论述到中国建筑平面组合问题时谈到此类现象，即用建筑“构成一个良好的空间（广场或庭院）为主，房屋只能以‘两维’（Two Dimension）的‘平面的’形式作为空间的封闭，目的在于使空间本身得到最好的效果。”① 建筑之于被其围合的空间，主要是起到界定、背景、围合的作用，建筑的形态从属于空间的构成需要。

在建筑围合空间的形式中，其封闭程度也并不相同，四面围合、三面围合，甚至两面围合的情况都有，但随着围合面或围合量的减少，建筑对空间的围合限定性也相对减弱，至只有一面建筑立面时，则围合空间的性质发生变化，空间与建筑形成平行状态。

在建筑围合空间的形式中，因建筑平面的布局组织，建筑界面的尺度、形状、组合，建筑围合的封闭、开放等情况的多样性，空间也会相应的产生多种变化形式，这也成为利用建筑的面来塑造空间的有效方式。

空间围合建筑型给人的建筑场知觉更多体现在建筑物的辐射性上，如巴黎凯旋门、埃菲尔铁塔、中国大剧院。而建筑围合空间型能够给人更多的建筑空间场感受，如四面围合的院落，两面围合的街巷等。

以上两种空间形式也可能在某种情况下结合，如北京故宫、紫禁城是一个典型的建筑围合空间的形式，但紫禁城中的太和殿还具有空间围合建筑的特征，这是依照建筑序列和层次而形成的建筑与空间相互围合的例子。北京的天坛也具有这样相互围合的建筑场特征。

---

① 李允鉌. 华夏意匠. 天津大学出版社，2005，142.

在建筑围合空间的形式中，建筑的体量、建筑相互间的尺度关系、建筑相互间的组合关系这三者能够决定建筑空间的体验性质。先说建筑的体量，美国纽约曼哈顿街区空间与中国江苏周庄街区空间体验差别极大，概因建筑体量的差异所造成。再说建筑相互间的尺度关系，围合北京天安门广场的中国历史博物馆、人民大会堂、天安门城楼，这三者的尺度要达到适宜，才能使围合的建筑量达到协调统一，成为围合天安门广场的有机界面，达到广场空间场应有的均衡感。关于建筑相互间的组合关系，我们可以比较一下两种空间形态。北京的四合院，建筑与空间平面组合方正有序，所有界面都以 90 度直角构成。院落空间方位感明确。而位于柏林的劳赫大街 1 号的北欧国家驻德使馆群，在建筑平面和围合平面上都呈不规则的组合，建筑与空间的构成角度也不尽一致，所以空间也就形成了自由的形状，方位感不明确。

图 3－19 福建客家土楼建筑环境是建筑与空间相互围合的形式

图 3－20 北欧国家驻德使馆群的围合形式呈不规则形状

3. “灰空间” 形式

“灰空间” 的提法源于日本建筑师黑川纪章，其本意是指建筑与其外部环境之间的过渡空间，后来泛指介于建筑内部空间与其外部空间环境之间的空间。建筑的 “灰空间” 有半内半外的性质和特点，是介于两者之间的空间形式，有较大的弹性，它取决于建筑师在运用建筑手段中对于 “实” 与 “虚” 的关系处理。

这类空间较之于纯粹的建筑内部空间或建筑外部空间，其情形常常比较复杂，建筑内或建筑外的空间是依据建筑界面或实体的界定便可区别的，而 “灰空间” 的外延则较为宽泛，除了要依附于一定的建筑体面外，建筑体面的构造、封闭程度、空间心理都是 “灰空间” 的形成因素和条件。

实际上 “灰空间” 这样的建筑形式与现象早已有之，黑川纪章的贡献是为它进行了合理、恰当的命名，并系统研究了它的作用。“灰空间” 大致可以分为几种情况，一是建筑形式本身所特有的，如我国南方地区骑楼建筑形式、城墙或院落的门洞等；二是依附于房屋建筑，是房屋建筑向外延伸、扩展的部分，比如建筑入口的出挑、雨篷、柱廊、檐廊等；还有一种是相对独立的属于 “灰空间” 的建筑形式，如中国传统的台、亭、廊、榭、架等建筑形式，由于它们的建筑界面的 “空缺” 而形成了 “灰空间” 的特质。还有就是以上几种情况的不同的组合，就更为多样化了，足以见得 “灰空间” 形式的丰富性。

“灰空间” 对于 “建筑场” 的形成作用相当大，它能够将建筑内外空间更为有机地联系起来，建立了建筑空间的多维化体系，使功能得到扩展，层次得以丰富，通过有序的内部空间—“灰空间”—外部空间这样的空间序列处理，使人对空间的感受立体和丰满起来。

现实中 “灰空间” 的例子很多，凡是模糊性限定的建筑空间皆可以认定为 “灰空间”。比如，北京天坛圜丘坛因有圆形台基而限定出一个环形的 “灰空间”；苏州拙政园长廊一面有墙，另一面开敞，虚实结合，也是 “灰空间”；中国南方多雨，故有上楼下廊的沿街骑楼建筑形式，形成建筑立面

图 3－21 苏州拙政园长廊空间内外交融，是典型的“灰空间”形式

图 3－22 日本淡路岛上的淡路梦舞台的“灰空间”处理（安藤忠雄）

的“灰空间”；巴黎德方斯大门是一座具有雕塑感的建筑，其通透的门洞也体现出了“灰空间”的性质。安藤忠雄设计的“淡路梦舞台”是一组结合山地的景观建筑，在这组建筑中大量运用了“灰空间”的建筑空间处理手法，造成了丰富多变的空间体验层次。

图 3－23 法国巴黎德方斯大门建筑与空间互为交错关系

通过以上分析，建筑空间对于建筑场的意义可以归纳为以下几点：

其一，建筑空间是由于建筑实体的存在而生发出的另一种“虚”的形态，它与建筑实体形成正负关系，并且建筑空间的场形态是随着建筑实体的规定或变化而变化的，无论是外部还是内部，建筑实体决定建筑空间。

其二，建筑空间的“量”和“形”的变化能够影响人们对建筑场的感知心理，二者在结合中会生成多种形态，而这种丰富变化正是建筑场信息活动中的重要因素。

其三，建筑空间并非只靠视觉感官的感知，而是在于整个身体的体验，比如身体所处的空间位置，身体与空间的比例，身体移动时与空间的关系，光的介入而引起的空间效果等。因此建筑空间是在综合性的体验中获得的。

二、建筑环境形态要素

前面我们讨论了建筑场物化形态的要素构成，其范畴侧重于建筑材料、建筑物和建筑空间的物质构成。但是建筑场的形成，除了建筑本身，还需要有建筑环境这一概念。二者结合起来才具备建筑场成立的客观要件。

从概念的直接表述理解，建筑环境就是有建筑的环境，可以简称为“建筑环境”。在深入分析中，还能够细化其内涵，即可以从不同角度、层次去解释、认识、理解建筑环境的形态，在此基础上进一步研究建筑环境与建筑场的关系。

（一）对建筑环境的理解

1. 从建筑类型构成因素上理解

这是通常意义上对建筑环境的理解，以建筑为先决因素，主要是从建筑所体现出的类型及功能性质来理解建筑环境。比如：农村的村落构成乡村建筑环境，城市各类建筑构成城市建筑环境。如果功能再具体化，还可以有住宅区建筑环境、文教建筑环境、商业区建筑环境、工业区建筑环境等。在这里，建筑环境的主要含义是“由某种类型建筑所形成的建筑环境”。

图 3-24 陕西韩城党家村村落建筑环境

图 3-25 日本东京城市建筑环境

2. 从建筑与自然环境结合上理解

在这种理解中，是以自然环境为先决因素，建筑在与环境的适应中所形成的建筑环境。

在建筑营造活动中，不可忽略建筑形成依托自然环境的重要作用，建筑所在环境中的诸多因素，如自然地理位置、地形地貌特征、植被水系状况、周边已有的建筑状况等，都对建筑形成有机的规定。这些问题已不仅仅是划地盖房的问题，它已经成为建筑生态的要求。

建筑的合理性依赖于与自然地理环境的有机和谐，建筑本身的建造要考虑它的环境生态适应性，因而在建筑的形式上也就必然显现出符合环境要求的特征。在地理因素不同的环境中，建筑的设计与营造方式会有所不同，从建筑的形态、构造方式、建筑材料应用方面都应该体现出地域性的特征，并且与自然环境共同形成建筑环境。无论是为建筑选择一个适合人居的环境，还是依据环境的生态性而考虑建筑的适应性，都强调建筑不是孤立的物化形态，而是与所处的自然或人工环境有机融合的整体，这时候的建筑所呈现出的意义便被赋予了生态文化的意义。例如：安徽宏村在山水秀丽的黄山脚下，拉萨哲蚌寺依山而建，奥帆中心设在青岛市海滨等。

中国古代在建筑的选址、营建方面特别看重风水，风水学之于建筑，就是审慎周密地考察自然环境，顺应环境，有节制地利用和改造自然，为建筑选择一个良好宜人的空间环境。同样，现代建筑理论也强调建筑与环境的协调共生，美国建筑师赖特提出过有机建筑观点，有机建筑观点认为：建筑应当像植物一样成为大地的一个基本的和谐的要素，从属于自然。每一座建筑都应当是特定的地点、特定的目的、特定的自然和物质条件以及特定的文化的产物。他创作的流水别墅为有机建筑观点和理论提供了最有说服力的佐证。流水别墅的魅力源于它完美地融合在自然环境中，与自然山水共构的有机生态的建筑美学观念。

图 3-26 安徽黟县宏村坐落于山水之间

图 3-27 依山而建的拉萨哲蚌寺

因此，在这里建筑环境所表述的含义是“建筑所处的环境”。

3. 从建筑与建筑的关系上理解

这种理解主要是以从建筑物之间的相互关系出发，在建筑群体组合的状况下，从建筑的功能关系、形式关系、交通关系等方面所呈现出的建筑环境。

在建筑环境中，建筑单体往往是在同其他相邻建筑发生关系时才能呈现出价值效能，体现为若干建筑实体之间所形成的关系，建筑场对于建筑实体价值的考察是否符合建筑文法逻辑的问题。

“任何建筑，只有当它和环境融合在一起，并和周围的建筑共同组合成为一个统一的有机的整体时，才能充分地显示出它的价值和表现力。如果脱离了环境、群体而孤立地存在，即使本身尽善尽美，也不可避免地会因为失去了烘托而大为减色”。①

图 3－28 建在青岛海滨的奥帆中心

“希腊人绝不会脱离建筑地点以及它周围的其他建筑去构思一幢建筑……每个建筑主题本身是对称的，但每一组都处理成一景，而组建筑的体量却组成了相互的平衡。”②

日本建筑师田村明也曾提出“城市的建筑”概念，他认为，只考虑自身而不考虑城市空间的建筑不能算是一种“建筑”。以此强调城市建筑组合应形成合理的城市空间关系。

因此，我们在城市规划中常常规定出不同的功能分区，这种功能分区常常体现在建筑与建筑之间的关系上。例如山西平遥古城，城区建筑以水平发展为特征，建筑之间既相互分割，又相互组合，形成街巷网络和建筑院落。而上海陆家嘴商务区建筑环境为竖向建筑形态，是以相对独立的高层建筑为基本单位，在商务区内由若干高层建筑组织构成建筑关系的。这两个例子都体现了建筑与建筑之间在区域划分、功能目的、形式特点等方面的群体性特点，因此对此可表述为“由建筑与建筑之间的有机关系所形成的环境”。

图 3－29 平遥古城的建筑环境

图 3－30 上海浦东陆家嘴商务区建筑环境

① 彭一刚．建筑空间组合论．中国建筑工业出版社，1983，69.
② （英）肯尼迪·弗兰姆普敦．现代建筑——一部批判的历史．中国建筑工业出版社，1988，44.

4. 从人与建筑的关系上来理解

以人为主导因素，从人对建筑的认知、应用和行为特征来理解建筑环境。即不同的人群、对建筑不同的使用目的、不同的认知心理、不同的行为特征、不同的环境氛围都会使“建筑环境”这一概念从社会学、文化学和行为学意义上得到体现。

比如大学校园这一建筑环境的特征，除了建筑物所形成的校区之外，与在这个建筑区域内所从事教学活动的教师、学生这一主体人群的特征密切相关。同理，工厂的建筑环境的体现也离不开工人这一主体人群，以及生产活动这一同建筑相关的要素。其他如乡村、城市、住宅区、学校、火车站、商务区、军营、甚至监狱等大小建筑群落，都与特定的人群和行为有关。

有一个现实的例子可以说明这种人与建筑关系，北京的798工厂是1952年所建的北京华北无线电联合器材厂，2000年工厂将部分产业迁出，空余的厂房出租，逐渐形成了集画廊、艺术工作室、文化公司、时尚店铺等于一体的多元文化空间，被称为为北京798艺术区。在这里，厂区建筑及环境基本未变，但使用该环境的主体人群变成了设计师、艺术家和艺术消费者，所从事的活动从工厂的生产活动变成了艺术、设计、时尚文化活动，建筑的功能意义发生了转化。因而，798的建筑环境已从生产环境演变为具有多重文化含义的环境。目前类似798旧建筑改造为新功能例子比较多，都是对旧建筑改造而赋予其新功能。如上个世纪末对上海的石库门住宅建筑环境改造，使之成为时尚休闲的环境。

由此可见，建筑环境这一概念，不仅表述建筑及所处位置，还表述人与建筑物质环境这一有机关系。

图3-31 北京798艺术区的群体已由工人转变为艺术爱好者

图3-32 佛寺与喇嘛共同构成了活性的建筑环境

以上我们从四个方面对建筑环境的含义进行了分析，明确了建筑环境这一概念是建筑与其他环境要素所形成的某种关系的反映，是以建筑为主体的综合环境境况。建筑环境是基于建筑、环境、人的关系而确立的，这就为建筑环境与建筑场的关系研讨提供一个客观存在的基础。

（二）建筑环境对建筑场的影响

在前面我们讨论了建筑环境的含义，那么建筑环境与建筑场是怎样的一种关系呢？会对建筑场产生怎样的影响呢？接下来我们就逐一分析。

1. 建筑环境与建筑场的关系

建筑环境从构成要件看，与建筑场极为相似，那么建筑环境是否就等同于建筑场呢？答案自然是否定的，二者并不能够等同看待。虽然从构成要件上看二者基本上一致，但其核心差异在于：建筑环境的概念只提供了关于建筑场效应所需要的物质客观存在现象，还并未深入涉及人对建筑环境感知的心理领域，更没有挖掘到建筑更深的文化层面的内容，即对建筑环境这一客观现象背后所隐含的内在机理进行考察。而建筑场则是深入建筑环境所未能涉及的范畴及层面，对建筑环境所涉及的功能效益、美学品质、体验认知、价值判断等方面进行研究并加以表述解答。但在建筑场的研究过程中，建筑环境无疑是重要的构成要素，它是客观存在的物质要素，是建筑场生成的基础与依据。

图 3－33 利用坡地构筑的生物圈及花卉馆，建筑与地形融为整体。

2. 建筑环境对建筑场的影响

建筑环境对建筑场的影响，是基于建筑环境构成中的建筑、环境、人的行为要素，下面对此进行论述。

首先，建筑环境具备了“建筑”这一存在的前提。建筑是人工创造的产物，是形成建筑场的主因，虽然建筑以物质的形态存在，但建筑所蕴含的信息外延极为宽泛和丰富。没有建筑这个前提，就失去了对建筑场讨论的意义，此其一。

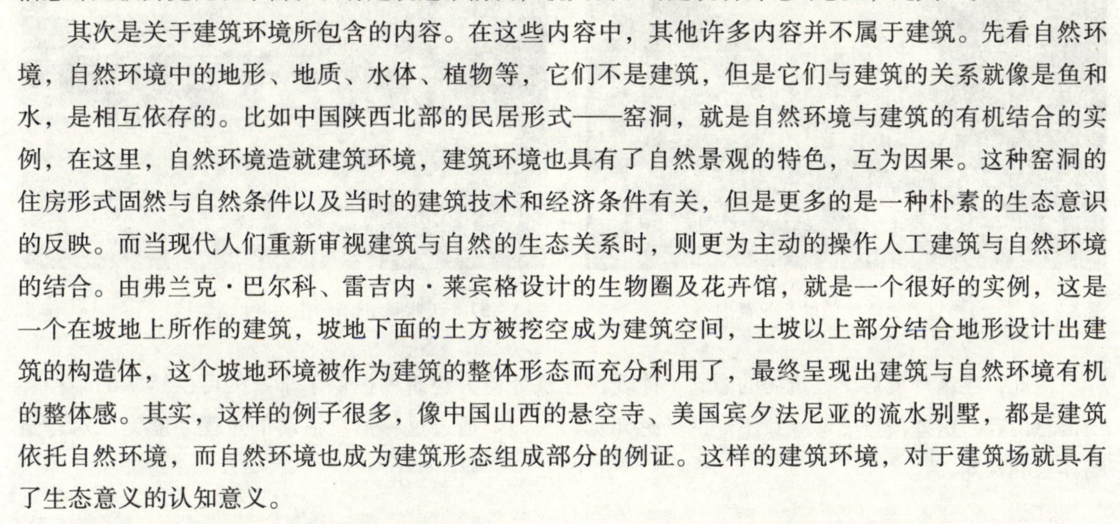

其次是关于建筑环境所包含的内容。在这些内容中，其他许多内容并不属于建筑。先看自然环境，自然环境中的地形、地质、水体、植物等，它们不是建筑，但是它们与建筑的关系就像是鱼和水，是相互依存的。比如中国陕西北部的民居形式——窑洞，就是自然环境与建筑的有机结合的实例，在这里，自然环境造就建筑环境，建筑环境也具有了自然景观的特色，互为因果。这种窑洞的住房形式固然与自然条件以及当时的建筑技术和经济条件有关，但是更多的是一种朴素的生态意识的反映。而当现代人们重新审视建筑与自然的生态关系时，则更为主动的操作人工建筑与自然环境的结合。由弗兰克·巴尔科、雷吉内·莱宾格设计的生物圈及花卉馆，就是一个很好的实例，这是一个在坡地上所作的建筑，坡地下面的土方被挖空成为建筑空间，土坡以上部分结合地形设计出建筑的构造体，这个坡地环境被作为建筑的整体形态而充分利用了，最终呈现出建筑与自然环境有机的整体感。其实，这样的例子很多，像中国山西的悬空寺、美国宾夕法尼亚的流水别墅，都是建筑依托自然环境，而自然环境也成为建筑形态组成部分的例证。这样的建筑环境，对于建筑场就具有了生态意义的认知意义。

再来看人工环境。人工环境这个概念，是包括建筑在内的，而且建筑应该是主体。但在人工环境中，也有非建筑内容，各种城市设施、城市绿化、公共艺术、视觉传达形态等，都是非建筑但又是建筑环境中必不可少的内容。它们处在建筑环境中，成为建筑环境的构成部分。还有的直接依附在建筑上，比如标识、店招、广告、灯具、设施等，已经同建筑环境融为一体，所以不能将它们同建筑环境的感知割裂开来。

图 3－34 东京某商务建筑群中的绿化景观

图 3－35 东京街头的城市公共艺术是建筑环境的有机组成部分

在这里还必须要提到建筑环境中的人，人是建筑环境的有机组成部分。不同的建筑环境会有不同的人的群体构成，在不同的建筑环境中，人的群体可分为单一型、混杂型、稳定型和流动型等，比如工厂、大学校园等环境属于单一稳定型；高档星级酒店属于流动稳定型；交通建筑空间属于混杂流动型。由于有了特定人群的活动以及行为特征规律，才使得建筑环境生动起来，洋溢生命活力。在建筑与人结合的环境中，人的动态性因素在很大程度上影响着建筑场的形成、氛围和效应。通过直接观察和资料显示，上海、深圳、北京等大城市，人口密度高，主要交通空间、道路、街道、人员密集拥挤，人的行为速率、节奏比较快，显得急迫、紧张、匆忙。而在丽江、苏州、威海等中小城市，人口密度较低，生活行为节奏较慢，明显的舒缓、从容、闲适。显然，这为我们展现出两种不同的城市场景体验，而这一体验的直接因素在于环境中的人的构成以及行为的动态特征。

图 3-36 上海南京路繁华喧闹的商业氛围

图 3-37 江苏同里恬淡闲适的生活氛围

因此，建筑环境对于建筑场的意义，体现在建筑环境为建筑场提供了丰富的可供感知的多种环境信息内容，这些信息能够导致不同的场感知觉，人们须通过这种信息活动的过程才能完成对建筑场体验和认知。

三、建筑心理形态要素

建筑心理形态就是特定时期社会公众对于建筑这一事物的认知心理状态构成，它属于建筑的意识形态。建筑场是由人所参与其中活动并须臾不可分离的场所，因此在建筑场的构成中，除了建筑的物质形态部分之外，人的心理形态部分是其重要的构成内容。

在建筑场意识活动过程中，建筑心理是一个较为复杂的现象，它包括对建筑信息的接受与处理过程，起到对建筑场的主观体验、认知、判断、评价的作用。只有人的心理发挥了积极作用，才能够显示出建筑场的效应与意义。因而建筑心理形态是建筑场形成的必要条件。

（一）建筑心理的知觉层次

在建筑心理的发生活动过程中，有一定的规律可循，可以从中发现从低级到高级的层次结构。一般是按照人的建筑知觉心理层——建筑心理认知层——建筑心理情感层这样一个链接来进行的。

1. 建筑知觉心理层

在这个层面中又可分为建筑感觉、建筑知觉、建筑表象等三个环节。建筑感觉是人的大脑对直接作用于人的生理感官的建筑客观存在的个别属性的反映，如建筑物的形态、尺度、体量、色彩、构件、空间等构成因素，通过刺激感官的信息传入神经中枢在大脑中得到的反映，是构成一般建筑心理活动的基础。建筑知觉是在建筑感觉的基础上对建筑客观存在的整体的反映，是所有个别属性的建筑感觉总和，是建筑感觉进一步的心理发展，它有赖于人的建筑知识与经验的介入而形成。建筑表象，是通过建筑感知（即建筑感觉和建筑知觉的统称）而在人脑记忆中保存下来的建筑感性形象，具有直接性、形象性和概括性特征，是建筑感性认识向建筑理性认识过渡的中间环节。

2. 建筑心理认知层

建筑心理认知层是在建筑知觉心理层面基础上的深化，已进入建筑理性认识阶段。在这个层面中又包括建筑记忆、建筑想象、建筑联想、建筑认识等四个层面的内容。建筑记忆是人脑对体验过的建筑这一事物的反映，即人脑对所储存的类似的建筑信息的提取过程。建筑想象是在知觉到的建筑表象基础上所进行的创造性心理活动，通俗地说，建筑想象就是这个建筑在我心目中应该是什么样子。建筑联想是由已经知觉的建筑表象所唤起对其他事物映像（也包括其他建筑映像）联想的心理活动，是人脑对客观存在的建筑这一事物与其他事物之间相互作用的反映，这种心理活动需具备两个因素：一、有赖于建筑客观存在所具备的联想潜质；二、人的主观意识上的兴趣取向和联想能力。建筑认识是综合以上各个层面的过程，最终在人脑中所形成的对建筑的完整认识。它包括对建筑客观存在的感性认识与理性认识，是从直觉的、表面的、现象的建筑感性认识演进到逻辑的、抽象的、本质的建筑理性认识的心理过程，最终两者由表及里构成了完整的建筑认知。

3. 建筑心理情感层

这一层面表达了人们对建筑认知态度的体验，它的构成涉及建筑观念、建筑伦理、建筑功能、建筑审美等方面的内容。

建筑观念是反映建筑主观意志与建筑客观存在统一性的认识问题，它支配着建筑活动并实现建筑目的。

建筑伦理是体现社会体系中人与建筑关系的社会意识准则，也是建筑情感能否得到认同的道德依据。

建筑功能是建筑实现并满足人们对建筑各种需求的基本保证，满足的程度与层次决定对建筑情感的肯定与否定程度。

建筑审美是根据建筑功能的实现程度，建筑形式的意味表达，功能与形式的有机结合等对建筑所做出的综合审美体验过程，包括对以上几个方面的综合认识与体验。

由此可见，建筑心理情感层是人对建筑认识体验的高级阶段，也是建筑意义在人的建筑心理活动中的最终环节。

（二）建筑心理的共性与个性

建筑心理反映在特定的时期与社会背景下，会形成具有普遍意义的社会公众心理。如在中国封建社会，建筑的观念与营造活动会受到中国传统哲学“礼制”“等级”等方面的规定，在建筑心理上会产生认知与情感“定势”。而工业革命带来的建筑功能与形式的巨大变化，也随之使得人对建筑认知的心理结构发生了改变，人们开始用一种新的建筑心理机制对建筑进行认知。又如建筑功能这一概念，是随着历史的发展而逐渐细化和完善的，在发展过程中的某个阶段，功能的概念，只能是在某时期阶段建筑所能够达到的状态下的实现，而不可能超越建筑当时的建筑功能标准和建筑技术水平。再如当代迫于地球资源的过度消耗，有意识的对建筑提出节能的要求，成为认知建筑的心理因素和评价建筑的重要标准，而在古代的建筑中则不将此作为必须的要求和标准。这些都说明建筑心理是受到历史与社会影响的，它构成了建筑心理的共性特征。

但同时又不可否认的是，建筑心理在具有社会共性的基础上，又会因为人的差异所具有的个体因素的客观存在。在对建筑场的实践中，人的个体之间多有差异，使得建筑心理的个性因素凸显出来，导致对建筑场产生不同的认知、体验和评价结果。建筑心理的共性因素规律比较容易归纳，但建筑个性心理因素在研究中就比较难以把握，我们必须正视建筑心理的个性因素的存在和影响，而且通过分析找出其中的某些规律线索。这一点也是建筑场研究中需要进行探讨的重要内容。

四、建筑文化形态要素

建筑文化的概念的确很大，并非三言两语所能解释清楚。但建筑在社会发展中，它是不断在建筑物化活动中形成，同时又反过来影响和支配建筑实践的内容。在建筑场的构成中，它影响甚至决定建筑实践和建筑体验的全过程。

建筑文化的内涵比较复杂，张凯峰先生在其所著《建筑文化学》一书中对建筑文化的概念作了比较详尽的分析，在谈到文化要素结构与建筑要素的对应关系时说："文化要素结构的物质层、心物层、心理层三层要素的划分对于建筑诸要素来说，也同样是适合的，建筑物、建筑设备为物质层要素，建筑技术、建筑制度、建筑语言、建筑艺术等归心物层要素，建筑思想、建筑观念、建筑意识等乃心理层要素，这样，建筑系列的诸要素也就贯穿于文化结构的三个层次里。"① 同时他也确认建筑文化的内涵是："则建筑文化的内涵，便是建筑思想、建筑观念、建筑意识、建筑情感、建筑意念、建筑思潮等这么一类心理层方面的要素群。"②

在建筑场前三项要素构成中，建筑物态和建筑环境是着重于建筑场形成所必需的物质存在条件，建筑心理侧重于对建筑感知的一般心理活动规律。那么建筑文化就应该是着重于建筑场的文化意识层面的涵盖。即在建筑场中所反映建筑思想、建筑意识、建筑观念、建筑情感等方面的内容。下面将从建筑文化的几个方面来分析论述。

任何建筑的存在都离不开特定所处的文化背景对它的影响，建筑的文化背景内容包括：建筑时期、建筑地域、建筑伦理、建筑意义等。这些内容构成了人们对建筑认知的文化体系。

（一）建筑时期文化因素

建筑的时期会在建筑的物化过程中、客观的存在中留下时期的印迹，这个印迹应该包括社会意识形态领域和自然科学技术领域，是当时整个的社会文明程度和状态所留在建筑上的印迹。建筑建造时期的差异显示出社会在对建筑内涵、功能特征、技术条件、审美价值等方面观念上的差异，从建筑历史中我们可以找到一条人类社会文明发展史的线索。建筑从无到有，从简陋到完善，从有限的功能类型到细化繁多的功能类型，建筑从为宫廷、贵族、宗教少数阶层服务到建筑逐渐体现了民主性而为全社会服务，建筑从低层次的生存功能到装饰审美功能再到机械效率功能继而进入到自然与文化可持续发展的生态功能，建筑观念、建造技术、建筑价值体系等方面的变化足以说明这个问题。

建筑场生成是建立在客观的建筑实体存在之上的，"建造时期"这个概念对于建筑场的体验和认知非常重要，对建筑场的感知、体验、认知直接因建造时间而判断其价值。比如，英国伦敦的水晶宫、法国巴黎的艾菲尔铁塔在当时建造时是具有轰动效应的，但如果放在今天，无论是从技术上、材料上还是建筑观念上，都是比较平常的事情，但由于建造时间及其背景的原因，这些建筑就具有了不同寻常的意义。我国古代的观演空间限于条件相对比较简陋，有很多戏台是建在室外的，观众是在露天观看，也有少数室内的戏院和书场，大都面积较小，只能为少数贵族官宦享用。而在当时，这样的条件也算是比较奢侈的建筑空间场所了。随着时代的发展，观演空间有了很大的发展，至当代的上海大剧院、国家大剧院，无论是科技含量、建造技术、观演效果都是古代的戏台所不能比拟的。但是我们现在看到古代所遗留下来的戏台，并不因它的简陋而对其作出功能低质化的评价，而是侧重于"建造时期"所留给人们的"文化遗迹"的品赏认知。而对于国家大剧院，我们也因"建造时期"在当代而对其的观赏体验侧重于当代的观念、功能、技术和材料。从以上这个例子来看，对古代和当代观演建筑环境的体验与认知，基于建造时期因素而在体验认知态度上有着根本的不同。

---

① 张凯峰著.《建筑文化学》，13 页，同济大学出版社，1996 年 6 月.

② 张凯峰著.《建筑文化学》，13 页，同济大学出版社，1996 年 6 月.

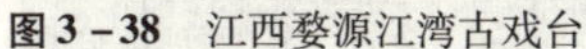

图 3-38 江西婺源江湾古戏台

图 3-39 中国国家大剧院

在建筑历史上，因“建造时期”而体现出建筑文化价值的例子不少，如欧洲文艺复兴时期的佛罗伦萨大教堂（始建于 1296 年建成于 1462 年）、英国工业革命初期的伦敦水晶宫（建成于 1851 年）、法国的埃菲尔铁塔（建成于 1889 年）等，都是因其建筑集中体现了当时先进的时代思潮、建筑理念和建筑技术而得名的。所以，建筑场的生成在建筑文化背景的诸因素中，建造时期是对其文化价值考量不可或缺的重要条件之一。

（二）建筑地域文化因素

建筑的地域性首先体现在它是适应地域自然属性的，所处的地域的经纬度、地理形态的特征如平原、高原、丘陵、山脉、草原、森林、湿地、湖泊；地域环境表征如温湿度、日照时间、季节气候特征、土壤特点、植物生长特征等，都是构成建筑的自然生态文化的条件，是地域生态文化的组成部分。就地取材、利用并融合自然，结合生活、生产方式营造建筑，是人类营造历史积累的经验。例如我国陕西北部的窑洞住宅形式，就是因地制宜的典型例子，地质资源得以充分的利用，形成生态性强又形式独特的窑洞住宅形式，它所形成的建筑场的地域文化特征就鲜明地体现出来了。欧洲荷兰多水域，水灾较频繁，房屋经常受到季节性洪涝的影响，因而建筑师设计了一种平时是房屋，水势上涨时则成为“船屋”的生态住宅形式，成为“因水制宜”的设计体现。

除了地域自然背景对建筑的影响，地域社会文化背景则能够从更多的方面来影响建筑，社会体制、宗教信仰、生活方式、伦理道德、民间风俗等方面的因素都是影响建筑的文化因素。譬如从宗教建筑来看，由于地域宗教文化的差异所造成的建筑文化差异。基督教产生于地中海的西岸，是由犹太教一支的演变并吸收了周边地区的宗教文化而形成，并在公元 2 世纪后期与犹太教分离，公元 4 世纪末 392 年成为罗马帝国的国教。尽管基督教随着罗马帝国的分裂而产生了东正教，但教堂的平面格局基本上出自三种形式，即巴西利卡式、集中式、希腊十字式，无论何种平面，十字形是基督教建筑的象征表现的典型符号。而公元 610 年形成的伊斯兰教产生于地中海沿岸的西亚（阿拉伯半岛），由于地处东西文化区之间，是一种东西方文化融合的宗教形式，其宗教建筑的典型形式为伊斯兰寺院，称为“清真寺”，其建筑风格除了有阿拉伯地区的特征外，还吸收了许多东西方建筑文化内容，其中可能有对古西亚建筑、希腊建筑、拜占庭建筑、印度建筑等多种建筑文化和风格吸收与融合。另一种具有世界影响的宗教是公元前 6 世纪诞生的产生于东方的佛教，它产生于现今印度东北部的尼泊尔，传播于东亚与东南亚地区。其典型的宗教建筑形式为“支提窟”（即“石窟”和“窣堵坡”也称为“浮屠”），随着欧洲、西亚文化的输入，佛教建筑也融入了欧洲、西亚文化的建筑内容，如古希腊、古罗马柱式等。同时，佛教在东亚的传播，也渐渐融合了东亚诸国的建筑因素，形成了中国佛教建筑、日本佛教建筑、朝鲜佛教建筑、缅甸佛教建筑以及泰国佛教建筑等等。由此可见，建筑的地域起源、文化背景对建筑的影响是具有基因性的。以上宗教建筑的例子说明，随着宗教文化的传播，其他地区的建筑文化也会渐渐渗透于宗教文化中，产生出与当地文化相吻合的新的建筑形式。

中国地域广阔，民族众多。因而各地民居都因地域文化的不同而导致民居建筑的不同，各地民居的形式差异，不是建筑工匠们在建筑形式上的游戏，而是民族文化、地域特征、生活方式和信仰追求的综合体现。

图 3 - 40 藏族民居

图 3 - 41 摩梭人住宅

图 3 - 42 安徽查济民居

图 3 - 43 福建南靖客家土楼

（三）建筑的伦理文化因素

建筑伦理是指建筑活动中的建筑信念、建筑意志、建筑道德、建筑风尚、建筑理智、建筑价值等方面的综合内容，对于建筑的营造活动起着意识、观念、指导、评价等方面的作用。虽然它并不像建筑材料、建筑构造、建筑设备、建筑艺术、建筑风格那样给人以物质的或形象的反映，但却是溶解在这些建筑物化形象里的意识和观念，它潜移默化地支配着人类社会的建筑营造活动。

建筑伦理文化的核心问题可以归纳为社会对建筑的伦理观、道德观、价值观问题，它包括以下四个问题：

为什么造建筑？

为谁造建筑？

按照什么原则造建筑？

什么建筑是好的建筑？

这四个问题构成了建筑伦理的基本框架。

建筑的营造活动是以某时期社会的建筑伦理为原则的，人们对建筑的价值判断，在很大程度上也是以当时的社会建筑伦理风尚为标准的。

中国传统文化中的“礼制”对建筑的规定与要求，就是中国封建社会建筑伦理观的反映。中国封建社会所体现出的建筑理念、建筑布局、建筑等级、制式规定、建材应用、装饰手段等都充分体现了所处时代的伦理观、道德观和价值观。无论是皇家宫廷建筑、贵族府邸，还是坛庙佛寺、民居宅院，都鲜明地体现了这种“礼制”化的建筑伦理观。

图3-44 福建客家土楼民居体现出的建筑伦理观念

欧洲的中世纪，宗教的统治地位使建筑成为为宗教服务的工具。欧洲巴洛克建筑的盛行，是一种奢靡矫情、矫揉造作的社会风尚波及建筑所至。欧洲工业革命所带来的城市发展使得建筑的工业化、平民化迅速发展，同时也成为时代进步的景象与标志。近现代建筑类型的多样化说明了建筑的社会功能的分工与细化，是满足人的各种物质与精神需求、尊重人的社会伦理、情感和行为的具体体现。及至当代，一栋大楼建的巍峨华丽固然引人瞩目，但它的能耗与环境质量所体现出的生态建筑观才是决定其建筑伦理和品质的重要标准。

图3-45 用木材与硬纸板组装的节能屋，节能建筑是当代建筑伦理观念的体现

建筑的伦理性离不开特定的时代，不同的社会形态在意识领域所形成的伦理观念体系，建筑物只是某种伦理观的载体。但是在建筑活动中所体现出的伦理性是映射建筑文化品质的一把尺子，可以窥出隐含在建筑后面的社会伦理价值观念。因此在研究建筑场的过程中，也必须将其作为一种必不可少的建筑文化背景因素加以重视，特定时期社会建筑伦理的标准也是参与建筑场意识活动的重要参照。

（四）建筑文化思潮因素

文化思潮是指在一定时期内反映一定数量人的社会文化愿望的思想潮流。如欧洲的文艺复兴文化思潮、中国古代明清之际启蒙主义思潮等。建筑思潮是文化思潮在建筑领域的一种反映，是指在某一个历史阶段里反映一定社会群体的建筑愿望的建筑思想倾向。如欧洲17世纪以法国为中心的古典主义建筑思潮；20世纪20年代产生于包豪斯设计思想的现代主义建筑思潮；20世纪60年代发端于建筑界的后现代主义设计思潮等。建筑文化思潮是对建筑意识文化性的思辨，对于整个社会建筑营造活动的影响程度不一，例如现代主义建筑思潮不仅影响到了社会对建筑价值观的转变，也在社会性的建筑营造实践中得以贯彻、体现了这一观念。而后现代主义建筑思潮则更多地体现在对现代主义文脉缺失的批判性上，建筑实践中往往使用象征性的建筑符号语言来宣告自身的建筑主张，通过一系列的建筑作品体现对现代主义建筑观念的修正。又如解构主义建筑，是一种带有反叛性的建筑思潮，如埃森曼、弗兰克·盖里、哈迪德等建筑师所设计的一系列建筑。就当今建筑而言，他们代表着前卫性的建筑设计观念，是一种不断对建筑设计思维更新的体现，虽然这种建筑思潮并不能够覆盖整个建筑实践现象，但不可忽视的是，它对建筑观念更新和对建筑认知的巨大影响。

建筑文化思潮对建筑的影响具有很强的时间阶段性，因而或多或少会在这个时期的建筑实践中留下印迹，就如同我国国家大剧院、国家奥体中心、中央电视台新楼那样的建筑形式，也只能是在当代多元化的建筑理念的大环境下出现，并使社会对此有一个比较宽容的心态去面对。建筑场研究必须考察和探讨建筑文化思潮这一极为活跃的创作因素对建筑创作的影响，进而对建筑场理论提供相关的参照依据。

图3-46 法国PIERRES VIVES大厦建筑设计（哈迪德）

第四章 建筑场的信息结构分析

建筑场效应是建筑的客观存在与人的主观认知在相互的作用过程中实现的，这个过程是一个信息活动的过程，它依照建筑场信息的活动方式和规律来实现，它既能够反映建筑实践活动的基本规律，也生动地体现建筑的价值意义。

建筑信息活动取决于两个方面。首先，建筑信息取决于建筑自身所含有的信息结构。其次，建筑信息获取还取决于人的个体对建筑所含信息的认知与体验。两个方面条件必须同时具备，方能够构成建筑信息活动的条件。

建筑场效应既然是某种信息交流感应的产物，那么，建筑所包含的信息以及信息的传递方式就是我们所要研究讨论的首要问题，也是建筑信息活动的基础。建筑信息是多种因素以不同的组合方式衍生出来的，它们通过建筑实体向人们传递，最终形成建筑场的信息机制。

在这一章内容中，我们将着重分析建筑信息的类型、生成聚合、发送等建筑场信息的构成和运作特征，并把握建筑场的信息结构机制规律。下面从三个方面来论述建筑场的信息结构机制。

一、建筑场的信息类型

建筑场信息的类型有以下分类。

（一）建筑表象信息

建筑表象信息是指建筑所有外部形式所呈现出来的信息内容，它具有整体性、表层性和可视性。建筑表象信息主要靠视觉感官获取，它们通过人的视觉神经系统传递到人脑中，并经过人脑的神经元作用映射出建筑形象。

建筑形态、空间形态、建筑体量、表层颜色、围护材料等都属于建筑的表象信息。比如福建客家土楼的城堡形就是它的表象信息，北京国家体育场“鸟巢”体育场不规则的网状钢结构也是其表象信息。

它们都是建筑场知觉的最直接印象，能够概括建筑的客观存在的整体状况。这一表象信息将作为对建筑的知识经验储存于记忆中。

建筑的表象信息是人对建筑形象的基本把握，是整个建筑场活动及效应的必要条件。

建筑表象信息是由多方面内容构成的，下面将分别分析建筑表象信息的构成因素。

图 4－1　福建客家圆形土楼呈城堡状

图 4－2　北京国家体育场“鸟巢”体育场

1. 建筑的物质表象

建筑的物质表象信息指建筑的物质性构成，由材质与色彩、构造与结构、形式与形态三方面构成，现分析如下：

（1）材质与色彩

建筑材质信息是指建筑的构成材料的特征，包括建筑材料的种类、建筑材料的色彩、建筑材料的质感肌理、由建筑材料而引发的联想等。建筑材料是建筑建造的物质基础，对建筑必然会起到物质转化作用。同时材料本身具有丰富的体验和联想内涵，也会生发出对心理和情感的影响作用。

图 4－3　云南白族民居的土坯墙体

图 4－4　摩梭人构筑的木楞房

图 4－5　徽派民居残旧斑驳的青砖墙

图 4－6　北京三里屯 Village 建筑光洁的玻璃墙体

同时，建筑色彩又依附于建筑材料，它具有直接、迅速、强烈地表达建筑表象的作用。色彩是建筑表意的有效方式手段，它具有视觉分辨、功能指向、印象留存、表意联想等多方面的作用。安徽徽派民居给人留下的色彩印象是白、灰两色（粉墙黛瓦），北京故宫的色彩表意是黄、红两色（金黄色琉璃瓦、红色宫门宫墙）。还有以建筑色彩为设计理念的，如理查德·迈耶以白色为建筑特征的“白色派”建筑，通常会给人留下深刻的印象。在某种情况下，比如在建筑的形态特征不太突出的情况下，或是在无法看到建筑全貌的情况下，建筑色彩的信息印象作用要优于建筑的形态信息作用。

图4-7 美国法院和联邦大厦通体为白色，给人以纯净、轻盈的建筑色彩印象（理查德·迈耶）

图4-8 拉萨大昭寺墙面的橘红色给人以强烈的情绪感染

（2）构造与结构

建筑构造与结构对建筑形态有着重要的支配作用，从某种意义上看，建筑表象是建筑构造与结构方式的反映，如木结构建筑、砖木结构建筑、砖混结构建筑、石结构建筑、钢结构建筑、网架结构、悬索结构等，都会因自身的材料与结构特性形成特有的形态。比如出檐、起翘、大屋顶就是东方木结构建筑的典型形态特征。

构造与结构对于建筑来说是就像人的骨骼，是支撑整个建筑躯体的骨架，一旦设定为某种

图4-9 日本京都天隆寺为木结构

图4-10 德国慕尼黑奥林匹克主体育场为网索结构

结构方式，就必须遵循它科学的力学和结构规律，是不可变更的部分。结构分为隐性和显性两种形式：隐形结构方式，我们一般是看不到结构材料本身或结构方式的，对于很多建筑，非建筑专业人士很难从建筑表面区分其结构。显性的结构方式就是建筑结构是暴露在外的，人们能够很直观地看到其结构材料和结构方式，如悬索结构、膜结构、网架结构等。如德国慕尼黑奥林匹克主体育场是网索结构、北京国家体育场“鸟巢”为钢结构，都属于显性的建筑结构方式。

图 4-11 罗马天主教堂连续的曲面形成很强的韵律感（理查德·迈耶）

因为每一种结构方式都有符合自身规律的形态特性，建筑的结构方式也就与建筑的表象信息有着直接的关系。如中国传统木结构建筑的体量和空间都不可能太大，因为它受到木材本身尺度的限制，而网架结构就有可能形成大体量建筑和大跨度空间。因此，建筑的构造与结构方式能够影响到建筑最终的形态呈现形式。

（3）形态与形式

建筑的形态与形式反映建筑的体态相貌特征。建筑的形态形式信息反映出建筑所特有的形体面貌，比如有机功能主义代表人物埃罗·沙里宁设计的众多建筑作品所呈现出的仿生形态建筑形象，贝聿铭设计的巴黎卢佛尔宫玻璃金字塔呈四棱锥形，理查德·迈耶的作品罗马天主教堂为曲面重叠状组合形体，弗兰克·盖里的作品西班牙毕尔巴鄂古根海姆博物馆是一组扭曲的构成体等。

图 4-12 西班牙毕尔巴鄂古根海姆博物馆是一组扭曲的构成体（弗兰克·盖里）

在建筑形态与形式中，建筑体量、比例、围合状态是其中的重要因素。

建筑体量是建筑所占有的环境空间的量，或大或小，具有物质客观存在的意义，也会对人的心理体验产生很大的影响作用。一般体量大的建筑给人以宏大、巍峨、气派甚至是震慑感，而体量小的建筑则给人以平和、亲切、轻松、对话的感觉。如传统住宅建筑体量较小，而现代公共建筑的体量较大，都会成为建筑表象知觉。

图 4-13 上海大剧院与周围建筑的形态对比

建筑比例则具有两方面的含义：一是指建筑本身所呈现的比例关系，如建筑宽、深、高之间的比例，如上海金茂大厦的竖向尺度与其建筑底面尺度之比；二是指建筑环境中各个建筑之间的比例关系，如上海人民广场附近的上海博物馆、上海大剧院、上海规划馆之间的比例关系。

建筑的围合是人们对建筑感知的重要的建筑表象内容。围合是建筑形成空间的手段，围合方式是比较灵活可变的，通常有整体围合、局部围合、不围合三种处理方式，例如中国传统建筑的一般房屋是用砖砌体整体围合的。园林建筑中的长廊有单面围合也有不围合的，而各种亭子一般则是不

图 4－14 封闭式的建筑围合状态（日本淡路岛梦舞台景观建筑）

图 4－15 开敞式的建筑围合状态（成羽町美术馆，安藤忠雄）

围合的。建筑的围合信息在人们的建筑常识和经验中意味着房屋是否完整。

建筑物质表象信息的总和就是一栋建筑所呈现出来的基本面貌信息，它通过建筑的材料、构造、技术、工艺等表现出来。它传递着“物质”、“存在”、“房屋”、“建筑”等建筑的基本信息内容，是建筑最基本的物质层面的信息内容。

2. 建筑的表情表象

相对于建筑的物质表象，建筑的表情表象更多地表达人对建筑面貌的感性联想。什么是建筑的表情表象信息呢？建筑的表情表象属于知觉经验记忆，是建立在日常生活事物经验积累的基础上的，是对一种物态形象构成特征的情感性知觉体验反馈。

举一个通俗的例子，建筑的物质表象信息是指一个客观物质的结构组合关系，就像人体的形态或相貌，有人个子高、有人个子矮，有人是方脸高鼻梁、有人是圆脸大眼睛……是由人的骨骼结构与肌肉皮肤等生理要素构成的，属于物质构成信息。而建筑的表情表象信息就好比有人表情亲切、有人表情凝重、有人表情朴实、有人表情夸张、有人表情灿烂，也有人表情悲哀等，它是一种由人的情绪而导致的表情所生成的表象信息。建筑也是如此，结构各有不同，表情也各有不同，它也会转化为信息来影响他人。

那么，建筑的表情表象信息，就是指建筑的表象能够使人产生对某种情绪表情的信息联想。建筑的表情表象信息是我们每个人都很容易知觉到的，它具有很强的视觉感染性。

北京的紫禁城中轴对称、端庄稳重、气派威严、金碧辉煌，形成帝王式的尊贵威严表情。我国徽派民居颜色淡雅、形象简括，是一种安详质朴的表情。朗香教堂被柯布西耶赋予了一种特殊的表情，这种表情是建立在柯布西耶对宗教的理解上的，而不是传统的常规、呆板的教堂面孔。悉尼歌剧院也有表情，是充满自信拥抱未来的表情。当然，建筑的表情表象信息是建立在建筑的物质表象信息之上的，如果建筑的基本物质结构是属于凝重型的，你若再想去做出轻松快乐的样子，就会是一件比较困难的事情了。一个历史悠久、斑驳厚重的教堂，是不能给人以天真、单纯、快乐的表情体验的，它只能以沧桑的凝重的面孔出现。所以，建筑的表情表象信息应该与建筑的物质表象信息融合形成一种有机的表象信息，才能是有价值的建筑表象信息。如果这两者各行其道，就会事倍功半。当然，我们是将这两种信息分别来加以分析的，在很多情况下，建筑的物质表象信息是与建筑的表情表象信息属于同一个表达系统的，这样便会取得较好的表象信息效益。

图4-16　祥和、典雅的建筑表情（徽派民居）

图4-17　庄严、神圣的建筑表情（拉萨扎什伦布寺）

图4-18　游戏、不拘的建筑表情（苏德里奇城市住宅区改造设计，阿尔多·罗西）

图4-19　神秘、虚空的建筑表情（日本 Miavia 结婚礼堂）

如果有兴趣，人人都可以尝试着品味一下建筑表情，你会发现每一栋建筑都会有属于自己的表情特征，或呆板或生动，或平淡或张扬，或轻松或凝重，或质朴或炫耀，或端庄或怪异……这种表情的表述与我们所说的建筑气质或气度有一定的关系，但层次不同，建筑表情属于较浅的表象层次，而建筑气质或气度则是由建筑内涵品格与外部形式凝结融贯的体现。如果可能的话，建筑表情可以进一步为建筑气质体验构筑心理基础。尽管表情是表象情态，但对建筑场的体验会有很大的情绪和情感的引导性和影响力。

建筑的表象信息具有综合性，它是建筑的物质表象信息与建筑的表情表象信息的综合反映。它包括了所有的建筑客观存在的物质要素，同时也包括了建筑存在中所表达的某种感情知觉联想要素。

（二）建筑功能信息

建筑的功能信息属于建筑把握和实现应用的信息。建筑的功能类型、建筑空间的利用、建筑物理的完善，建筑使用的效率、使用的满意度、情感的满意度等，都属于建筑的功能信息。

图 4－20 工厂车间的形态与采光功能有关

建筑功能信息同时也是建筑表象信息转化与深化的过程。建筑的表象并非仅仅是建筑外观的一种形式，它同时也是对建筑实用功能的一种启发和引导。概括之，功能是建筑内容的体现，形式是建筑为了实现功能而做出的一种合适的选择。建筑的表象信息就是我们可以通过视觉感受到的这种选择。实际上建筑的表象形式要素信息群已经包含了建筑某种功能信息的含义了。比如工厂的车间北向天窗的“锯齿形”，哥特式教堂的竖向耸立的“尖塔形”，都是为了实现功能而选择的形式。

图 4－21 教堂的形态与精神功能有关

通常建筑功能信息非常实际地反映建筑实用性的状况。比如，一所住宅是否有合理的空间构成，一个博物馆展厅是否具有良好的照明效果，一栋大型公共建筑内部的交通系统是否合理、安全、便捷，是否设有残疾人通行系统等。

不同建筑功能的侧重不同，建筑所提供的功能信息也有所不同，一般情况下我们可以将建筑功能分为四种情况：

1. 建筑的实用性功能信息

建筑的实用性功能信息，主要是提供建筑实用性可能实现的条件状况，如建造的安全性、应用的合理性、设备的保障性、生态的机能性等方面的实现程度。建筑的实用信息不仅能够传递“利”与“用”的功利信息，也能够通过建筑的实用品质转化为建筑的审美条件。建筑的不同类型表现为对建筑功能的不同侧重，住宅、学校、商场、车站、工厂等建筑都会表达出其不同的建筑实用性功能信息。

图 4－22 青岛新火车站

2. 建筑的精神性功能信息

建筑的精神性功能是对建筑的精神层面的要求。建筑的精神性功能信息有两种情况：一种是建筑本身就是以精神功能为惟一目的的，如宗教建筑类的礼拜堂、教堂、寺庙等，还有纪念性建筑类的纪念碑、凯旋门、牌坊、华表等。另一种是建筑在具有实用性功能的基础上，也对建筑的精神功能提出较高的要求，如博物馆、美术馆、图书馆、影剧院、体育场馆等。第一类建筑的精神性功能信息主要围绕精神主题进行表达，建筑的功利性信息退居次席。第二类建筑精神性功能信息与建筑的实用性功能信息共同存在，具有同等的意义，二者需加以兼顾。建筑的精神性功能信息包括建筑形态、空间意念、空间体验、空间联想、空间情感、材质表意、色彩处理、光影创造等诸多方面的信息群。

3. 功能信息的融合

在很多情况下，建筑的功能信息已经将实用功能与精神功能融合到了一起，在传递实用功能信息的同时，也传递精神功能信息。无论是古代建筑还是现代建筑，这种将实用功能与精神功能融合在一起的情况很多。我国民居建筑形式多样，在满足居住功能的同时，常常伴随着审美的建筑装饰要素。徽派民居中有著名的三雕——木雕、砖雕、石雕，藏族的碉楼、蒙古的蒙古包，都绘有自己的民族装饰纹样。欧洲古代的宫殿、宅邸中的建筑雕刻、绘画装饰比比皆是。这说明建筑功能通常是双重性的，既满足实用功能，也要追求精神功能。现代建筑则更为注重对建筑的多重意义的信息表达，很难分清二者的所属关系。比如现代的建筑结构方式，有网架结构、膜结构、钢结构等多种结构方式，这些结构方式既是物质的、力学的、实用的，同时也是具有精神的、装饰的、审美价值的。再如，当代建筑材料的发展迅速，建筑材料在保证实用功能的同时也具有形式审美功能。比如目前许多旧建筑改造利用的情况，北京798建筑厂房对于生产性的工厂来说是实用性的，但对于改造为文化艺术媒体的机构来说，实用性的生产厂房就转化为精神性体验空间了。

图4－23 陕西历史博物馆

图4－24 798厂建筑空间功能性质的转化

4. 功能信息的动性

建筑的功能是在不断的使用经验积累中逐渐由不完善到完善的，它随着建筑时间、建筑性质、建筑场合、建筑规格的不同而呈现动态变化，并非一成不变，因此对建筑功能信息的把握也应该是动态性的。比如古代的住宅建筑在建筑物理方面并不完善，其实用功能的完备与使用的舒适肯定不能够与现代住宅建筑相提并论。由于经济条件所限，一所农村卫生院的功能同一所大城市的医院相比较也是有较大差距的。一般普通的旅馆的功能同星级的旅游酒店的功能，从建筑标准和建筑功能要求上也是有很大差异的。它们所传递的功能信息也各不相同。所以我们对于不同境况下的建筑是不会提出同等的功能要求的，同样也不会在功能的信息传递和评价上做出同样的标准。

图4－25 音乐厅的听觉效果是评价功能的首要因素

建筑的功能信息表明建筑自身存在的功能价值的“量”，功能信息越能够充分地反映建筑的功能目的，则自身存在的价值程度越高，人们对它的认知就越接近情感体验的深度。建筑的功能信息系统，是一个建筑内在活动的有机系统，它建立在对建筑的使用目的进行全面、科学、理性的分析论证的基础之上，使建筑与人的心理、行为、感情有机结合起来。

（三）建筑艺术信息

1. 对建筑艺术的理解

在讨论建筑艺术信息之前，需要先对建筑艺术这个概念作一简短的解析。

建筑艺术这个概念可以有三种理解：第一种理解认为建筑是作为一种艺术门类而存在的，自然就有了建筑艺术一说。第二种理解认为建筑艺术是同建筑技术相对应的，建筑技术属于物质层面，而建筑艺术属于精神层面，建筑艺术是相对独立存在的，属于建筑观赏形式范畴的内容。第三种理解则认为是其建筑技术的程度达到了可称之为艺术的高度，将高超的建筑技艺称之为建筑艺术。这三种理解各有各的道理，我们在此不去论及这三种对建筑艺术的理解正确与否，只是需要证明，建筑同艺术有着割不断的联系。实际上，建筑本身并非纯粹的艺术品，但建筑能够具有艺术的某些特征和品质，比如形象性、典型性、联想性、审美性、体验性、情感性等，艺术形式法则中的对比、协调、均衡、韵律、节奏、旋律等。这些艺术范畴的内容与建筑相结合，就会使建筑具备了艺术性和艺术价值。因此，建筑的艺术信息并不是建立在建筑是不是艺术品的推论基础上，也不需要证明建筑艺术与建筑技术的逻辑关系，而是要看建筑与空间是否具备艺术的形象性、典型性、联想性、审美性、体验性、情感性等艺术品质。综合起来看，建筑艺术包括建筑美的形态、建筑艺术风格、建筑艺术气质、建筑艺术品格等内容。建筑艺术应该是指建筑与空间整体物态所呈现的与艺术有关的内容的总和。那么，建筑艺术信息就是建筑艺术所涵盖内容所释放的能量。

2. 建筑艺术信息的反映

建筑的艺术信息可以从两个方面来具体反映，首先从建筑的历史来看，建筑已有了比较确定的艺术风格特征，比如古罗马风格、拜占庭风格、哥特式风格、文艺复兴风格、古典主义风格、巴洛克风格、现代主义风格、后现代主义风格、结构主义风格等。这些建筑的艺术形象特征已经成为建筑艺术的经典形象，已形成建筑艺术形象的类型化，建筑具有哪一种艺术特征，就会生发出相应的建筑艺术信息。此外，还有众多并不属于艺术风格类型化的建筑，像比较具有代表意义的流水别墅、朗香教堂、悉尼歌剧院、水之教堂等这类建筑，其艺术信息就具有了比较自由的可供联想的空间，是属于多义性的建筑艺术信息。而且随着当代建筑师的创作观念的更新，建筑艺术所呈现的状态更倾向于多元性、独创性、惟一性，建筑艺术的概念更为宽泛，建筑形态已从传统的“房屋”限制中破茧而出，雕塑艺术、装置艺术、媒体艺术、数码艺术统统都可以与建筑杂交，传统的建筑艺术信息被当代开放性的多元艺术观念信息所融合，从而形成了新的建筑景观艺术信息系统。

图4－26 巴黎圣母院既包含历史、宗教价值，也具有极高的建筑艺术价值

图4－27 山东曲阜孔庙大成殿雕刻精美的蟠龙柱

图 4－28 2002 年博览会蛇形画廊具有装置艺术特征（伊东丰雄）

图 4－29 北京国家体育场的景观建筑具有很强的观赏性

3. 建筑艺术信息的特点

从建筑类型及功能看，在不同的建筑类型中，建筑形态的艺术信息的含量也是不同的。如工业建筑中的厂房、仓库、车间以及部分市政建筑等，这类建筑的信息直接体现功能——安全、科学、合理、高效、经济等方面的要求，而不直接对建筑艺术欣赏提出要求。在这里，建筑的艺术性服从于建筑的功能性，建筑的艺术信息所占有的建筑信息比例就比较小。而文化性建筑、纪念性建筑、宗教建筑等公共建筑，社会对其艺术性要求就比较高，建筑本身也希望体现出应有的艺术审美价值，因此这类建筑所含有的艺术信息就比较丰富，占有建筑信息的比例就比较大。

人们对建筑的艺术审美要求，决定了在建筑创作中对建筑艺术性的追求。但由于建筑的时期、类型和功能的不同，建筑所含有的艺术信息的成分的构成也不尽相同。从建筑时期看，东西方古代各时期建筑中的宫殿、教堂、贵族府邸等较多地体现了建筑艺术的内容。这些古代建筑强调艺术的表现，建筑中含有大量的绘画、雕刻、装饰等造型艺术内容，并依附于建筑，能够引发人们对“建筑是艺术”这一感受的认同。现代建筑由于建筑观念的变革，所表现出的艺术特征与古典建筑有根本性的不同，再加之建筑功能类型的细化，建筑艺术性主要体现为与建筑功能与形式所形成的有机统一的艺术形象，而并非是建筑体与艺术中的绘画、雕刻等内容简单的叠加。在这里，建筑的艺术信息可能转化为建筑的审美信息，这里所说的建筑审美信息，是既包括建筑的艺术形象性信息，同时也包括建筑功能的合理性信息，是一种对建筑艺术信息外延的扩展。

图 4－30 芬兰赫尔辛基东正教堂具有古典建筑艺术特征

图 4－31 日本八代市市立博物馆具有现代建筑造型美（伊东丰雄）

（四）建筑环境信息

在建筑场的活动中，建筑环境是一个非常重要的信息组成部分。对于建筑环境信息的理解，应该是这样的：建筑环境信息不是建筑所处环境本身的独立的信息，而是建筑与其所处环境共同形成的关系而阐发出来的信息。建筑环境信息的意义在于：建筑与所处的环境的结合会形成一种建筑环境关系，这种建筑环境关系能够传达某种信息，较之于建筑物本身，建筑环境信息的内涵会更为立体和丰富，使建筑与客观的现实存在的环境条件相结合，形成建筑场的信息交汇空间。

1. 建筑环境的构成

由于环境的类型、条件等方面情况比较复杂，所以建筑环境的构成情况也是比较复杂的，总体上可以归纳为建筑宏观环境与建筑微观环境两种情况。建筑的宏观环境是指建筑物所处的地域的区位环境；建筑的微观环境是指建筑物所处的乡村、城市、功能区等局部的区域建筑环境。

在建筑宏观环境中，环境的条件和因素比较复杂，它既包括自然生态环境因素，如地域、气候、地理、生态等方面的条件，也包括社会人文环境因素，如建筑时期、历史背景、文化背景等方面的因素。建筑在与环境的结合中能够产生出多重不同的含义。比如，就地取材建造建筑是符合建筑经济要求的，自然的物产条件就会成为建筑材料、建筑构造和建筑形态的必然条件。就是说，一定自然条件决定了某地区特有的生活、生产方式，也决定了建筑的形式。反过来，建筑的形式也会更好地体现特定地域的生活、生产方式。这就说明，建筑不是孤立的房屋，而是一定自然环境条件和生活生产方式需要的产物。又比如，东方文化背景的佛教寺庙建筑出现在欧洲某建筑环境中，或者是西方文化的基督教教堂建筑出现在东方某建筑环境中，建筑环境所传达的信息也是不同的。除了具有文化传播交流的含义之外，还有历史进程中诸多的事件背景因素。这些建筑环境信息因自然、社会、历史等方面原因，会具有特定的信息内涵，而这种信息内涵是影响建筑场效应的重要成因。

在建筑微观环境中，更多地表现为建筑与建筑周边的微观环境的关系和建筑与建筑之间的关系。相比较而言，建筑微观环境是一种相对规模较小，联系较为紧密的建筑环境的构成状态。从建筑场效应的角度看，建筑的微观环境信息会更直接地影响建筑场的信息活动。

建筑与建筑周边的微观环境关系与规划学的理性分析有关，建筑或建筑群选择建在何地，是根据人的生活需要和建筑的功能决定的。中国传统的风水理论就是关于住宅选址的理论，它根据自然环境的特点和人的心理感应规律，扬长避短、趋利避害，所以能够体现出好的建筑场效应。佛寺在我国分布较为广泛，所选择的建造环境情况也不相同，有建造在开阔平坦之地的，有设置于城垣闹市之中的，也有选址在山林幽静之处的，还有开凿在悬崖峭壁之上的。由于环境的影响，佛寺所形成的建筑环境信息会有很大的不同。现代的城市规划要求，功能区域要形成科学合理的分区，住宅区与工业区不宜安排在一起，文教区与商业区不宜混杂，旅游度假区一般会选择风景优美、幽静和生态条件优良的地方，这些选址的规划原则也是优化的建筑场效应的原则。

建筑微观环境在比较多的情况下反映在某建筑群落中，建筑与建筑之间的关系，这种关系属于人工建筑环境中的信息交流形态，更多地体现为，建筑物之间是否形成某种有机的关系，从而体现出建筑环境信息对建筑场效应的影响。我们知道，每一栋建筑都会有自身的形成机理，也会存在与周边其他建筑的对话关系，如果建筑自身与周边其他建筑能够形成一种功能需要所要求的有机关系，就有可能形成建筑场信息，如果不能够形成有机关系，则不会引导建筑场信息的生成。在建筑微观环境的构成中，有若干建筑子信息，这些建筑子信息经过不同的排列组合又会形成众多的组合信息效果。这些建筑子信息有：建筑的尺度、建筑的比例、建筑的体量、建筑的功能、建筑的材料、建筑的色彩、建筑的形态、建筑的风格、建筑的气质、建筑的规格等，在建筑与建筑的关系中，如果这些建筑子信息进行不同的组合，就会产生千变万化的建筑环境信息效果。进行归纳后会有几种排列组合类型：

(1) 建筑与建筑之间信息基本一致

图4-32　建筑与建筑之间信息基本一致的状况

这种情况传递的最为直接信息是：这是一组或一片非常相似而有秩序的建筑。由于所有信息元素都一致，所以形态非常划一，信息指向单一而明确。但由于所有信息元素呈现完全一致状，会导致建筑环境在感官上的均质感。一般住宅小区、军营在某种程度上会有这种情形，建筑环境非常直接明确地诉诸于建筑场，但其信息比较单一化，有时容易混淆建筑彼此的关系，不太容易在建筑群中辨识出某一栋建筑。

(2) 建筑与建筑之间信息关系不清晰

建筑信息是以建筑个体为单位构成的，缺乏应有的协调性。这种建筑环境状况会导致建筑场信息的导向性不明，建筑与建筑之间并没有建立起一种视觉以及心理的贯穿建筑子信息的线索，缺乏明确的建筑场信息指向。建筑环境会产生无序的信息堆积，建筑的形象识别、功能识别、审美感知都会因此而受到影响。在现实的城市建筑环境中，这种情形比较常见。

图4-33　前后建筑的信息差异较大

图4-34　老街区与现代高层建筑混杂现象

(3) 建筑与建筑之间建筑主题信息相一致

建筑与建筑之间建筑主题信息相一致，是指建筑群落中具有比较明确的主题信息，这种贯穿信息始终把握着建筑总信息的性质和走向。比如贯穿在建筑群落的建筑子信息为建筑形态和建筑风格信息，那么建筑群落的主题信息就体现为建筑形态、风格方面的贯穿性和统一性。在这种情况下，建筑信息总构成中的某些建筑子信息也可能会有所差异或变化，如建筑体量尺度、建筑色彩关系等方面的差异和变化。这种建筑环境是符合变化统一规律的，它在统一的整体观念指导下通过有序的组合变化来达到处理建筑场信息的目的，符合建筑规划和建筑设计的一般原则和规律，能够收到比较理想的建筑场效应结果。

图 4-35 丽江古城建筑群具有鲜明主题信息贯穿

图 4-36 日本东京市政厅街区的建筑环境主题信息比较统一

以上分析只是将建筑环境信息可能出现的多种情况进行了归纳概括，而现实中的建筑环境信息的组合方式会出现千差万别的变化。现实中有比较典型的实例可以说明建筑环境信息的关系。比如我国各地目前保护较好的传统古村落建筑环境，就是一种建筑主题信息相一致的情况，它所传递的是中国传统建筑环境与生活方式的信息，有很鲜明的特色和指向。青岛市的老城区是 20 世纪初德国在青岛兴建的一个比较集中的建筑区域，是殖民地历史留下的城市文化痕迹，其间的建筑、街道的形式、风格、尺度、体量都具有自身的特色性，已经形成了青岛城市文化积淀的信息。如果以上两个实例的建筑信息中混杂了其他内容，比如传统的古村落建筑环境中加建了欧式风格或现代风格的建筑，在青岛老城区区域内规模化地兴建现代建筑，就会破坏现有的建筑环境信息的文化协调性，造成建筑信息混杂，建筑场效应价值降低或缺失。

图 4-37 奥地利萨尔茨城堡空间穿透的层次与明暗对比的关系形成建筑氛围体验

2. 建筑环境氛围

氛围，是一个难以确定的概念，它就像空气一样，看不见摸不着，但是它又的确存在于不同的环境之中，是靠人的直觉来体验的。建筑环境也是如此，在某种特定的建筑环境情形下会形成一定的氛围，它是建筑体验的重要感性内容。

建筑氛围的产生源于建筑的表象以及内在的气质，需要建筑物之间所形成的组合与呼应关系，同时还需要一种与建筑产生有机关系的原生环境基础。建筑氛围，就是建筑环境构成所产生的能够引起人们特定情感体验的一种感觉效应。

图 4-38 拉萨哲蚌寺一隅的建筑氛围由高低错落的建筑群与远处的云天、山脉构成

应该说，具有一定建筑氛围的建筑环境就具备了可能进入建筑场体验的环境条件，人们在这样的建筑场内，就会受到氛围信息的影响，对建筑环境产生体验的共振现象。

（五）建筑隐喻信息

隐喻，是指事物在表明它的语言直接意义的同时，还具有另外某种含义的一种修辞方式。建筑作为一种具有特殊意义的事物，同样存在着隐喻现象。它通过物化形态来传递隐喻信息。在多种建筑隐喻现象中，我们可以将其归纳为四种情况。

1. 有形隐喻

有形的隐喻，是指通过客观存在建筑形象来引发人们对其他形象的联想。人们能够通过此建筑的形态而产生对其他事物或意义的联想。比如对福建土楼的形象联想是城堡，对悉尼歌剧院的形象联想是船帆或花瓣，勒·柯布西耶设计的朗香教堂，给人以多种形象的联想，比如耳朵、传教士的帽子等，马里奥·博塔的塔马诺山顶小教堂设计，其形象可能会给人以古城堡的联想。这种通过建筑形象——联想形象的隐喻方式称之为有形的隐喻。

图 4－39 塔马诺山顶小教堂给人以古城堡遗址的联想（马里奥·博塔）

2. 无形隐喻

无形的隐喻，是指客观存在的建筑形象含有一种类似理念、观念、精神、主题等的含义。例如北京紫禁城的建筑规划布局与太和殿的建筑形象，象征着皇权、尊贵、礼制等含义；人民大会堂隐喻着国家的庄严；教堂隐喻着宗教的神秘；巴西议会大厦隐喻着民主、人性、服务等建筑主题。由埃森曼设计的欧洲犹太遇害者纪念碑由 2751 根长短不一的灰色混凝土柱组成，这些混凝土柱子隐喻着墓碑与墓地，是对二战期间遇难犹太人的哀悼。这种通过建筑形象——建筑概念的隐喻方式称之为无形的隐喻。

图 4－40 柏林欧洲犹太遇害者纪念碑（彼得·埃森曼）

3. 有意隐喻

有意的隐喻，是指建筑的创作活动中含有明确的隐喻意识，并且通过客观具体的建筑形象加以体现出来。很多建筑师都希望能够在建筑创作中赋予建筑这样的隐喻，以体现出建筑意义的丰富与深刻。日本建筑师安藤忠雄的建筑设计常常具有这样的隐喻，给人以丰富的建筑体验感。美籍建筑师贝聿铭设计的苏州博物馆，通过对传统元素的整合，成功地渗透到新建筑中去，包含了对中国传统建筑精神的隐喻。

图 4－41 水之教堂隐喻人、自然、宗教之间的体悟关系（安藤忠雄）

图 4－42 苏州博物馆隐喻中国地域建筑文化精神（贝聿铭）

图 4－43 斯特拉斯堡停车场隐喻时代感的建筑意象（扎哈·哈迪德）

4. 无意隐喻

建筑隐喻本来应该是一种有意识的行为，但无意的隐喻却不是一种潜意识层面所支配的产物，它只是建筑创作中的自然行为，但这种自然行为却会在建筑形象中透露出一定的隐喻信息。例如，在哈迪德的众多建筑设计作品中，并非打算通过建筑直接隐喻什么，建筑仅仅是她的建筑理念支配创作直觉的产物。这种情况实际上是无意隐喻的一种现象，透过建筑形象我们看到的是某种具有时代感的建筑意象。

是否所有的建筑都具备隐喻性？并不尽然。有的建筑具备，有的建筑则不具备。建筑的隐喻性与建筑的功能类型有关，比如厂房、仓库、加油站、立交桥、隧道等建筑就不需要加入建筑隐喻的因素。建筑的隐喻性与建筑的信息承载需求有关，一座博物馆、纪念馆可能需要承载较多的隐喻，而一般的办公楼、住宅、学校则不需要太多的建筑隐喻，有时将隐喻强加于建筑之上反而会画蛇添足、弄巧成拙。而且建筑的隐喻效能还与建筑审美的主体（人）有关，它是建筑审美客体与建筑审美主体相互观照的产物。建筑隐喻首先需要建筑具备隐喻信息，其次需要审美主体具备体察隐喻的能力，二者缺一不可，否则，建筑隐喻的目的就不可能实现。同时，建筑隐喻的品质层次也有高有低，这与建筑师所处的时代社会因素和建筑师本身的创作理念、美学素养、价值追求都有直接的关系。

以上我们分析归纳了五个方面的建筑信息，即建筑表象信息、建筑功能信息、建筑艺术信息、建筑环境信息、建筑隐喻信息。这些信息多有交错和融合，体现在建筑上是一个信息的聚合体，并不能够彼此分开。同时，不同的建筑在各信息层面的含量、比例、价值、意义也不尽相同。这部分内容对建筑场活动分析具有极其重要的意义，是建筑场效应的客观依据。

建筑场信息的类型与融合可用以下图示来表示：

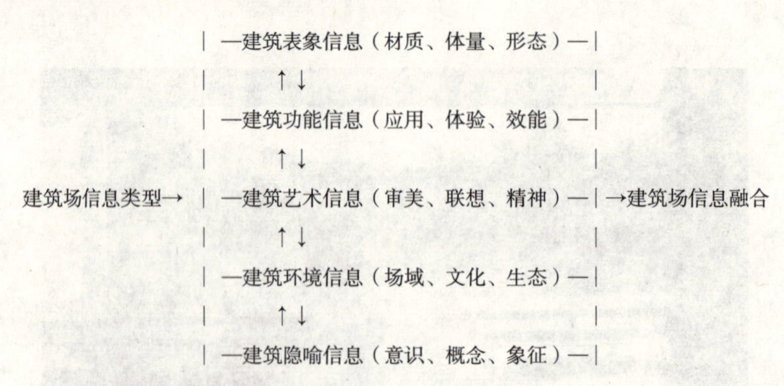

图 4－44 建筑场信息的类型与融合

二、建筑场的信息生成

建筑场信息的生成是整个建筑场活动及效应的本源，尽管其生成原因比较复杂，

但还是可以归纳出其中的主要生成因素。影响建筑场信息生成的有四部分内容，分别是：建筑的类型因素、建筑的社会因素、建筑审美因素和建筑师因素。

（一）建筑的类型因素

人们在观看一栋建筑时，首先关心并提出的是：这是什么建筑？是住宅还是博物馆？是商店还是办公楼？实际上，这是一个关于建筑功能、类型、形式之间关系的问题，也是对建筑体验和认知首先要搞清楚的问题。

图 4－45 安徽西递村传统民居住宅

建筑在发展中，由于功能的原因，逐渐形成不同的建筑类型。我国三千年前的历史文献《易·系辞》就有记载："上古穴居而野处，后世圣人易之以宫室，上栋下宇，以待风雨。"原始社会的构筑物只能满足人最基本的栖居功能，是建筑的原点，发展为住宅形式，是建筑最初的类型。随着社会发展，建筑的功能也分类细化，因而建筑也就以类型划分了。建筑的类型化表现出了每一类型的建筑都有由功能所体现出来的形象信息特点。比如，中国古代建筑就分为：居住建筑（城市与乡村住宅），政权建筑（宫殿、衙署、贡院、驿站、公馆、军营、仓库等），礼制建筑（坛庙、陵墓等），宗教建筑（佛寺、道观等），商业与手工业建筑（商铺、会馆、客栈、酒楼、作坊等），教育、文化、娱乐建筑（国子监、藏书楼、戏台、戏院等），园林与风景建筑（园林中的亭、台、楼、阁、榭等），市政建筑（鼓楼、钟楼、路亭、桥梁等），标志建筑（牌坊、华表、门楼、鼓楼、钟楼等），防御建筑（城垣、城楼等）。

图 4－46 山东曲阜孔庙属于礼制建筑

图 4－47 拉萨大昭寺寺院为宗教建筑

从以上古代的建筑分类看，功能已经比较细化了，每一类型建筑也具备了一定的形象特点，但由于中国传统建筑木构架技术的限制和封建社会建筑观念的制约，许多类型的建筑在形态上实际并无太多实质性变化。

而现代建筑较之于古代建筑有了根本性的变化，生活生产方式的不同自然会导致建筑功能与建筑形式的不同。现代建筑的功能类型体系，一般分为住宅建筑、公共建筑、工业建筑、宗教建筑四

图 4-48 当代住宅区建筑群

类。其他多种功能的建筑则在这四类建筑中再进行功能细化，有很多功能类型的建筑是古代所没有的，如公共建筑中的汽车站、火车站、航站楼、电影院、商务中心、会展中心、超市、高速公路服务区等，而有些中国古代的建筑类型因与时代要求不符也就逐渐被淘汰了，如城墙、城楼、牌坊、钟楼、鼓楼等。也有一些类型的建筑在原有类型的基础上完善了功能并且更换了命名，如客栈改成了旅馆、宾馆、酒店，藏书楼改为图书馆，国子监改为教育部，商铺改为了商店等。

图 4-49 苏州博物馆（贝聿铭）

图 4-50 北京三里屯 Village 商业建筑群

建筑类型化形成了人们对建筑形象信息的知觉定势，如拱券与西方罗马建筑、十字平面布局与教堂、尖塔顶与哥特式建筑、大屋顶与中国传统建筑、四合院与中国传统民居等，都是知觉定势的信息结果。实际上，每一种建筑类型并没有“标准版”，比如体育场，世界上有许多座，但哪一座是标准版？是德国慕尼黑奥体中心体育场还是中国北京的“鸟巢”体育场？所谓类型化，就是由建筑功能所导致的一种合理的建筑形态。体育场最基本的功能是体育比赛和观看比赛，满足比赛，就要有位于中心部分的比赛场地，满足观看，就要有环绕四周的阶梯看台，这就构成了体育场基本的形态。其他方面，如体育场外观的围合建筑形象、有无篷盖、建筑材料、结构方式、形制规格等可能均有所不同。但这并不妨碍人们以类型化的知觉方式对其进行判断，将德国慕尼黑奥体中心体育场与中国北京的“鸟巢”体育场都认定为是体育建筑。

这里面还涉及建筑类型化与建筑形式程式化关系的理解问题，应该指出的是，建筑功能的类型化并非建筑形式的程式化。类型化主要是针对建筑功能而言，对建筑形象并无严格限定，但会体现出功能对其一定的规定要求。而程式化则主要指对建筑形式方面的规定与限制，无论形制还是装饰，都具有可套用的模式。两者不可混淆。

基于这种分析，在建筑类型化中，建筑个体形式的变化现象就容易理解了。现代建筑的类型化是以建筑的功能性质划分的，而建筑形式是围绕着建筑功能而设计的，有多种建筑美学选择，这也是为什么一个建筑项目会有若干不同形式的设计方案的原因。当代有许多建筑的形式出人意料，超出了人们对建筑类型的认知。当年在《中国国家大剧院建筑设计方案竞赛文件》中，明确规定了国家大剧院的设计原则：第一，应在建筑体量、形式、色彩等方面与天安门广场的建筑群及东侧的人民大会堂相协调；第二，在建筑处理方面须突出自身的特色和文化氛围，使其成为首都北京跨世纪的标志性建筑；第三，建筑风格应体现时代精神和民族传统。这三条原则可以归纳为：一看就是个剧院，而不是别的；其次，一看就是个中国的大剧院，而不是国外的；第三，一看就是天安门旁边的剧院，而不是别处的。① 但是最终被采用的安德鲁的设计方案是“最不像剧院、最不像中国的剧院、最不像天安门旁边的剧院”的方案。这样一种建筑现象就为建筑功能类型信息的传递与认知增加了难度，而这种认知难度也许正是某些建筑师所追求和期待的。

这种逆向设计思维方式是当代建筑设计的一种势态，许多建筑设计都在传递着“最不像而恰恰是”的信息。当代建筑，由于建筑创作意识、观念等变革的原因，建筑功能与建筑形象的关系也变得扑朔迷离起来。这里面既能够产生一定的陌生化审美效应，也会带来对建筑功能与形象关系认知经验的冲击甚至颠覆。

图 4-51 济南山东剧院是传统的剧院形象

图 4-52 国家大剧院颠覆以往剧院的形象

无论是中国国家大剧院、中央电视台新楼还是其他建筑，其结果都是将建筑的功能、类型、形式的认知定势打破了，努力使人不再具有建筑类型形式的概念。对于这一建筑设计思维与实践的是非优劣，在此并不作评判，因为这并不是本书的解析目的。但无论建筑的形式怎样变化，建筑的功能—类型—形式这三者应该是一个有机的整体，脱离内容的形式不是一个最恰当的形式，这一点是肯定的。

建筑信息生成要表明建筑的功能指向，然后在建筑功能的引导下进一步对建筑作出有效的体验、认知和价值判断。因此，建筑功能信息对建筑场的意义就在于起到“这是一个什么建筑”的信息解答作用。

（二）建筑的社会因素

建筑不可能脱离社会的思想意识独立存在。建筑是社会生活中一种特殊的事物，虽然它的基本属性是应用，但建筑由于其内涵的特殊性和复杂性，常常包含了除了应用之外的潜在的社会思想意识的内涵。

建筑的社会意识的表现，可以归纳为以下两种因素的影响。

1. 社会哲学意识的影响

建筑从表层现象上看是工程的、物质的，但建筑的工程性和物质性却是受着某种哲学思想支配的。从建筑史上看，中国古代从城市规划到单体建筑，基本上是遵循古代哲学中的天人合一、风水学说、阴阳、五行、八卦等哲学思想来实践的，所以建筑的规划与营造也就鲜明地体现了这些哲学思想和意识。

---

① 王博．北京——一座失去建筑哲学的城市．辽宁科学技术出版社，2009，76.

古代建城依据“天象建城”的思想。汉长安城的形态就是有意模仿天象的结果，城南为南斗，城北为北斗，因此汉长安城享有“斗城”的称谓。

北京紫禁城的核心思想是风水中的“气”，阴阳观左右着紫禁城的布局。紫禁城在整体布局上有两条阴阳分界线，南北一条中轴线为子午线，将紫禁城分为东西两部分，中轴线以西的建筑属阴，东边的建筑属阳。东西一条是隆宗门与景运门相对应的隆景线，隆景线是紫禁城南北的分界线，前朝后寝，自然是南区属阳，北区属阴。紫禁城因这两条线而形成了东西、南北的阴阳坐标。除了阴阳观念，金、木、水、火、土五行之说也鲜明地体现于紫禁城的建筑中。北有神武门（明称玄武门）代表神龟玄武，属水，水为玄色（墨色），因此在神武门内的两座建筑——东大房和西大房的屋顶均为黑色。南有午门，象征神鸟朱雀，属火，火为红色，因此午门建筑为红色。西方属金，金能生水，故有金水河。东方属木，木得春之阳气，所在的文华殿以绿瓦覆盖。紫禁城中央的前朝三大殿和后庭三大宫组成的两大建筑群，中央在五行中属土，土为黄色，这两大建筑群除了建在土字形的玉石台基上，还以象征土的黄色琉璃瓦覆盖屋顶，象征着帝王的威严和尊贵。

民居建筑也同样受到传统哲学观念的影响。四合院形式是中国传统民居的基本形态。尽管中国各地的合院建筑形式因地区有所差异，但总体上的围合形式集中体现了中国所特有的建筑文化心理和住宅伦理观念。四合院的特征为：四周建房，中间为空地。这种建筑格局源于“天圆地方”之说。《周易》中说：“乾为天，为圆，为君为父；坤为地，为方，为母。”因此，四合院就体现了建筑四面围合而形成“四方”的观念。同时，四合院按照五行理论，土居中央，所以四合院中间为土地，其上空也就象征着博大无际的“天圆”了。其他诸如宅基的朝向，大门的位置，屋顶形式，影壁墙的设置等，都离不开周易、风水、阴阳、五行的影响。由此可见，四合院不仅仅是一种居住形式，更是一种历史传统和人文思想的体现。

时至今日，社会有了巨大的发展进步，社会思想意识发生了极大的变化。现代建筑无论是内容还是形式已经完全不同于古代建筑，但随着哲学思想的继承和发展，社会哲学层面的内容对于建筑社会实践的影响是客观存在的，并且会一直延续下去。这一点会在建筑信息生成中鲜明地体现出来。

2. 社会建筑思想与体制的影响

社会建筑思想与体制是影响建筑活动的重要因素，它包括建筑意志、建筑伦理、建筑制度等内容。建筑意志表明由谁来支配、决定建筑的意义，建筑伦理是建筑的价值体现标准的问题，而建筑制度则是反映建筑活动所依据的法律、法规、标准等。每个时代都会有相应的建筑意识内容，并且会鲜明地反映到建筑实践活动中。

比如，中国古代建筑遵循“礼制”思想，当时的都城、宫阙的内容和制式，诸侯、大夫的宅第标准，都是一种国家建筑制度的体现。建筑制度也等同于政治制度。《周礼》中的《冬官考工记》就是记述建筑管理的，应属于制度“硬件”。但是“礼”的观念意识是远远超出制度规定的。中国古代儒家学说是以“礼”为中心的，“礼”已经成为社会生活的指导思想和行为准则，建筑的类型、布局、规模、形态、体量、用材、用色、装饰等均反映出“礼制”建筑思想观念。皇宫中的“六宫六寝”，宅舍中的“前堂后室”，住宅中的“北屋为尊，两厢次之，倒座为宾”的位置序列，都是“礼制”意识在建筑上的反映。

古代礼制中包含了建筑“等级”的概念，譬如古代有金碧辉煌的皇家宫殿，有豪奢华贵的贵族官邸，也有平实简朴的民居宅院，等级制度是绝对不可逾越的。现代社会建筑虽然已不再有封建社会的“等级”制度，但建筑也会因社会需求、建筑功能层次和建筑经济投入等原因而产生建筑的规模、规格、等级、适用群体的差异。譬如当下有价格上千万的豪华住宅，也有大量民生所需的经济适用房；当代城市既有五星级的豪华酒店，也有比较经济的一般旅馆。这样的等级或规格分类，既是等级标准所致，也是为适应不同社会层面需求使然。

不可忽略的是，社会意识对当今建筑的影响是多方面、多层面的。譬如，当代摩天大楼不仅是“具有高度的建筑”，同时也表达着社会的某种欲望和实现这种欲望的能力。现今各级政务中心，建筑的中轴线、大体量、高台阶的建筑布局和形态，与其说是功能的需要，还不如说是在潜意识中延续着的某些封建权贵思想在作祟。当今建筑多用钢材、铝合金、玻璃等建筑材料，建筑形式也越来越自由地展开它的躯体，趋于开放性。这一变化在现象上是建筑材料和建筑形式的更新，但在本质上则是一种生活观念和生活方式的演变，更是由于社会的民主思想氛围对建筑形成了宽松的态度。坐落于曼哈顿第六大道的美国银行塔——纽约布莱恩公园一号大楼，虽然建成后是纽约建筑的第二高度，但它并不是以单纯追求建筑高度为目的，而是更注重环境保护的科学生态技术实施，它也是目前世界上最能体现环保意识的高层建筑之一。

由此可见，建筑不仅仅是物质实体和空间的概念，也不仅是孤立的建筑功能和形式问题，而是一种被社会建筑意识渗透的物化形态。这其中可能是哲学思想中的观念意识对建筑活动潜移默化的影响，也可能是因社会生产、生活方式和科学技术的不同在建筑实践中的体现。社会的思想意识浸润着建筑，将信息灌注于建筑物之中，因此也就使建筑带有鲜明的社会意识属性了。

（三）建筑的审美因素

无论是古代的建筑还是当代的建筑，对于人类社会文明发展的历程来说，建筑似乎包含了太多关于生存意义的祈盼和希冀。因此，人们将造建筑这项活动看得很隆重，就像一次仪式和礼赞，以期从中获得一种精神的体验和抵达。所以，建筑从古至今总是带有图腾崇拜的精神意义的。所以就会有了帕提农神庙、巴比伦空中花园、凯旋门、佛罗伦萨大教堂、故宫，也会有埃菲尔铁塔、朗香教堂、悉尼歌剧院……由此可见，建筑除了实用，还是具有审美体验意义的精神产品。因此，将建筑列为艺术门类也就不足为奇了。

在对建筑的评述中，常常将建筑与艺术联系起来，除了建筑有自身的使用功能之外，人们在心理上常常将建筑看作艺术。威廉·奈德论述到：“事实上，只要洞穴换成茅屋或像北美印第安人那样的小屋，建筑作为一种艺术就开始了。与此同时，美的观念也就牵涉其中了。”① 当然，建筑并不是一件纯粹的艺术品，建筑的本质是实用的，是强调使用功能的，但是并不因此而否认建筑具有的美学价值和审美意义，而且在对建筑的审视中，对其美的需求显示出相当强的首要性。

建筑美的需求和体现是建筑信息的重要因素之一。无论是乡村还是城市，建筑是构成人居环境的主体，美的建筑、美的环境、美的体验、美的情感是人们对物质生活环境不断追求的动力。对于建筑审美而言，是不同于纯粹的艺术品的，它实际上是与艺术审美不同的另一个审美系统。纯粹的艺术品是精神产品，艺术的审美是非功利性的，而建筑的目的是具有功利性的。进一步说，建筑与其他实用性的产品的审美也不尽相同，比如一件家具，也具有功利的使用与非功利的欣赏两重功能，但它的内涵受到了“坐具”使用行为的限制。而建筑则不然，建筑的实体以及所形成的空间对人的心理和行为影响，远远超过了“一个物件”的含义，它既具有满足现实的物质功能，也包含丰富想象的精神功能。功利与非功利、内容与形式、现实与想象、认知与审美形成了依存、融合、启发、体验的关系。因此，建筑活动从最初的原始氏族社会的茅屋开始，审美就与实用共存了，而且人们能够从建筑营造的过程中获得创造性审美体验的愉悦。

由此可见，建筑活动是一项创造性的审美活动，它既包括创造性审美，也包括体验性审美。建筑审美信息的生成，源于人们对建筑美的创造和体验，最终，作为艺术的建筑带给人们情感和精神上的满足。

---

① 自朱狄．艺术的起源．199.

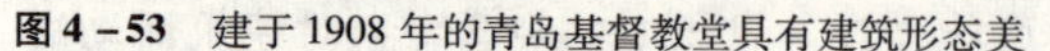

图 4-53　建于 1908 年的青岛基督教堂具有建筑形态美

图 4-54　拉萨布达拉宫具有浓郁的藏民族宗教文化美

建筑审美的机制比较复杂，一栋建筑要获得审美认可，需要许多条件，也有相应的标准，而且涉及人的感知这个比较复杂的审美心理机制。在现实的建筑现象中，建筑审美不是简单的被肯定或被否定的，这牵涉到建筑美和建筑审美机制的问题，是建筑美学研究的范畴。但是建筑审美对建筑场的体验影响极大，是关键的因素构成，在其后的章节（见第七章）中对此有进一步的分析。

（四）建筑师因素

在建筑信息生成的系列过程中，绝对不可以忽略建筑师（建筑工匠）这个群体的创作实践因素。由于建筑出自建筑师（建筑工匠）之手，他们是建筑物建造形成的直接实践者，所有建筑的物质与非物质的形态都是通过他们的具体劳动来构筑完成的。

对于建筑师个人而言，他是一个具有独立创作思想和思维的个体。建筑师所处的时代、建筑观念、品德修养、思想情感、专业能力、审美追求都会在他的建筑设计中有所反映。以上因素会在一定程度上转化为建筑信息，通过建筑师设计的建筑释放出来。即便是在古代封建社会建筑规范制约极为严格的状况下，建筑工匠也在力所能及的条件下发挥自己的聪明才智和创造力，按照自己的审美追求来进行创造性的建筑实践。从某种角度看，建筑是建筑师（建筑工匠）设计思维与创造行为的产物，尤其在现代社会中，建筑会带有比较明显的建筑师个体创造的信息印迹。

建筑通过建筑师的创造而实现，同时建筑师也是生活在特定时代的人，他们不可能脱离所处的时代的现实环境对它的影响、规定和制约去进行建筑创作实践活动。建筑师体现了创作的自我性和社会性这两重性。具体到建筑中，建筑实际上是社会性与自我性在某种程度上的融合。

在建筑信息生成过程中，建筑师的自我创造性与社会性是一个相互依存、相互刺激、相互融合的关系。社会因素可以影响建筑师的创作思想和理念，反过来，建筑师的设计思想和建筑实践也能够影响社会对建筑新的理解、认同和推广。

欧洲工业革命催生了德国包豪斯的现代设计思想，并产生了一批具有新观念的设计师，像格罗皮乌斯、柯布西耶、密斯·凡·德·罗等人。而在柯布西耶的“房屋是居住的机器”的功能主义建筑观点影响下，功能主义建筑在当时大行其道，形成了当时广泛的建筑气候。而密斯·凡·德·罗的一句“少就是多”的建筑格言，也强烈地激荡着所有建筑师的心灵，纷纷步其后尘。一时间，简约的设计手法风靡世界，并直接导致了国际主义的雷同化，进而引发了后现代主义的建筑思潮。

随着时代的发展，建筑师敏感于时代的自我表达意识逐渐加强凸显，在这种个性化信息逐渐强势化的背后，则是当今社会对多元化现象所持的宽容心态。

图4－55 朗香教堂是建筑师对宗教精神理解的物化表达（柯布西耶）

图4－56 母亲住宅是后现代建筑思潮的代表作（文丘里）

如果阅读建筑师的建筑观念表述与创作笔记，你便会发现他们对建筑都具有自己的理解，他们在建筑中不断实践着自己的观念。所以，从观赏者或消费者的角度看，这是一栋建筑或是一栋有特点的建筑，但就建筑师而言，这栋建筑最重要的并非仅是使用问题，还有对自身建筑观的代言的功能。密斯·凡·德·罗的"玻璃房子"的适用性实际上已经让位于这栋别墅的观念表达。在这种意识的支配下，建筑就会带有强烈的"建筑师色彩"，建筑师希望社会公众通过它的建筑作品知晓他的"建筑师哲学"。可见，建筑师（建筑工匠）是影响甚至决定某种建筑信息生成的直接创造和实践者，建筑的物化信息的生成由此开始，其中的信息内涵、品质与建筑师（建筑工匠）这个群体有着直接的、密切的关系。

图4－57 斯塔比奥住宅表达了某种建筑意识（马里奥·博塔）

以上分析归纳了建筑场信息生成的四个方面因素：建筑类型、社会意识、建筑审美、建筑师，它们之间有一种配比关系，即对建筑场的影响中它们之间所占的比重会有所不同。比如，一间仓库建筑，主要受到建筑功能因素的影响，而建筑审美因素则对建筑的影响不大；对于政务中心这样的建筑，可能会将社会意识和建筑功能放在第一位，建筑要根据社会意识的需要来选择建筑形象，不可随意处理，比如选用解构建筑的形式便不可取；而一座国家大剧院，则要受到建筑功能、社会意识、建筑审美、建筑师等诸方面同等重要的影响。从功能上讲，大剧院建筑要满足观演、安全、疏散等建筑功能需要，要能够使社会公众承认它是一座国家级别的大剧院，因为它是一个国家公共文化建筑的形象。从社会意识上讲，这个建筑具有很强的时代意义，承载着思想、文化、艺术、观念等诸多的相关信息。从建筑审美讲，建筑的形式一定是具有中国特色的，符合中华民族审美心理的。从建筑师因素看，建筑师会以诉诸于形象的方案体现对建筑的理解并给予社会评价，而这个方案可能会导致一个成功或者失败的建筑矗立在现实环境之中。

三、建筑场的信息发送

建筑信息的发送是建筑效应的重要环节，它意味着能否将建筑信息通过有效的方式发送出去。就好比一位教师在讲课，传递知识信息，教师的知识容量、授课能力、教学方式，气质修养等决定了教学信息发送的效率和质量，每一个教师都是有差异的，有的生动精彩，有的平淡乏味，甚至还会存在谬误之处。那么，建筑也是同理，只不过建筑的语言不同于教学的语言，建筑语言是无声的，它的信息只有通过它由表及里的形、体、色、质来表达。因此，建筑信息必须通过有效的发送，才能够顺利地进入信息接收和处理环节。

这实际上是一个信息的传输方式与传输质量问题，如果信息传输方式不当，可能会曲解建筑的本意，如果信息传输渠道不畅，就会影响到建筑信息的发送过程。所谓信息传输方式不当，就是建筑信息与建筑意义产生偏差甚至误导，使读者不能够通过信息明确建筑的意义所在，甚至误读建筑信息，产生歧义性理解。信息渠道不畅，就是建筑传输信息系统出现问题，读者无法有效地读取建筑信息。关于这问题，将会涉及建筑意义认知的讨论，即允许建筑引起歧义性或多义性理解，限于篇幅，在这里不作展开讨论。

可能会有另外一种观点认为，无论现实中的建筑呈现何种状况，都属于建筑自身的选择，它的存在已经将其自身意义的信息涵盖在内了。它所传递的信息也就是存在的信息，无所谓传递不当或不畅的问题。这种观点对于信息接收方是成立的，那就是对建筑信息照单全收。但对于建筑创作设计的实践而言就不同了，没有任何建筑是缺乏意义目的性的，否则你去建它做什么？所以，建筑的意义目的性决定了建筑必须要有自身信息的明确性和导向性。有许多建筑能够引起人的共鸣和认可，就说明了建筑信息的传输是成功的。

建筑信息语言是以形态和空间为基本表述方式的，不能以其他方式取代。在建筑设计方案评选的过程中，经常会听到建筑师在介绍方案时阐述自己的设计构想，这就说明建筑师还是担心人们不能够全面了解自己的设计，需要通过语言的辅助才能够完成建筑信息的发送。在这种司空见惯的方式中，实际上已经反映出这样一种状况，即：①建筑本身并没有完全表达出像建筑师所阐释的那样的主题或内容，建筑师在极力说明、解释和宣传、推销他的设计。②建筑本身已经具备了很好的表达，但是建筑师担心人们还不能够充分理解他的设计，故而需要作进一步的阐释，希望人们按照他的阐释来理解他的设计，这种情形在现实中似乎已经习以为常。有时对建筑做一些必要的语言或文字补充也是可以理解的，仔细想来却不符合逻辑。就建筑本身来说，所有的信息从它的草图开始一直到建筑施工的完成，就已经逐渐地存入并凝固在它的物化形态之中了，建筑已经形成了自身的语汇表述体系，语言或文字的表述已经不属于建筑本身的语言系统了。就像一部影片，在放映之前并不需要编剧、导演站出来向观众阐述影片主题。一幅绘画作品在展厅中接受观众的观赏时，也不需要画家站在画作前喋喋不休地向观众表达自己的绘画观念。建筑也是如此，并不需要建筑师用建筑之外的语言来说明、引导使用者如何理解他的设计，更不需要在建筑面前立上一块牌子，上书“建筑观赏”、“使用指南”之类的东西。有些情况则属例外，如建筑师交流设计体会和设计构思所写的文章，对有些需要保护的历史建筑、古建筑、文化建筑等所撰写的铭牌介绍等，这些情况则另当别论。

问题的关键在于，现实中有很多建筑的信息语言系统构建得并不理想，不能够形成有效的发送与输出，这就说明这个建筑至少有两方面的情况出现：一是建筑本身不能够明确要传送何种信息，这就是建筑师和建筑本身的问题了，这表明在建筑的目的性上和所希望实现的效应方面至少是不清晰的。二是建筑具有一定的信息目的性，但是由于客观和主观的某些原因，使得建筑信息语言系统不够完善，因而不能有效地实现信息目的和效应。其客观原因可能是建筑受到了建筑以外的因素的干扰和影响，比如长官意志、行政干预、功利意识等，主观原因可能是由于建筑师驾驭建筑设计的能力和修养不足。

现实中也有许多例子很好地说明了建筑信息语言系统是有效和成功的。比如日本建筑师安藤忠雄的建筑作品，它所设计的教堂系列等建筑都具有很完整的建筑语言系统，我们可以看到，在这些建筑作品中，朴素的建筑材料，洗练的建筑形态，含蓄的空间氛围，丰富的心理体验，都是围绕着对建筑哲学的理解来表述的，不必再用其他方式对建筑进行解释，只是依靠建筑所特有的语言系统就能够引起读者的体验共鸣。

那么，怎样才能达到有效率的传送建筑信息的目的，应考虑以下几种情况：

其一，建筑创作的前提是要对建筑环境背景和社会受众群体的背景和心理有比较深入的研究和把握，在不同的建筑环境中，受众的层次和接受能力不同，可能会对建筑信息的认知程度、层次产生影响，故应考虑建筑的接受群体的因素。比如，小学、中学、大学等不同教育层次的教育建筑，就应该考虑接受群体的因素，它们之间因年龄原因，对建筑信息的认知和体验有着较大的差异。其实，这也是我们在建筑设计中应遵循的原则之一。

其二，在建筑设计的过程中，选择和把握好建筑信息的语言形式，也就是说，建筑师要通过建筑这个载体，将建筑的功能、形式、意义的信息目的表述清楚，社会公众自然就比较容易接收到建筑师所期待的信息内容，产生认知的理解。在这方面，由于建筑师本身的原因，可能对建筑语言形式的理解并不相同，但是有着建筑内容这个规定，语言形式的多样化并不会造成信息传输的阻碍，相反还会激发人们的建筑阅读欲望。

其三，建筑语言信息对于广泛受众而言，肯定会存在着多义性或歧义性理解现象，因此，首先要允许有一定的多义性或歧义性理解，这是客观存在的现象。同时，人们对某些建筑可能会有一定的信息认知缓冲期，也许经过一段时间的认知体验积淀，人们就会逐渐接受这个建筑的信息了。如法国埃菲尔铁塔、卢佛尔宫玻璃金字塔，日本京都火车站等，都是在方案阶段和建造初期不被社会接受，而后逐渐才被人们认知理解的例子。这种情况也是建筑现象的一种客观存在。

第五章　建筑场信息活动机制

建筑信息与人的感知体验构成建筑场表现形态，那么建筑信息如何通过人的感知和体验进入对建筑意义的认知，就成为了建筑场信息活动的重要研究内容。

建筑场信息活动机制包括建筑信息循环的诸环节，包括建筑信息的显现、知觉、获取、处理以及反馈。这一系列环节构成了完整的建筑场信息活动全过程。它涉及人的经验、记忆、体验、思维和感情等高级心理活动。通过对这个过程的研究，希望能够找出人们对建筑这个事物如何认知的普遍规律、建筑场情感体验和理性判断的内在关系，从而推导出具有一定科学依据的建筑场信息活动机制。整个建筑场的信息活动过程也可以理解为对建筑场认知和体验的全过程。在这一章里，我们将着重讨论分析建筑场信息活动机制。

一、建筑场的信息显现

在讨论建筑场信息活动之前，我们必须对与知觉有关的建筑场信息显现方式与显现层次作必要的解析，使之与建筑场认知的信息获取相联系。

（一）建筑信息的显现方式

建筑信息的显现可分为显性与隐性两种方式。

1. 建筑显性信息

建筑显性信息是指建筑物的客观存在状态的信息，具有物质性、客观性、可视性、延续性等特征。物质性是指建筑是以的物化的方式显示；客观性是指建筑是以客观实体的方式存在；可视性是指建筑信息是以视觉的方式获取；延续性是指建筑可以在较长一段时间内保持其形象特征不变。

建筑显性信息反映了建筑的物化构成与形象展示的意义，它是研究建筑场最为基本的信息内容。任何建筑都具有自身的显性信息内容。

图 5－1　比利时布鲁塞尔某显性信息为古典主义风格的建筑

2. 建筑隐性信息

建筑隐性信息是指在建筑物质中蕴涵的建筑意识信息。它通过某种物质形态、形式表现出来，通过人的视觉进入人的建筑认知意识层面，映射出某种建筑价值观念与美学追求。建筑

图 5－2 西安古城门楼显性信息为中国传统建筑

图 5－3 中国中央电视台新楼显性信息为一个弯折的结构体

隐性信息是与建筑显性信息紧密联系的，在建筑显性信息背后，总能够探究出某种意识、思想、观念对建筑实体呈现的影响。比如我国传统民居的合院形式，反映出我国家族聚居生活方式与居住伦理文化意识，当代建筑的多元化特征喻示了社会的变革与观念的变化。着力建筑装饰表达了对建筑艺术审美的追求，强调建筑生态则反映了现代对建筑美学观念的拓展等。

图 5－4 陕西韩城党家村四合院住宅形式蕴涵传统居住方式与伦理文化

图 5－5 日本千叶幕张住宅隐含着对传统建筑的观念变动

图 5－6 建筑装饰渗透着中国传统审美思想

图 5－7 生态建筑的隐性信息是当代建筑的生态意识与观念

图5-8 季节对建筑环境的影响

3. 建筑变动信息

建筑变动信息是指建筑实体受到其他环境因素影响的信息，比如时辰、季节、气候、温度、光影、声音、气味等信息，具有不确定性特征。虽然这部分信息不是建筑本身存在的信息内容，但对“即时”的建筑场感知会产生相关的影响。如季节的变化对建筑环境的影响；天气阴晴对建筑色彩的影响；光影变化对建筑表象的影响；温度高低对建筑空间体验的影响；声音对建筑环境功能的影响；气味对建筑环境联想的影响等。人们在获取建筑物质信息的同时，也感知即时的潜在环境信息，并会同显性的建筑信息一起整合为复合信息。

图5-9 晴天下的布达拉宫

图5-10 阴天下的布达拉宫

（二）建筑信息的显现层次

建筑信息在显现时会呈现出一定的主次层次，人也会因信息层次而形成一定的感知序列。

1. 主要信息

建筑的主要信息体现在两个方面，其一，建筑的物态个性特征；其二，对知觉的刺激强度。

建筑的物态个性特征通过独特性与差异性来体现。独特性是指某建筑所独有的形象特征，比如故宫太和殿的物态个性特征为：中式大屋顶，黄色琉璃瓦，汉白玉栏杆，建筑群落水平式组合展开。而上海浦东陆家嘴商务区建筑群则是现代高层建筑，以玻璃幕墙、金属、石材为主要建筑材料，色彩以灰色为主，呈竖向并列组合。建筑的主要信息就是指这些具有建筑物态个性特征的部分。

图5-11 北京故宫

图5-12 上海浦东陆家嘴商务区

差异性指同类型建筑之间的差异容易形成辨识的特征。如悉尼歌剧院与纽约林肯中心，二者形态之间有较大的差异，悉尼歌剧院是张扬浪漫型的，而林肯中心则是内敛典雅型的，形态差异成为各自的辨识性信息特征，并形成记忆信息。

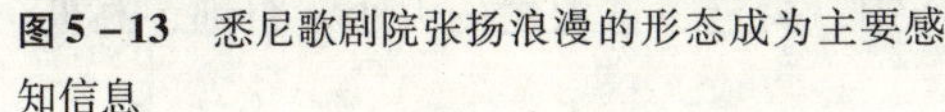

图5－13 悉尼歌剧院张扬浪漫的形态成为主要感知信息

图5－14 林肯中心庄重典雅的气质成为主要感知信息

信息对知觉的刺激强度应视为测试主要信息的标准，对知觉呈现出较强刺激反应的为主要信息，而较弱的为次要信息。比如北京国家体育场“鸟巢”对知觉刺激强度最高的是“钢结构网架”，那么“钢结构网架”就是主要信息，而混凝土结构则成为次要信息。

在一般情况下，建筑本身是能够支配主次信息的配置的，人们会按照建筑所提供的信息强度来知觉，但也不能排除个体对知觉刺激敏感度的差异和信息选择性的存在。个体对信息的知觉取向会因人而异，知觉刺激反应源于个体对建筑的关注、兴趣和需求。比如男性更多注意建筑的形态和结构，而女性则会更多地受到建筑色彩与装饰的吸引。

此外，建筑主要信息的排列也有一定的不确定性。我们可以用一面“墙”为例说明：“墙”作为一种建筑实体形态给人们的信息应该是比较直接的，但是实际情况却不尽然，如果墙体分别为素混凝土墙、瓷砖墙和有浮雕装饰的墙，信息状况就会有所不同。一面素混凝土的“墙”由于其材料的朴素含蓄，会被知觉为“具有空间意义的墙”。一面贴满瓷砖的“墙”由于墙面的材料——瓷砖的外敷性，“瓷砖”信息就会先于“墙”信息而被知觉，会被知觉为“贴瓷砖的墙”。而一面有浮雕装饰的墙，由于附着在墙体上的浮雕装饰信息强于墙体本身，信息就会居于前列，会被知觉为“有装饰形象的墙”，如北京的九龙壁。由此联想到，日本建筑师安藤忠雄在建筑空间的塑造上，不用其他建筑贴面材料，而只用素混凝土，意义就在于不使用影响视知觉的其他材料媒介和装饰，使“墙”凸显出其空间的本质意义，使之成为体现空间意义的主要信息。日本学者古山正雄曾这样评述道，“虽然我们可以意识到壁体的外在美，但它们提供的刺激并不仅仅是美，安藤的建筑并非只是以视觉上的洗练为特征，我们必须认识到，他的建筑还运用视觉以外

图5－15 由于没有其他信息干扰，素混凝土“墙”成为可以延伸想象的信息

图5-16 浮雕装饰为主要信息，“墙”的信息退居次席

的途径来感动我们”。①

除了靠视觉获取主要信息，利用其他感官在某种特定的建筑场也中可能会成为有效的获取方式。例如安藤忠雄设计的“风之教堂”（六甲山教堂），先经过一个长达40米的玻璃顶长廊，在这个40米长廊以及一个180度转向的教堂入口的体验中，动觉成为获取信息的主要方式，人会随着移动而逐渐增强体验，从而留下深刻的印象。安藤说：“当我设计这个入口时，也许受到了传统回游式园林的影响，入口通道设计不用直线，而有意布置几处曲折，这样就可以增加人们进入建筑的期待感。”②

建筑主要信息在建筑场认知中起到类似树木主干的作用，决定了这棵树的大小、粗细、高低、直曲等主要信息形态。

2. 次要信息

建筑次要信息是围绕在主要信息周围的信息，是对主要信息的细化，类似于文章主标题下的章节内容，起到支撑、辅助、丰富主要信息的作用。就像在树木主干上分出的枝叶，它们不影响树木主干的意志、形态和走向，但是能够使整棵树树冠丰满，充满生机。

实际上，建筑的信息知觉方面，并无绝对主要或次要之分，所有的建筑要素或局部都是建筑信息的有机构成，关键在于个体的感知过程中的先后次序，或是感知的需要和目的。所以，从人的感知需要的角度看，客观存在的次要信息并不能够因此被绝对定义为次要信息。也许从一个建筑专业考察的角度看，古民居上的一个柱础、一对锈蚀的铺首、一面残缺的墙体上的漏窗都会成为信息关注点，而作为一个普通的旅游者则会在对整体的建筑物信息把握之后，才会因人而异地进一步获取建筑细节信息。

图5-17 建筑构件也会成为被关注的信息

图5-18 传统民居大门上的铺首也聚集着丰富的信息

① 国外建筑大师思想肖像．建筑师．中国建筑工业出版社，2008，209.

② 国外建筑大师思想肖像．建筑师．中国建筑工业出版社，2008，211.

次要信息还包括对建筑进一步的感知体验，在视知觉的基础上，多种感官同时介入对建筑信息的感知，触觉能够使人进一步体验物体表面的粗糙、光洁、坚硬、柔软、冰冷、灼热，动觉能够在对建筑的知觉过程中，体验感知空间的布局、联系、方位、方向、停顿、寻找、判断、狭窄、空旷、曲折等。

图5－19 容易被忽略的建筑信息是对主要信息的丰富和补充

3. 相关信息

建筑的相关信息来自于建筑的环境因素，包括建筑环境的状况，如地形、地貌、植被、水系以及建筑群之间的体量、形式、组合、空间、色彩关系等，同时还包括建筑环境中的公共艺术、城市设施、标识、广告、招贴、车辆、夜晚建筑环境的灯光照明效果等。在特定建筑环境中的人群特征，也会形成建筑场的相关信息。

图5－20 东京国际会议中心广场上的摆石艺术

图5－21 东京银座街区的夜景

相关信息并非居于建筑场最次要的位置，只是相对于建筑物本体信息而言，在某种情形下，相关信息是建筑场的主要信息的组成部分。如法国 Senanque 修道院周围的山坡、田地等优美的自然环境，承载流水别墅的岩石、溪流、树木等山体自然环境，丽江古城中小店铺林立的街道，店铺的门面，招牌、商品、设施、游人等信息环境，会成为最为主要的信息进入感知系统。

图5－22 云南丽江古城信息丰富

彼得·卒姆托（Peter Zumthor）在体验建筑环境时说："什么使我感动？所有的事物，事物自身、人、空气、噪声、声音，呈现的材料、肌理，还有形式——那些我能欣赏的形式。这是一个简单的实验：拿走广场，感觉消失。没有了那个广场的气氛，就不可能有那些感觉，真的很有逻辑性，人们与物体对象互动。作为一个建筑师，这正是我经常面对和处理的。事实上，这正是我的激情之所在。"①

各种感官配合接受信息的效应不可忽略。听觉能够与空间氛围有机地结合起来，成为一种建筑

① 沈克宁．建筑现象学．中国建筑工业出版社，2008.

场的背景衬托；嗅觉也使得建筑环境所特有的气息成为感知建筑场的信息要素，如寺庙中诵经的声音、香烛的气息、青烟的缭绕，都会成为寺庙建筑场中典型的知觉信息。

相关信息是建筑场信息体系中不可或缺的组成部分，在人们对建筑环境的感知体验中，这部分信息决定建筑环境是否具有生动和有机的存在状态。

4. 信息的交错性

以上我们将信息分为了主要信息、次要信息与相关信息。在信息活动中，我们必须要注意到建筑场内信息具有极强的交错性。所谓交错性，就是指建筑场信息并非是以各自孤立的形式呈现的，在建筑客观与感知主观两个方面，所有信息的输出与信息的获取并不是呈现为平行状态，而是呈交错状态，呈现为交错效应关系。

信息交错具体体现为两方面：一是建筑环境客观存在中的交错。比如建筑构造与建筑形式之间的交错，1972 年德国慕尼黑奥运会主体育场的结构与形式就是这样一种交错状态，徽派民居建筑跌落山墙的造型与粉墙灰瓦的色彩搭配也呈一种交错状态。另一方面是人在主观感知中的交互，与即时建筑体验的条件有关。比如白天对建筑的体验，建筑的形态信息、色彩信息、材质信息是交错构成的，在知觉形态的同时，色彩和材料会同时与形态一并形成建筑表象的信息而被获取。如果夜晚体验建筑，建筑的形态会与灯光、光影、光色、明暗等信息交错成为夜晚建筑信息而被获得。

二、建筑场的信息知觉

此节我们将讨论建筑场信息的知觉系统活动。

知觉，是指人的生理感觉器官对来自于客观事物的信息刺激的感性反应，是将事物信息转化成对客观事物整体感性认识的过程。建筑场信息知觉，就是人对建筑信息整体感性认识的过程。下面对此进行分析讨论。

（一）建筑场知觉的概念与特征

1. 建筑场知觉的概念

对建筑场信息的获取过程就是一个对建筑环境知觉的构建过程。建筑场知觉与建筑认知的发生紧密相连，建筑场知觉是建筑场认知的基础，而建筑场认知是建筑场知觉的结果。

什么是知觉呢？M·W·艾森克、M·T·基恩谈到关于知觉的概念时给出了知觉的代表性定义，即“知觉指把来自感觉器官的信息转化成对目标、时间、声音和味道等的体验的过程”。①

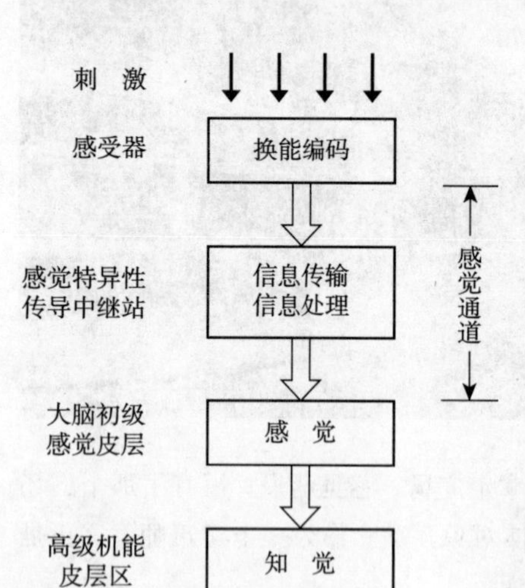

图 5－23 感知觉系统机能运作示意图

张卫东在《生物心理学》中对感知觉有更进一步的解析：“外界刺激首先作用于身体各部位的感受器，感受器经过换能将所受刺激的物理或化学能量形式转变为神经元活动的电化学形式，感觉神经元的编码工作将刺激特征及其所含信息与神经元活动的不同模式相对应，经编码的神经信号在感觉通道中传送，经过多个感觉特异性传导中继站而到达接受各种上传感觉冲动的大脑机能特异性初级感觉皮层，并且进一步到达其他更高级的皮层区域以进行信息整合处理，最终形成知觉。”②

随之我们可以推导出建筑场知觉概念：建筑环境信息刺激身体各部位的感受器，将信息刺激能量经过神经元活动等若干环节，然后通过大脑皮层进行信息整合后形成建

① M·W·艾森克，M·T·基恩．认知心理学．华东师范大学出版社，2004，36.
② 张卫东．生物心理学．上海社会科学出版社出版，2007，36.

筑场知觉，概括之，就是人通过感觉器官直接地感知建筑环境信息的过程。感知觉过程，首先是鲜明地反映出其生物生理性，继而通过大脑高级机能皮层区对信息整合而确定知觉的目标意识性。

2. 建筑场的知觉特征

那么建筑场知觉反映出了怎样的特征呢？M·W·艾森克、M·T·基恩认为："……知觉极大地依赖于所呈现的刺激特征（因而可看成自下而上的），而实际显著依赖于所储存的信息（因而是自上而下的）。知觉也受到知觉者对将要呈现的刺激的期望的影响，而实际还受到来自于环境的记忆线索的影响。"①

根据以上的分析可以尝试给出建筑场知觉规律的结论：

（1）建筑场知觉是在特定的建筑环境的信息刺激下发生的（自下而上的）。

（2）建筑场知觉实际依赖于所储存的相类似的信息（自上而下的）。

（3）建筑场知觉受到知觉者对将要呈现刺激的期望的影响（情感期待）。

以上三方面相关联，从而构成建筑场知觉结构，其机制特征为自下而上的处理、自上而下的处理与情感期待的有机结合。

（二）建筑场信息的知觉方式

建筑场信息知觉方式包括视觉、动觉、触觉、听觉、嗅觉等，在诸多的生理感官中，视觉是人获取建筑场信息的主要方式，而其他感官则要依据建筑场特点而发挥效能。下面就对知觉方式进行概括分析。

1. 视觉方式

人从外界所接受的信息大部分来自视觉，外界光线首先通过眼睛的瞳孔进入，经过眼的折光系统改变光路，将外界物象投射到眼的视网膜上，形成缩小倒置的实像。正常情况下，人的视域范围在水平方向上是180度左右，而在垂直方向上则是130度左右，在这一范围内人可以看到所有物体，但不一定能看清和注意到所有的物体。

视觉是知觉建筑场信息的主要感官工具，建筑场所释放的大部分信息依靠视觉获取，因为只有通过视觉才能感知建筑的形态、色彩、材质、形式等信息。研究结果表明，人的大脑皮质中共有三十多个视觉区域，其中超过一半能对视觉刺激作出反应。视觉对建筑物对象的扫描过程是主动寻求信息的过程，摄取视域内的所有内容都会成为信息内容，然后再进行信息整合。关于视觉信息整合方式，"视知觉采用一种'先分开再征服策略'（Divide-Conquer Strategy）。与其说每一视觉区域代表一个目标的所有成分，还不如说每一区域只能进行它自身的有限分析。加工是分布式的和特异性的。"②视知觉对信息的采用是分工—整合—捆绑的过程，对建筑物的形状、颜色等信息分别加工，然后进行捆绑整合。例如，中国国家大剧院的信息对视觉进行直接刺激，大脑的视觉区域会分别对颜色、形状、大小、肌理等进行处理，然后整合捆绑为"一个银灰色的体量巨大的卵

图5-24 中国国家大剧院被知觉为"一个银灰色的体量巨大的卵形物体"

① M·W·艾森克，M·T·基恩．认知心理学．华东师范大学出版社，2004，3.
② M·W·艾森克，M·T·基恩．认知心理学．华东师范大学出版社，2004，73.

图 5－25　园林中常用的花街铺地造成丰富的触觉感

形物体”这一视知觉结果。

2. 触觉方式

触觉是人的知觉方式之一。触觉是人的皮肤接触物质引起的感觉，是接触、滑动、压觉等机械刺激的总称。触觉包括对物质的粗糙、细腻、纹理、凹凸等肌理感，对物质冰冷、温暖、灼热等温度感以及对物质类别的判断。人的触觉器是遍布全身、位于体表的，依靠表皮的游离神经末梢能感受温度，触觉能够使人产生多种感觉，如摩擦感、温度感、痛感与舒适感等。触觉本身可以在某种程度上用以判断事物的某些属性，但是有较大的局限性，在正常情况下，触觉是对视觉的补充和强化。

在实际对建筑的体验中，人的触觉感官也会在知觉信息的过程中发挥作用，配合视觉获取信息。触觉能加深对建筑材料质地的触感体验，是对把握建筑必要的辅助知觉方式。

我们看到石材的墙体，视觉能够在一定程度上根据经验来间接判断它是光洁的还是粗糙的，但触觉则直接接受信息刺激，能够真切地感知石材的表面物理特性。走在江南小镇的石板路上是一种感觉，站在城市广场的磨光石材上又是一种感觉；抚摸粗糙的垒土墙与触摸光滑的玻璃墙的触觉感受会截然不同。对于正常人而言，触觉是视觉的补充、加强和丰富。而对于盲人而言，可能触觉就是他对材料质感信息的惟一的获取方式了，所以现在为了盲人的行路方便，便会铺有触觉肌理的盲道，以便使盲人知觉行动的道路信息。而在中国传统园林的设计中，为了引起人们行走时对地面的体验，同时也借地面装饰表达审美追求，常常用砖体、瓦片、碎缸片、鹅卵石、片石等组成各种丰富多彩的装饰图案和纹样，称之为“花街铺地”，用触觉的方式让人们体会脚下的肌理感，配合视觉，丰富景观审美。

图 5－26　人在攀登台阶时会产生动觉体验

3. 动觉方式

动觉是指人在动态行为过程中感觉事物信息的感知方式，从生理角度看，就是对自己身体的运动和位置状态的感觉。动觉感受器分布在人体的肌肉、肌腱、韧带和关节中，如肌梭、腱梭、关节小体等。当关节伸屈或肌肉伸缩时，就会刺激这些感受器，产生神经冲动，沿脊髓上行传导，到大脑皮层的中央前回而产生动觉。通过动觉，能使人感知到自己身体的空间位置、身体姿态、运动方向、速度变化和身体各部分等方面的知觉。

动觉也是人体验建筑的重要知觉方式。如人在行走中感知建筑，人的腿部对建筑楼梯踏步、地坪高低落差的知觉体验，高层建筑的竖向交通设施对人的影响等。它通过人的身体的生理知觉影响人的心理，能够丰富和加深对建筑的整体知觉，对建筑的认知和体验具有重要的作用。

动觉在人对建筑与环境的认识活动中具有重要的作用。在围绕建筑体验的运动中，由于肌肉运动的速度和强度等信号不断传入大脑，实现大脑对肌肉运动的神经调节，才能使人对客观建筑形成某种信息反馈。动觉在各种感觉的相互协调中起着重要的作用，有动觉和其他感觉的结合，才能正常地体现知觉能力。

4. 嗅觉方式

嗅觉在某些情况下对建筑知觉有一定的影响，会进一步成为对建筑认知判断的依据，但要结合其他知觉共同发挥作用。嗅觉信息一般储存于对建筑实践的记忆中，某种气味可能唤起对某种建筑场景的记忆联想。例如佛寺中的燃香的气息，车间中的机油气味，理发店中洗发露等特有的气味等。

5. 听觉方式

听觉主要感知建筑场所的声音信息，如火车站列车的行驶声音、酒店里的背景音乐、佛寺中的诵经声、山间的溪流声、林中的鸟鸣声等。日本建筑师安藤忠雄考察流水别墅后，除了流水别墅的空间给予他的感觉，还特别提到了流水别墅自然水声给他留下的深刻印象。因此，听觉也属于丰富知觉的方式之一。

（三）建筑场信息知觉活动

建筑场知觉活动是人对建筑场体验认知的基本环节，是建筑环境信息由人的生理感官传导至大脑神经元发挥作用的过程，下面我们具体分析其活动的机理。

1. 格式塔视知觉理论

在视觉获取信息的实践方面，格式塔心理学理论对此已有科学的研究成果，揭示了具有普遍意义的视知觉心理的某些特征和规律，虽然格式塔理论主要的贡献在二维图形的视觉心理分析，但现代心理学对三维空间知觉的研究已有了新的进展，比如在深度知觉（Depth Perception）研究方面的成果。格式塔心理学理论和三维空间知觉理论都具有视觉获取建筑场信息的依据作用，下面我们结合格式塔心理学理论和三维空间知觉理论来讨论视觉信息获取规律。

格式塔心理学最基本的知觉原则是完形律（The Law of Prägnanz），即具有最好、最简单和最稳定特征的结构最有可能被知觉为一个目标。这对建筑形式的视觉效应评价可能具有很好的提示作用。建筑的知觉效应，对照完形律的基本原则就会发现在“最好”、“最简单”、“最稳定”方面是否能够形成一个具有“特征的结构”。

（1）接近律（the Law Proximity）

人们倾向于把空间距离接近的点知觉为一个整体，同时倾向于把形状相同的点知觉为一个整体。

因此，在建筑群组合中，每一组建筑群之间的知觉可以以建筑物密度为参照，距离近的建筑可能会被知觉为属于一个建筑群落。

在建筑的立面上，距离接近的开窗可能被知觉认定为水平“行”或垂直“行”。

如果在同一个建筑立面上出现了矛盾性的接近律处理，就会造成在视觉上知觉的混乱。

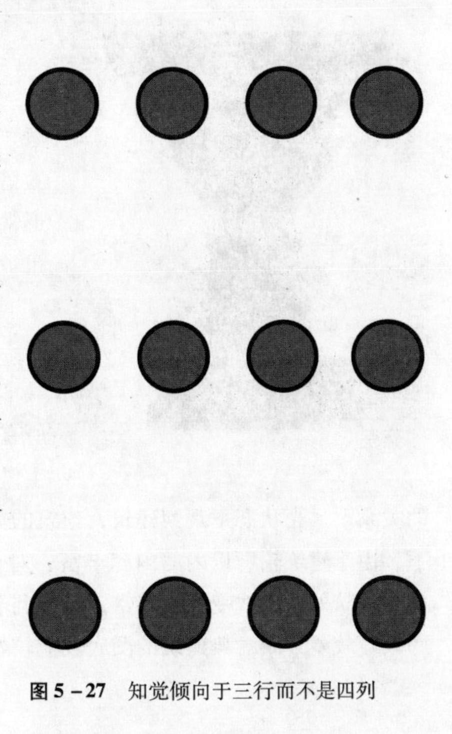

图5-27 知觉倾向于三行而不是四列

（2）相似律（the Law of Similarity）

人们倾向于把外形相似的一列图形知觉为一个整体。

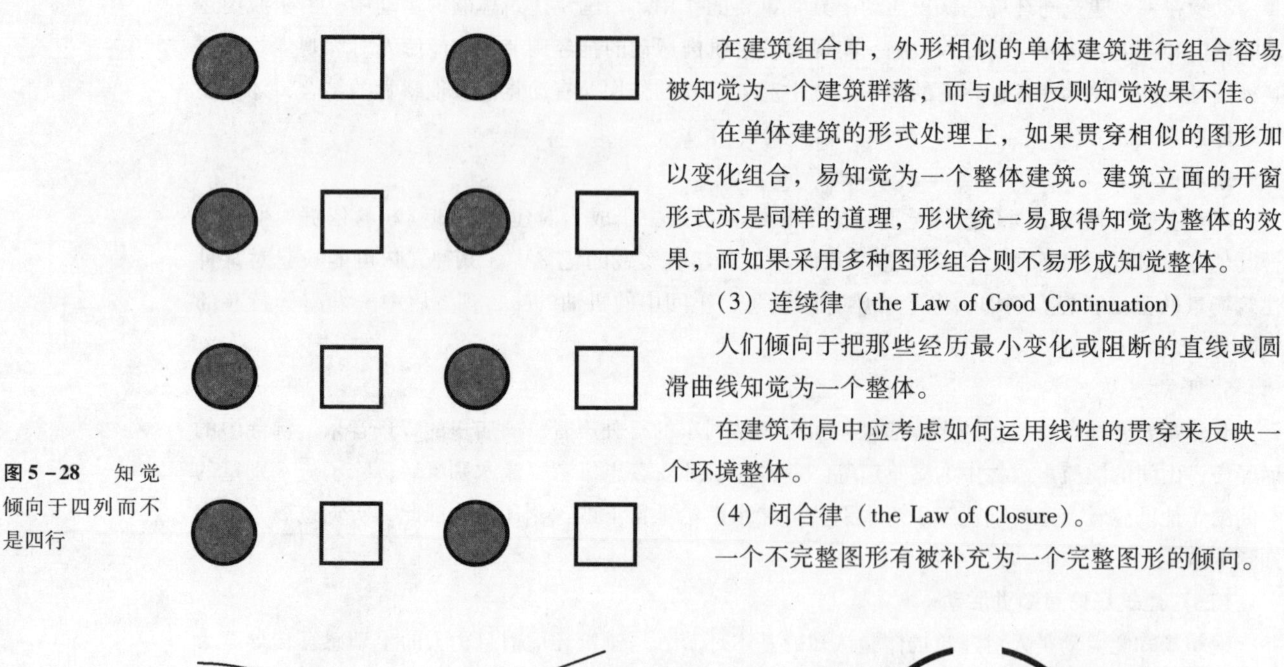

图5-28　知觉倾向于四列而不是四行

在建筑组合中，外形相似的单体建筑进行组合容易被知觉为一个建筑群落，而与此相反则知觉效果不佳。

在单体建筑的形式处理上，如果贯穿相似的图形加以变化组合，易知觉为一个整体建筑。建筑立面的开窗形式亦是同样的道理，形状统一易取得知觉为整体的效果，而如果采用多种图形组合则不易形成知觉整体。

（3）连续律（the Law of Good Continuation）

人们倾向于把那些经历最小变化或阻断的直线或圆滑曲线知觉为一个整体。

在建筑布局中应考虑如何运用线性的贯穿来反映一个环境整体。

（4）闭合律（the Law of Closure）。

一个不完整图形有被补充为一个完整图形的倾向。

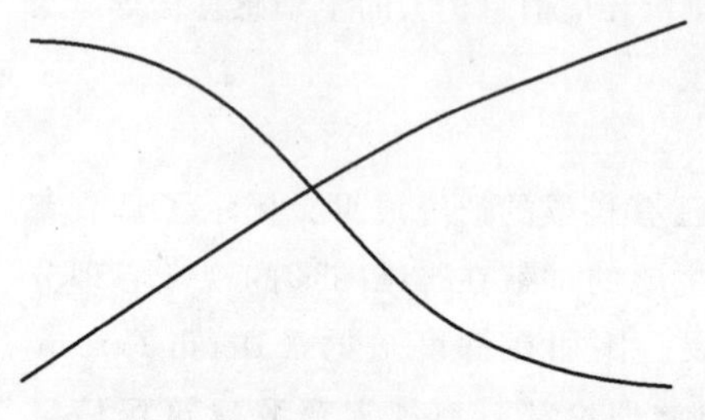

图5-29　两条平滑的线知觉为一个整体

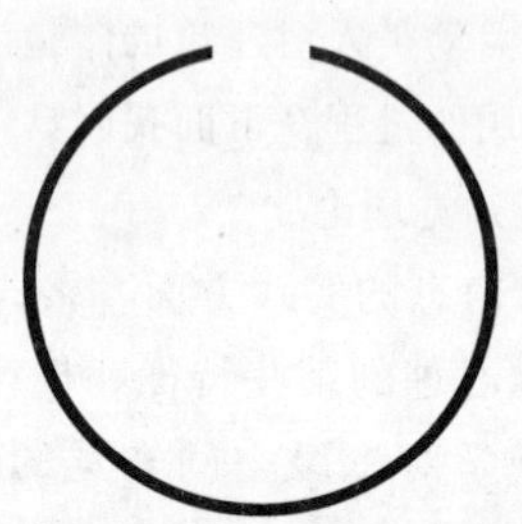

图5-30　环形的缺口被知觉为相互联系闭合

图5-31　图形与背景互为因果关系

可以根据这一规律对建筑形式进行图形延伸化心理处理。

（5）图形——背景分割（Figure-ground Segregation）

视野中的某一部分被知觉为图形，而其余的部分则成为背景。这种图形和背景的分割是按着知觉组织原则发生的。根据格式塔原则，图形被知觉为清晰的形状，而背景则缺少形状感。图形常被知觉为突出于背景之前，而且用来区分图形和背景的轮廓也被认为是属于图形的。

在建筑信息的获取中，一般会知觉为建筑属于图形，而天空属于背景。因为建筑具有轮廓变化，虽然这条轮廓线可以与天空共享，但知觉建筑位于天空背景之前，所以轮廓线被知觉为建筑所有。图形—背景关系对于建筑知觉的意义只会在某种情况下发生作用，远观建筑，建筑与天空背景的关系可以被理解为图与底的关系。逆光状态下观察建筑，建筑的剪影效果突出，也可以体现出图底关系。一般正常视觉情况下，由于建筑轮廓以内的内容丰富，对人的视觉影响大，所以人们肯定会将其知觉为“图形”。因此，建筑外轮廓线变化越丰富，越有利于建筑的“图形”的知觉效应。比较而言，方盒子建筑的图底效应较差，而古典建筑的图底效应较好。

图 5-32　建筑的图底效应

图 5-33　建筑实际场景

（6）同域律（the Law of Common Region）

观察者倾向于把属于同一肌理组织的元素知觉为一个区域。

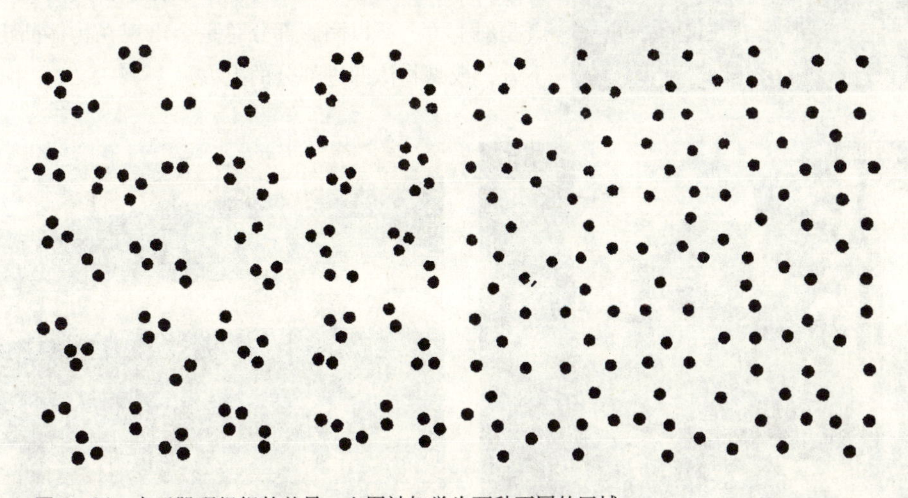

图 5-34　由于肌理组织的差异，上图被知觉为两种不同的区域

由此可以推论出，同一建筑区域的规划布局方式会影响对其整体性的知觉。如果按照同域律进行规划，则会被认同为符合认知规律，反之则可能引起不确定感。

（7）深度知觉（Depth Perception）

这一概念涉及两层含义。一是涉及绝对距离（Absolute Distance），绝对距离指观察者与目标之间的实际空间距离。二是涉及相对距离（Relative Distance），相对距离是指两个目标间的距离。在这一知觉研究中，有许多内容并非只是图像直接的刺激，而是依据经验的积累而影响的知觉。

（8）线条透视（Linear Perspective）

两条平行的线条向远方伸展时会变得越来越近，如铁轨、道路的边缘。因此在图形上，两条长线逐渐靠拢就会产生远去的知觉效果。在纪念碑、高层建筑的设计中，为了使之产生高耸的感觉，一般会将其设计为逐渐倾斜的形态，一方面是结构坚实的需要，另一方面会强化其高耸的知觉效果。

（9）空气透视（Aerial Perspective）

当光线穿过大气层时（特别是当空气中充满尘埃时），光线将被分散。这样就会导致远处的建筑目标对比度减弱。因此，建筑目标的对比度会影响对目标的远近距离知觉，对比度强的目标看上去会显得近一些，而的对比度弱目标看起来会显得远一些。由于空气透视的缘故，对较远的建筑已经不能够分辨出其建筑细部内容，而只能确定对其整体轮廓的知觉，形成建筑的剪影视觉效果。

图5-35 虎丘云岩寺塔的线条透视

（10）光影（Shading）

光影是三维物体呈现的特征之一。它是三维物体在光照的情况下所形成的特有状态，由物体的受光面、背光面、物体的阴影三部分构成，建筑物上所呈现出的光影效果能够反映建筑环境形态组合关系以及建筑整体或局部的形体的转折、凹凸、起伏等特征。光影因素强化了建筑物三维实体的性质和特征，塑造出了建筑环境的层次关系，同时也会极大地影响建筑环境的景象氛围。

日常经验还表明，人习惯于光源来自人的头部上方或者是斜上方，所以阴影部分总是会出现在物体凸出部分的下方，或是物体凹进部分的上方。

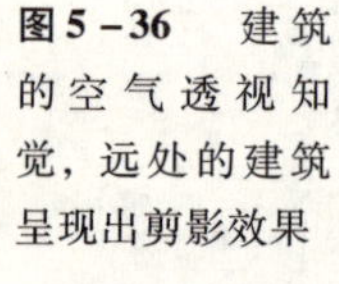

图5-36 建筑的空气透视知觉，远处的建筑呈现出剪影效果

图5-37 阴影会造成建筑场景某一时空的气氛效果

图5-38 阴影效果强化了建筑的出檐、柱廊层层退进的视觉认知

（11）大小恒常性（Size Constancy）

指对于给定目标不管其在视网膜上的成像变大或变小，其知觉大小都有维持不变的倾向。大小恒常性只对形成恒常尺度的物体发挥作用，比如对“人体”的大小恒常知觉，虽然人也有胖瘦高低，但可以有一个平均尺度值，不会对恒常性产生影响。建筑的形态、体量各异，不具有大小恒常性，所以不会发生大小恒常性的作用，不会有助于对建筑距离信息的获取。实际上，人对建筑大小及距离的信息知觉，是依靠视野中接近建筑的“人的尺度”作为大小恒常性的间接标准，来判断建筑本身的大小和与观察者之间的距离。

2. 建筑场信息知觉刺激强度

直接刺激的信息，属于自下而上的处理，侧重于建筑的物理特性与人的生理感官之间所发生的关系，来自建筑表象的信息是最直接的刺激源。

图 5-39 建筑的大小与距离是依靠建筑环境中的人体尺度来判断的

建筑的形状、大小、色彩、材料等信息会直接或间接被感官获取。在刺激的程度上，因建筑构成要素、构成方式不同，信息刺激的强度也会有差异。就单体建筑信息而言，体量较大、形态异常、色彩鲜艳、对比强烈等因素会造成刺激强度的增大，相反则会使刺激强度降低。以日本建筑师原广司设计的日本京都火车站为例，其形态庞大，且内部空间造型奇特，结构复杂，建筑技术信息非常强势地参与信息释放，在周围的建筑中显得特别突出，直接刺激的信息就会比较强。

就建筑群体信息而言，情况则有所不同，各单体信息的刺激增强也能使建筑群落的刺激增强，但每个刺激都是分割的、不连贯的，对建筑群体整体性的识别和记忆则会降低。相反，如果建筑群强调系统性的要素特征，可使建筑单体在刺激强度上保持一定的平衡，能增强建筑环境的识别和记忆水平。

以徽派民居宏村为例，它强调建筑群体“村落”信息的系统性，单体建筑信息服从于建筑群体“村落”的系统性整体信息。刺激的效应体现为：不是以单体的建筑为刺激单元，而是以建筑群的“村落”为刺激单元。尽管每栋建筑的刺激强度保持适度，但古村落的整体信息刺激增强。

图 5-40 日本京都火车站建筑信息强度呈现较高水平

图 5-41 单体院落建筑信息适度，村落建筑信息刺激增强

当然，以上分析只是就一般的建筑物理性特征对人的生理性刺激而言，无论是单体建筑还是群体建筑，建筑信息刺激强度还与建筑多方面的因素有关，比如建筑的知名度、背景、建筑师等因素，会呈现出比较复杂的现象，仅就信息的刺激强度而言，并不能成为衡量建筑场效应的惟一标准。

3. 建筑场信息知觉记忆

建筑记忆是由类似的建筑实践中的某些记忆线索获得的。关于记忆，M·W·艾森克、M·T·基恩给出的特征是：记忆贮存于心理（Mind）空间内的某些特定场所。记忆提取涉及在心理空间内进行搜索的过程。①

---

① M·W·艾森克，M·T·基恩．认知心理学．华东师范大学出版社，2004，225.

关于记忆知觉的活动，M·W·艾森克、M·T·基恩归纳为："模式识别是从输入视觉刺激中提取特征开始，之后这组提取出来的特征被整合起来并与记忆中的相关信息进行比较。"[①] 这段话的意思是，在知觉过程中，目标的特征已被视觉提取整合，并与人的记忆中的某些信息进行比较，从而进行新的建筑知觉识记。

我们以住宅建筑为例，假定某人以往对住宅的记忆是一种自身经验过的四合院，那么他在对其他住宅的知觉过程中往往会浮现出四合院的住宅形式记忆，如果正在知觉的是现代的高层住宅，那么就会在原来的记忆信息库中搜索相关的内容，以对新的住宅信息进行比较并进入新的知觉过程。

在建筑知觉活动中，建筑记忆有助于人们在获取新的建筑信息时与以往的建筑记忆进行比照，从而形成新的建筑知觉模式。

4. 建筑场信息心理预期

在建筑场知觉的构成中，除了信息的直接刺激与记忆线索，还要通过对建筑场信息的心理预期来实现。

心理预期，是指人对新的建筑信息的知觉期待。知觉期待的前提是已有的生活经验所形成的心理模式。在建筑知觉活动中，心理预期属于自上而下的经验性的处理。

以中国国家大剧院为例，来说明建筑场信息的心理预期活动。

建筑记忆线索：

（1）所有经验过的剧场形象，应该有一个比较突出的主立面。

（2）建筑内部有观众席，有演出舞台及其他设施设备。

心理预期：

（1）因为是中国国家大剧院，应该建在中国的首都北京。

（2）因为是中国国家大剧院，建筑形式应该具有中国气派（涉及对中国气派的理解，此项不确定）。

（3）因为是国家级大剧院，建筑规模应该最大，建筑规格应该最高，建筑功能应该最完善，建筑质量应该最好，建筑情感应该符合中国人的审美需求。

已建成的中国大剧院：

（1）建筑信息的直接刺激：一个银灰色的体量很大的卵形建筑。

（2）搜索建筑记忆线索：建筑外观造型、内部空间形态都与以往的剧院大不相同，有强烈的陌生感。

（3）心理预期的实现程度：

建在中国的首都北京，达到心理预期。

规模、规格、功能、质量基本达到心理预期（专业与非专业人士会有不同）。

建筑形式与心理预期差距较大，未能达到心理预期（因人而异）。

建筑情感与心理预期差距较大，未能达到心理预期（因人而异）。

通过以上的分析，得出的结论是：中国国家大剧院的建筑形式是一种陌生的或者说是新颖的形式，与建筑记忆比较差异较大。在规模、规格、功能、质量等方面则基本达

图5-42 中国国家大剧院内部空间

① M·W·艾森克，M·T·基恩. 认知心理学. 华东师范大学出版社，2004，123.

到大众的心理预期。在由建筑的形式而引起的建筑审美和情感认同方面则与预期相差甚远。

心理预期在建筑知觉过程中，能够影响到对建筑的价值认知和情感认知，是构成建筑场效应不可忽视的因素。

5. 建筑场知觉理论

建筑场知觉属于环境知觉的分支，在其理论研究方面，我们可以借用已有的研究成果。环境知觉理论主要的代表有布鲁斯威克提出的透镜模型（Lens Model）理论。这个理论的主要观点是，感觉信息不太可能正确地反映真实世界，对于物体基本物理特性的知觉辨识，也是一个复杂的行为获得过程，它包括建立在生活经验基础上的一系列判断过程。个体必须对所有信息（包括有可能是错误的信息）的真实性作出几率判断。布鲁斯威克将个人定义为主动的信息处理者，强调在当前感觉和过去经验的交互作用中建构知觉，它能够较好地解释包括知觉恒常性及视错觉在内的许多知觉过程。例如，一张建筑模型的照片，我们很难判断其建筑的真实大小，原因是我们自身并没有参与到建筑环境中去，无法对其远近比例等作出相应的判断。而人在真实的建筑环境中，无论是对近距离的小房屋，还是对远距离的大房屋，我们都能够通过一系列的信息过滤、判断过程，确定出它的真实距离和大小，而不会将其知觉为同样大小的建筑。

另一个环境知觉理论是吉布森（J. J. Gibson）的生态知觉理论（Ecological Theory of Perception）。其基本观点是："知觉是环境直接作用的产物"。吉布森认为，人的知觉是有机体在环境中适应于功能的一种反映。"知觉是直接的，没有任何推理步骤、中介变量或联想。根据他的生态知觉理论，知觉是和外部世界保持接触的过程，是刺激的直接作用。"①

吉布森的知觉理论之所以称之为"生态知觉理论"，原因在于它强调与生物适应最有关系的环境事实。吉布森的"生态知觉理论"也存在不足，他的理论过分强调个体知觉反映的生物性，因而忽视了个体的生活经验、知识和人格特点等因素在知觉反映中的作用

建筑场知觉理论并不简单地肯定或否定某种知觉理论，而是取其能够为建筑场知觉活动提供理论依据的部分对建筑场的理论和实践加以支持。布鲁斯威克的透镜模型理论中提出的对环境真实性的判断几率，在现实中的确存在，视知觉有时就可能在接收建筑信息时出现偏差甚至谬误，需要一个主动辨识思维的过程。而吉布森的生态知觉理论也为我们提供了一种基于生物遗传基因而产生的知觉现象的可能，而且在现实生活中也存在大量的实例。关于知觉理论的系统研究，并不是本书的主要内容，但是知觉理论研究的观点和成果，能够为建筑场的知觉现象提供很有益的启发。

三、建筑场的信息获取

一般说来，对建筑信息的获取途径有两种，一是知识信息，二是体验信息。

知识信息，是指在生活学习过程中对某建筑的知识积累，例如通过学习有关建筑的知识，对建筑具有了一定的了解。通过各种媒介对建筑的信息传播介绍，也可以获得一定的建筑信息等，以这样的方式获得的信息或知识，属于间接获取，能够获得一定的理性的把握。

体验信息，是指置身于建筑空间环境之中，通过各种感官获取建筑信息，在与建筑空间环境的直接交流中感知和体验建筑，从而完成对建筑意义的认知。体验信息属于直接获取，是以个体的方式体验建筑而获得的信息。

这两种信息获取方式都是建筑认知必不可少的，但是就建筑场的体验而言，显然是体验信息最为必要。因为我们可以通过多种知觉方式来"感觉"建筑，这使我们的身体有了"空间"、"场域"和"生活"的体验，而不仅是以平面方式体现。

在建筑场的信息处理的活动中，建筑信息的获取，是通过对信息接受方——人的感官对信息刺

① 俞国良，王青兰，杨志良．环境心理学．人民教育出版社，2000，39.

激的反应来实现的。从认知心理学的角度看，此环节主要体现在对建筑场信息的知觉以及此后的一系列思维活动方面。在这个过程中，有诸多的因素会影响或左右建筑信息的获取，可以概括为建筑场信息获取的客观条件与建筑场信息获取的主观条件两个方面的内容，下面对此逐一进行分析。

（一）影响建筑场信息获取的客观条件

建筑场信息获取的客观条件是指现实的建筑所给予的客观物质条件，我们可以从中提取关键条件作简明的分析。

1. 关于建筑形式

建筑都会展现给人以特定的形式，值得注意的是，建筑师与一般观赏或使用建筑的人在对建筑形式的理解上是会有差异的。建筑师在设计或研究建筑形式时，是从专业的角度（层次高的可称之为学术角度）来考虑建筑形式问题的，而一般的建筑受众则从对建筑的整体的经验形式知觉的方面来看待建筑。建筑形式是一个受时间、地域、文化、潮流等因素影响的产物，在这些客观因素影响下，建筑会逐渐形成大的类型化形式特征，久而久之就会形成人们对建筑的知觉形式模式。

M·W·艾森克和M·T·基恩关于知觉形式模式有如下论述："人类是自主地、有目的地与外部世界发生交互作用的。通过与外部世界交互作用而产生的心理是一个具有普遍目的的符号（Symbol）加工系统。符号是一些存贮于长时间记忆中的模式，这些模式指定或指向它们之外的结构。这些符号又被转化成一些最终代表外部事物的符号。"①

观看或使用房屋的人们并不太了解建筑学专业方面的具体内容，比如建筑的观念、风格、思潮、手法等，但会从多种学习与生活经验的积累上知觉性地判断建筑形式。比如人们看到有尖塔顶的建筑时常常会联想到西方的教堂（其实有的修道院也并不是尖顶的），这是因为，哥特式、拜占庭建筑风格的教堂在人们的心目中留下的印象最为深刻。看到飞檐起翘的屋顶就会知觉为中国的殿堂庙宇，因为中国传统建筑千百年来其建筑的形象基本未有大的变动。人们也常常会评价一个形态奇特的建筑为"现代建筑"，其实人们可能大多并不完全知晓现代建筑的含义和实质，只是因为在现代社会中，才有可能在建筑形式上有大的突破和创新，所以建筑才能够呈现新奇的形象。这说明，建筑形式有一个由于历史文化延续而在人们头脑中逐渐形成的形象模块。这种模块化的建筑形式感会直接迅速地影响人们对建筑的感知定位。

图5-43 有尖塔的建筑容易被知觉为教堂建筑

图5-44 起翘的飞檐被知觉为中国传统建筑形式

---

① M·W·艾森克，M·T·基恩．认知心理学．华东师范大学出版社，2004，3.

此外，建筑的形状常常会引得人们用其他的事物去比拟，在看到一个建筑的时候，人们常常会评论“像什么”，人们总是习惯于用身边的其他事物形象与建筑形象作比较，比如中国传统建筑屋顶的形象，《诗经》中就有对此的比拟赞美：“如鸟斯革，如翚斯飞。”形容中国建筑屋顶像鸟一样展翅欲飞。中国福建客家土楼被比喻成“城堡住宅”，就连国际主义的建筑也可以比喻成“方盒子”。更有北京国家体育场“鸟巢”从一开始就是用事物形象类比的方式构思设计的。

图 5-45 方形的建筑也会被比喻成“盒子”

对于建筑形式构成中的形态、材料、色彩这三项因素而言，对建筑形态的感知与观察建筑的距离与角度有关，对建筑材料质地、肌理的感知随着距离产生变化，而建筑色彩在观察角度与距离方面对人的影响不太明显，远观建筑时色彩可能会受到空气中尘埃雾气的影响，彩度会有所降低，这将在下一个问题中探讨。

建筑形式的客观存在，在建筑场的概念中显得尤为重要，在建筑场的概念中，建筑信息在很多情况下，不只是单栋独立建筑的信息，它可能是多栋建筑构成的组合信息，至少是建筑与周边环境构成的组合信息。那么，建筑之间就会有信息的交流，建筑信息的系统性问题就会产生，有时候你感觉到建筑场信息杂乱无章，难以识别记忆，那就是建筑环境信息的系统性方面出了问题。至于建筑场信息的系统性问题，会有很多不同的方式加以构建，如在尺度、比例、色彩、材料肌理、风格样式、排列组合方式、建筑的密度和高度、与自然环境的结合等方面，都可以使建筑场构成信息系统，从而取得理想的建筑形式信息客观条件。

在以上的讨论中，只是涉及建筑形式的表象特征所引起的感知客观条件，并未涉及到更深一层的建筑象征性内容，关于建筑形式的象征性问题，也是在后面的章节加以论述的。

2. 关于对建筑的感知距离

在对建筑的感知过程中，建筑与人之间的距离能够影响感知的信息内容和信息的含量。在生活中，建筑与人的距离有远、中、近等不同的变化。

所谓远距离，并无一个绝对数字，体量大的建筑相对要更远一些，一般为 100 米以外至视线所能及的范围。远距离的建筑信息，只能够通过视觉获取。远观建筑，建筑的整体形态、建筑群的结构、建筑天际线等信息占主要地位，而建筑局部和细部信息极少或缺失。人们只能通过视觉感官把握建筑的整体形态信息，而不能获取其他更多的建筑信息。从上海的浦西外滩与浦东陆家嘴商务区隔江相望，就会有这种对建筑群远观的感知体验，人们能够感知到的是建筑组群的形态轮廓和色彩，而不能获取建筑装饰、建筑质感、建筑肌理等建筑的信息内容。对建筑其他部分缺失的信息，可能会因人而异地做想象性的补充，这种信息补充具有很大的不确定性，它只是个人想象的结果。

在这种情况下，对于人所获取的建筑场信息，就并不仅是建筑本身的概念了，而更多的是一种建筑场景的信息。关于信息效应的强弱，情况也会有所不同，如果是一栋孤立的建筑，随着距离增加，其建筑的视觉信

图 5-46 上海外滩远眺陆家嘴

图5-47　日本东京国际会议中心周边建筑密度较高，无法拉开距离总览建筑全貌

息的效应会减弱。但作为建筑群或整座城市，随着在其视线内的距离增加，其建筑信息的意义会发生变化，从建筑微观的信息意义向宏观的信息意义转化，而不是简单地减弱。

此外，在很多情况下，受到城市或村落结构的影响及限制，如果不可能产生远距离观看的状况，那么建筑就将缺失远距离信息。在这样的情况下，建筑造型上的特征优势将会丧失，因此在建筑选址时，对大体量的具有造型特征的建筑，应考虑到这一点，尽量做到形成远观的效果，否则将事倍功半，人为地造成建筑信息的浪费。

远距离的建筑信息还有一个特点，即不能够获取建筑的使用功能信息，而只能获取整体形象的信息，因而远距离对于建筑信息的完整性是有影响的。

远距离感知建筑，身体的移动对建筑信息获取的影响微乎其微，可以忽略不计。

所谓中距离，大约是人与建筑的距离在50~150米之间。这种距离较为常见，同样以视觉获取信息为主，某些其他感官亦可以参与获取活动。较之于远距离，中距离的视觉可以更多地感知到建筑的某些局部的特征，如门窗特征、形态凹凸、材料肌理、色彩变化等，对其知觉的兴趣也会进一步增加，可以通过视觉对其功能做出一定的判断。人的动态性也相应地发挥作用，人会随着自身运动对建筑产生更多的信息了解。这种是比较常见的感知城市与乡村建筑环境的距离状态，一般的街道、广场、小区、公园、绿地及其他公共场地都在中距离视距的范围之中。在这种范围里，建筑的尺度就会显得重要起来。如果建筑之间的大小高低比例变化过大，就会造成人的识别意识困惑，对建筑的认知产生不确定性的心理障碍。

图5-48　水乡周庄，中距离范围内的建筑景观有很好的层次感与观赏性

图5-49　淡路梦舞台建筑景观，中距离可以比较全面地把握建筑信息

近距离有两种情况，一是距建筑外部0~50米左右的距离，二是在建筑内部空间内。与建筑近距离的接触，不能够有效地获取建筑的整体造型信息，建筑的整体形象只能是依靠建筑局部片段的联想组合，能够清晰地知觉到的是建筑的局部和细部内容。同时，以视觉为主，所有的感官都会参与信息知觉活动，动觉的体验信息加强，可以参与对功能的直接行为验证，比如对建筑水平、垂直

变化的体感与动觉体验，对建筑内部空间中的直曲、长短、宽窄等空间形式的行为体验等。在实际生活中，近距离感知建筑的频率最高，对建筑要素的敏感度最强，建筑的空间体验感最佳，因而所形成的综合效应最为明显。如果说在中远距离我们只能大概知晓某栋建筑的材料是石材的，那么，在近距离我们就能通过视觉和触觉知觉到石材生动的自然肌理和痕迹。在这种近距离的建筑感知中，建筑体量对人的影响也分为两种情况：其一，在建筑外部，建筑体量对人的影响最大。在此距离内，体量适中或较小的建筑会形成令人愉悦的尺度体验，而体量庞大的建筑则给人以较大的心理压力。如果建筑体量过于庞大，还会产生对建筑整体知觉的难度。其二，在建筑内部，空间知觉起主要作用，建筑围合的形态、尺度与空间转换方式都会给人以多种知觉体验。因此，人与建筑的距离能够在很大程度上影响建筑信息的获取。

图 5－50 近距离观看建筑能够进一步对建筑细部进行把握

图 5－51 在近距离可以对建筑构件与装饰细细地品赏

3. 关于对建筑感知的位置和角度

建筑具有三维特征，加上人在其中的活动，可具备四维的特征。人处在建筑的不同的位置，与建筑形成何种角度，对建筑信息的获取也会产生影响。

通常建筑的立面会有主次之分，在建筑设计中，主要立面承载的信息要更多更重要。比如北京四合院，它的主要信息在于形成四合院围合的四个建筑立面，而在建筑的侧界面及背面的信息就居于次要位置，只限于围合功能，有时房屋背面还兼有形成四合院外部的胡同空间的功能。关于这一点，李允鉌先生在《华夏意匠》一书中说："在典型的院落式布局建筑群中，表露出来的屋身立面只有面对着庭院的正面，其余部分如两侧或者非面对另一个院落的背面，它们都是仅具构造意义的作为围护结构的简单的实墙。至于屋身的正面，与其说目的在于表现房屋的外观，倒不如说看作庭院的"四壁"的时候还来得多一些。屋身的立面并不是单纯为单座建筑本身而设计，更多时候它们是作为院子的四壁或者说背景来考虑。"①

欧洲教堂建筑的主要信息也在其主立面上，无论是古罗马、拜占庭、还是哥特式，我们对教堂的知觉印象主要是由建筑主立面的形态、雕刻、装饰等信息形成的。

这说明，在建筑的三维形态中，有些界面的信息量大而且重要，相对应的人的视点位置对建筑感知就会起到主要甚至是决定性作用，而某些位置形成次要信息，起着对综合信息的补充作用。

当代某些建筑会强调整体形态效应，在其形态上并无严格的主次立面之分，如"鸟巢"、央视新楼、中国大剧院等当代建筑，但无论如何，任何建筑都具有最佳观赏角度，那么最佳观赏角度应是对建筑信息最佳的获取位置。

---

① 李允鉌．华夏意匠．天津大学出版社，2005，179.

人所处的位置与建筑会形成多种角度与视线关系，要考虑其中的若干情况，比如人的生理因素。正常情况下，人在头部呈水平状时，人的视域范围在水平方向上是180度左右，而在垂直方向上则是130度左右，向上看和向下看的视域分别是55度和75度。在这一范围内人可以看到物体，但不一定能看清和注意到所有的物体。

对视域内的物体，视觉能够完成对信息的把握，超过这个范围则需要头部的动作配合。在近距离观看高层建筑，人就需要仰起头部，这种生理上的动作并不能持久，时间长会造成疲劳感，因而，如果对建筑高处的信息内容强制性地接受，会造成生理上的不适，继而产生对信息的排斥心理。

一般情况下，人与建筑正面相对时，人们看到的建筑立面是最为完整的。但是还有另外一种情况，就是人的视线与建筑形成某种透视关系。如对街道两边建筑的观察，建筑原本正常的界面会因为透视原因产生变化，建筑上的水平线形成了透视斜线，而且立面形象竖向压缩，导致建筑立面形象发生了变化。虽然视觉心理的恒常理论能够解释信息还原的机理，但是这种情况还是会对建筑信息的获取起到一定的影响。

图5－52 建筑的正立面呈现的信息决定对建筑的主要印象

图5－53 观赏与拍摄园林景观较佳的位置

4. 关于光的意义

光是一种物理现象，对于建筑形态的影响较大。在不同的光影状况下，建筑会呈现出不同的信息特征。在光的照射下，建筑会因其塑造产生的立体感，也会因建筑结构方面的凹凸变化形成丰富多样的影子，如建筑廊柱在光的作用下，会在地面和立面形成生动的有韵律的光影斑痕。这种信息变化是建筑物本身所不具备的，只能是在光的作用下才会产生。

关于光对建筑的意义，许多建筑师对此都有评述，维特鲁威在《建筑十书》中，对于光是这样论述的："建筑家之所以需要光的理由是……，光线能够从天空照射到建筑物上。"① 勒·柯布西耶曾经发表过这样的宣言："正如大家所看到的，我在建筑设计当中大量地使用光。对于我来说，光是建筑最为重要的基础。我通过光进行建筑设计。"勒·柯布西耶在《走向新建筑》这部书中有过下面这段著名的关于建筑的定义："所谓建筑，就是集结在光下面的具有一定体积感的、充满知性的、正确的并且壮大的游戏。我们的眼睛能够在光的下面看到物体的形态。光的明暗使物体的形态浮现出来，使立方体、圆锥体、球体、圆柱体和角锥体等这些伟大的原始形态轮廓分明地浮现出来。"②通过这些评述，足以说明光对于建筑的影响之大。

在建筑信息的获取中，也会因为光的原因而使建筑信息发生变化，如建筑表象上的明暗、层次、

---

① 建筑十书．森田庆一译．

② （日本）香山寿夫．建筑意匠十二讲．宁晶译．中国建筑工业出版社，2006，67.

虚实、韵律等，还会对建筑的空间气氛形成塑造和烘托，影响到人的心理感受。更为重要的是，光还可能成为建筑的主题和点睛之笔。安藤忠雄的光之教堂，将一般作为空间内实体的十字架处理成为与建筑立面结合的虚的光十字架，就是将光的运用推向了建筑哲学的高度。

图5-54 日喀则扎什伦布寺，在阳光的照射下建筑呈现出油画般的艺术魅力

图5-55 Time's，光自上而下地泻入增强了空间体验感

（二）影响建筑信息获取的主观条件

建筑信息获取是由个体在不确定的状态下完成的，所谓不确定，即个体因素不确定，意识层面不确定，获取目的不确定。

个体因素不确定，是由于受者个体因生活经历经验的差异，获取的信息量、信息比例、信息侧重都会不相同。意识层面不确定，是个体在获取信息的过程中，有若干信息为意识获取，而另外若干信息可能是本能获取，意识获取与本能获取的信息都会作为信息资源载入大脑信息库。获取目的不确定，是个体在获取信息时，由于获取目的的不同，而导致对建筑信息的关注点不同，有些信息可能会成为主要目标信息，其他信息则可能被忽略。

1. 建筑信息感知的动态性

人在与建筑的信息交流中，应该考虑对建筑信息获取的动态性。所谓动态性，是指人与建筑在信息交流的过程中，对建筑的信息所进行的一种序列性的获取。在动态性中，有几个特征要考虑，分析如下：

（1）行为的动态性

行为动态是指人在感知建筑的过程中，具有以不同的行为目的来获取建筑信息的特征，它包括文化行为、经济行为、观赏行为、功能行为、考察行为等。每一种行为都有不同的认知体验目的，例如对某古村落的建筑感知，可能是一般的旅游行为，也可能是对建筑文化与历史的考察行为，还可能是针对如何开发其旅游商业价值的论证行为。每一种行为的关注点是不同的，具有动态性，也具有融合性。此外，动态性还表现在个体对建筑感知与思维的差异方面，人对建筑认知行为层次的不断深入与完善方面。

（2）视线的动态性

动态性的另一个特征是，人在感知建筑的过程中，视线并不凝固于某一点上，而是连续和移动的。所谓连续移动是指人所获取的视觉信息不是单帧、单一对象、单一焦点的图片，而是类似摄像机一样的对景物进行连续的、变化的和移动的拍摄。视野中所有建筑场景的内容都在连续的移动拍摄中完成，而且视线的移动因人而异、因景而异、因兴趣而异，景别、构图、重点、连接均有不同，每一个人都会在视线的连续的动态拍摄中完成属于自己的建筑场景影像。

（3）印象动态

印象动态是指人对建筑的印象具有动态的不确定因素存在。其一，建筑印象具有交错、叠加、联想等印象记忆活动的特征，建筑印象并非像照片那样，呈固定的图景状，它是具有一定的模糊性和偏移性的。其二，每个人都会对自己最感兴趣的那一部分留下印象，而对其他建筑部分的印象相对比较模糊，所以根据不同人的口述，你会发现他们对同一建筑的印象并不完全一致。

2. 建筑信息感知的选择性

伊特尔森在《环境心理学导论》（1974 年）中分析环境信息特点时曾提出：环境所提供的信息比人能处理的信息多，人是不可能全部接收的。

当人们面对建筑时，所有的建筑信息都会全部展现在人们面前，然而人们对这些信息的感觉和接收却不是毫无选择的，而是有条件的。建筑信息构成内容繁杂，人不可能全部接受，因此需要选择性地接受。对于建筑信息的选择，有两种情况，一种是有意选择，另一种是无意选择。有意选择要具备两个条件：其一是建筑的某种信息非常强烈，使人们不可能不选择，比如拉萨布达拉宫的主立面就是整个建筑的华彩乐章，任何人都不会不选择这样的建筑信息；其二是由人的个体功能来决定的，情况就比较复杂，这与人的个体差异有关，人的年龄、性别、职业、知识、目的等多方面差异，都会造成关注和选择的不同。年轻人往往会被建筑的色彩明快、形态奇特所吸引，而老年人可能更关心与建筑有关的背景信息，画家会被建筑的艺术魅力所感染，房地产商则更关注建筑的开发价值，购房者更多地关注建筑的面积、价格、功能。当前的需要也会是信息选择的重点，假如你正需要购买一栋住房，就会对住宅建筑信息特别关注。余秋雨观察人们参观莫高窟时写道：“游客各种各样。有的排着队，在静听讲解员讲述佛教故事；有的捧着画具，在洞窟里临摹；有的不时拿出笔记本写上几句，与身旁的伙伴轻声讨论着学术课题。他们就像焦距不一的镜头，对着同一个拍摄对象，选择着自己所需要的清楚和模糊。”[①] 可见对于同一组对象，人们对信息的关注角度还是各取所需的，有的听故事，有的学艺术，有的探历史，有的寻文化，但同时，又会共同被莫高窟“层次丰富的景深”所感召、洗礼和熏陶。

图 5－56 园林中会引起大部分人的注意和欣赏的景观信息

图 5－57 不经意间的一瞥已经将建筑信息存入自己的信息库中

关注与选择点不同，获取的信息内容自然也就不同，对于同一个建筑场信息，每个人都是“各取所需”，因而也就会形成属于每个人的有意选择。

无意选择是指人们并非在有意关注下而获得的信息，而是在视觉扫描过程中自然获取，有较强的随机性，但必须承认它的存在。

人在对建筑的视觉扫描中，视觉有效区域的

① 余秋雨．文化苦旅．东方出版中心，2002.

每一个点都会有信息介入，因而所有内容都会在人的大脑中留下信息的痕迹。需要特别强调的是，无意选择对于建筑感知具有重要的意义。所有无意选择的信息组合、叠加都会形成对建筑场感知的重要内容，进而对建筑场体验给出判断。比如人们游历观赏某古建筑群，在观赏中，古老的房屋建筑本身是人们关注的重点，也是印象的主要内容，但街道的尺度、石板的肌理、墙体的剥蚀、檐间的关系、曲回的空间、瞬时的光影等，往往都不是有意选择的内容，而是在关注房屋主体时捎带接收到的信息“副产品”，但这些无意选择的“副产品”，最终也会融合到对房屋建筑这个总的体验认知中去。

图 5 –58 石块路面也通过行走体验综合到对建筑环境的感知中

图 5 –59 墙上的一个拴马铁环也是古村文化记忆的信息

3. 建筑感知的知识与经验

伊特尔森在《环境心理学导论》中还提出：“个体所感受到的信息范围是由个体的感觉机制、过去的经验和当前的需要所决定的。”

建筑感知与人的知识经验有着直接的关系。建筑知识和经验来源于人的生活经历、学习和工作经历以及所从事的职业等。生活离不开建筑，因此，无论人的个体差异有多大，对建筑的生活应用体验都是存在的。这应该属于对建筑最基本的认识。比如人在孩提时代对自己所居住的房屋会有着很深刻的印象，还会用泥巴、沙土、积木等游戏方式获得对房屋的实践感知。

对于建筑知识的了解与生活有关，也与学习有关，建筑知识的积累对建筑认知有着很大的帮助，如果一个人对中国传统建筑具有一定的认知，就会在对建筑的观照中体会到更多的建筑文化信息内涵。一般公众对解构建筑的知觉可能是怪异的，甚至感觉可能会倒掉。但是，如果知晓建筑专业信息，就知道它是某种建筑观念和建筑思潮的反映。虽然感觉像危楼，但它在结构上应该是安全的。

人的职业也会带来对建筑感知的不同，比如建筑师认为带有模板肌理的素混凝土是为了表现建筑肌理的“纯粹性”，而一般使用者则会认为建筑物表面未加围护装修，是未完工的建筑。再比如，对于北京的 798 艺术中心，企业方只关注其土地厂房的利润前景，而艺术家们则为将厂区建筑作为工业文化遗产而呼吁。这说明不同的个体具有不同的知识经验，因而就会对建筑环境形成不同的知觉结果。这种知识与经验在对建筑信息的获取中，也会有敏感度、取向性、价值感等方面的差异。

生活环境也会对人的建筑知识和经验造成影响。比如，长期生活在农村的人对院落住宅比较熟悉，而对城市的高层住宅的知识与经验就比较缺乏。以往生活经验中所形成的建筑记忆会成为参照，对新的建筑进行比对和判断。在搜索不到记忆形象时，就需要建立新的住宅认知模型。

图 5－60 位于日本东京汐留地区的舱体住宅建筑（黑川纪章）

人在实践活动中积累了关于特定对象的知识和经验，并借助它们来认知感觉到的建筑信息刺激。因此，知识和经验在建筑感知活动中有着重要作用。由于人的年龄、性别、职业、需要等方面的原因，造成个体的感觉机制有所不同，因此对建筑信息的接受和获取的范围和程度也会因人而异。

4. 建筑感知的陌生化效应

人对于比较陌生的建筑形象会表现出一定的兴奋和探究心理。从心理学的角度分析，这是唤醒状态的一种体现。人们对于所熟悉的形象会表现出漠然，而对新鲜的事物则会兴致盎然。所以在获取建筑信息时，人对于新鲜或陌生的信息比较关注。

在这里有必要提一下“陌生化”的相关问题。“陌生化”是 20 世纪初期的文学创作思潮，是俄国形式主义批评学派从文学的角度提出的，代表人物是俄国文艺理论家什克洛夫斯基，他在《作为技巧的艺术》中提出：在日常生活中，我们并不观察留意事物与它们的特性，因为我们的感觉已成为一种习惯与无意识。人们会对常见的事物失去敏锐、新鲜的感觉，以至于熟视无睹，产生所谓的“自动的感觉”现象，这种现象在其他艺术创作活动中同样存在。按照什克洛夫斯基的观点，艺术的目的在于传递事物被感知时的那种感觉。艺术的立足点在于将事物“陌生化”的能力，将它们用一种新的、出乎意料的方式表现出来的能力。具体方式是运用把形式与内容变得令人陌生的手段，增大对作品感知的长度和理解的难度。根据什克洛夫斯基的解释，艺术将事物“陌生化”，是因为感知事物的过程本身就是一个审美的过程，应尽可能地的使其延长。这也是为什么当代建筑师多在建筑形象的“陌生化”方面下足功夫的原因之一。对于此，我们可以通过建筑师扎哈·哈迪德（Zaha Haidid）表达建筑设计观的一段话中得到启示：“建筑根本就没有统一的样本，如果所有的事情都一样，世界就失去了意义。建筑的趣味性就在于，不仅内部可以变化出许多不一样的东西，即使是外形，甚至是整个形式都可以不一样……建筑学最有趣的东西在于抵达新的世界而非返回旧的世界。”对于她的建筑设计风格，扎哈·哈迪德曾用最简洁的词来回答：惟一、不同、原创。

图 5－61 Rue Des Suisses 公寓陌生的建筑立面（赫尔佐格）

“陌生化”的另一个效应体现在住区人口与外来人员的差异方面。中国人想去外国旅游，城市人想去乡村度假，当代人想去古代文化遗址体验。在某建筑区域内的常住人口往往对建筑熟视无睹，而外来人员则会显得兴奋异常，都是出于寻求与自己平时生活环境不同的“陌生化”环境的体验心态，在陌生的建筑环境中丰富自身的建筑审美体验。

由此可见，人的感知机制决定了人们会对建筑有一种探求陌生的心理需求，建筑的“陌生化”又能给人带来新的信息兴奋点，这两方面的结合，使得建筑的陌生化的观点得到了证实。

四、建筑场的信息加工

建筑场信息加工进入对建筑的认知阶段，由对建筑的感官知觉进入到对建筑的理性认知，是对建筑诸要素进行的分析处理。在信息加工之前，对所获取的信息一般需要信息过滤和信息归类的操作。

信息过滤，是对多样繁杂的信息进行一定的筛检，留下有价值的信息进行加工，而对其他无价值的信息进行删除，一般情况下，与获取期待有关的主要信息、次要信息、相关信息会被收入信息库，而极为次要的甚至是干扰性的信息则会被删除。

信息归类，是对属于同一性质的信息进行合并，形成类别信息群。例如对建筑的形式信息的归类，将感知到的建筑表象信息、建筑功能信息、建筑的意象信息分别放置到不同的信息系统中，从而形成信息类群，但是这些信息类群具有横向的联系与交互，能够随时被征集调用。

（一）提取记忆

记忆是信息加工的重要内容，关于记忆，M·W·艾森克、M·T·基恩概括为：“它就是一部心理词典，知识结构富有组织性。它包括一个人拥有的关于词汇以及其他语言符号的意义和所指的事物和它们之间的关系。它还包括关于操作这些符号、概念和关系的规则、公式和算法的知识。”①

提取记忆是信息加工的必要程序，提取关于建筑的记忆就像是在检索建筑心理词典，在这里面储存着关于建筑的词汇、含义、语言符号、意义，也包括这些概念和关系的规则以及运用规律。同时，记忆不仅与知识有关，也与情感有关，这对建筑认知具有重要的意义，

彼得·卒姆托在回忆孩提时代关于建筑的记忆时写到：“……对我来说，这个门把仍然是进入那个充满着异样氛围和气息的世界的特殊符号。我记得脚踩在石地上的声响，上了蜡的橡木楼梯闪熠着柔和的光泽。我还能听到沉重的大门在身后“砰”地关上，我穿过黑暗的走廊走进厨房，那是整幢房子中惟一被真正照亮的地方。回想起来，这似乎是姨妈家中惟一一个顶棚不在暮霭中消失的房间。地上铺着六边形的小地转，深红色，严丝合缝，拼缝几乎难以察觉，它们在脚下非常坚硬。厨房的碗柜散发出一种油漆的气味。所有这些都是一个典型的传统厨房所拥有的，没有什么特别。然而正是因为它是如此平常、如此自然，这个厨房深深地印入了我的记忆中，抹擦不去。在我的意识中，那种气氛与厨房永远地联系在一起。”在卒姆托这些对建筑和空间的描述中，一种渗入肌肤的建筑体验深刻地印在他的记忆世界里，对他成年后的建筑设计生涯影响极大。

日本建筑师安藤忠雄的简洁“混凝土”风格，也与其对一所修道院的记忆和启发分不开。安藤多年前曾经考察过位于法国南部 Senanque 的修道院，该修道院地处偏僻、远离尘世、环境优美、简朴静谧，在无语中给人以灵魂的震撼。安藤忠雄自己承认，正是这座修道院曾经对他产生很大影响，使他开始了对纯粹空间的追求，并形成了他一直坚守的建筑哲学理念。

（二）比照差异

记忆的价值在于将记忆映像与当前的建筑形象进行比照，心理记忆词典中的所有内容形成了个体已有的知识体系，而当前的建筑形象是新的信息内容，感知活动需要将这些新的信息与原有的知识进行比照，唤起相关的生活经验记忆，经验记忆包括感官记忆、知识记忆、情感记忆，并设定一种感知预期。在比照过程中，认知思维会对知识与信息之间的理想契合度作出判断，对感知预期的实现度进行评价，有典型意义的新信息，会及时地对原有内容和心理结构进行补充和调整。

例如，我们对住宅的记忆源于对所经历的住房的生活体验，如果住的是四合院，那么对这种建

---

① M·W·艾森克，M·T·基恩．认知心理学．华东师范大学出版社，2004，276.

筑形式所包括的一切，都会形成关于住宅的记忆：大门、房屋、院落、台阶、回廊、铺地、树木，包括阳光在不同时间照射在院子里的光影状态，四季轮回的景致印象，还有院内人们的交流以及各种生活中的声音……这些包括客观物质和主观心理的记忆就会形成一种带有情感因素的心理结构。在对新的多层楼房住宅的感知中，四合院住宅的记忆就会同楼房住宅的信息进行比照，楼房住宅的信息是：没有院落，住在二层以上需要上下楼梯，户型中房间的功能较齐全，有个悬挑的阳台，基本上没有邻里之间的人际交流……在感性与理性的结合比照中，得出各自的特征，并会将新的多层楼房住宅的信息与四合院的知识整合，纳入“住宅”这一概念的心理记忆库加以储存。

（三）价值判断

基于对建筑信息获取与感知的经历过程，进而对建筑的价值作出一定的认知判断。认知判断包括感性判断、理性判断和情感判断，其程序为由感性判断到理性判断再上升为情感判断。

还以上述住宅为例，感性判断方面：四合院住宅的院落空间感与多层楼房住宅的房间空间感具有不同的生活体验。四合院居住环境开敞，室内空间与院落环境融合性好，使人心理轻松，行为便捷，院内人际交流、人与环境交流舒适惬意，但功能相对不够完善。多层楼房住宅空间封闭，自成一体，户内各功能设置比较齐全，较安静，密度高，私密性强，与其他住民的人际交流较差，人与室外环境的互融性不如四合院。

在理性判断方面：四合院与现代楼房是在不同时期、按不同需要产生的住宅形式。二者相比较，由住宅的形式而导致呈现出两种“住”的生活方式。

情感判断则会因个体的差异而有所不同，个体的文化背景、生活经历、价值观念都会影响到对情感的取向认同。

对于建筑的价值判断虽然从逻辑上看可以分为较清晰的几个层次，但在对建筑的体验实践中却是一种比较复杂的心理活动。每一个（种）特定的建筑物都会有自身的价值体系，不能一概而论，就像我们既不能完全肯定或否定四合院的住宅方式或多层楼房的住宅方式价值，因为我们不能仅从一般形式和功能的对比上来确定孰优孰劣。

中国各地区在历史上形成了众多的各具特色的民居形式，相对于当代的住宅标准，它们在功能上要欠缺很多。笔者在福建考察土楼时，曾经住过土楼的房屋。客观地讲，土楼的确是无法与现代城市的住宅相比，由于时间久远，房屋比较破旧，楼板走上去咯吱作响，用水需要到楼下院子去接（现在已安装有自来水），门窗的密闭性也并不好。是否因这些明显的功能不足，就否定了土楼的价值呢？答案是否定的，作为一种历史人类文化的创造，作为一种建筑文化的遗存，福建土楼的价值是多方面的，除了建筑营造技术和艺术的价值，还有历史、地理、迁徙、生态、群落、生活方式等多方面的文化考证与研究价值。这一点，是当今功能相对完善的新住宅所不具备的。

图5－62 福建客家土楼的价值在于它的文化遗产价值

第六章　建筑场的体验与效应

建筑场体验是对包括建筑在内的所有环境要素的感知活动，从感官的刺激开始，一直贯穿于对建筑环境的认知与情感反应的全过程。这也是建筑场最重要的感性特征之一。正如肯特·C·布鲁姆、查尔斯·W·穆尔在《身体、记忆与建筑》一书中所说："我们身体的世界与我们住所的世界之间的相互影响始终在变化。我们建造住所是我们触觉体验的一种表达，正如这些体验是由我们已经创造的住所产生的那样。不论我们是否意识到这个过程，我们的身体和运动一直都在与建筑保持对话。"①

建筑场效应则是建筑场体验的结果反映，建筑体验决定建筑场的效应，从效应的强弱与正负差异上，可以分析出建筑场的品质优劣，从而为我们评价建筑环境确立科学的依据。下面我们就从这两个方面进行分析。

一、建筑场的体验

建筑场体验是整个建筑场效应的核心内容，它既是人的感官所接受的刺激引起的直接感性知觉，也是经过建筑认知后所进入的深层的情感认知。它是从生理层贯穿到心理层的连贯性活动过程。

体验尽管是综合性感知活动，但也可以依照层次或侧重内容为几种类型，概括起来，大致可以分为直觉性体验、逻辑性体验、审美性体验和情感性体验。每一种体验都会伴随相应的范畴得到最终的效应反馈。

（一）直觉性体验

直觉性体验是紧接着建筑信息知觉而发生的，感官所获取的信息经过综合而得到直觉性体验，信息的刺激以及对刺激的反映成为直觉性体验的基本要件。

在刺激过程中，并非仅仅是由感官功能发挥作用，意识中的经验与记忆会积极参与到个体对刺激的反映中，对体验产生影响。

我们可以虚拟一次对安藤忠雄设计的"住吉长屋"的直觉性体验。安藤说过："无论是多么小的物质空间，其小宇宙中都应该有其不可替代的自然景色，我想创造这样一种居住空间丰富的住宅。"② 这幢占地仅57平方米，总建筑面积只有65平方米的小住宅，平面和空间极为简单，其建筑形式和内部空间并未有丝毫张扬或卖弄之处，看上去极为平凡普通，初步的印象上并未有太强烈的视觉信息刺激。而继续对其体验就会逐渐产生一种异于寻常的感觉：为了遮蔽街道的喧嚣，住宅的

---

① （美）肯特·C·布鲁姆，查尔斯·W·摩尔．身体、记忆与建筑．中国美术学院出版社，73.

② （日）安藤忠雄．安藤忠雄论建筑．白林译．中国建筑工业出版社，137.

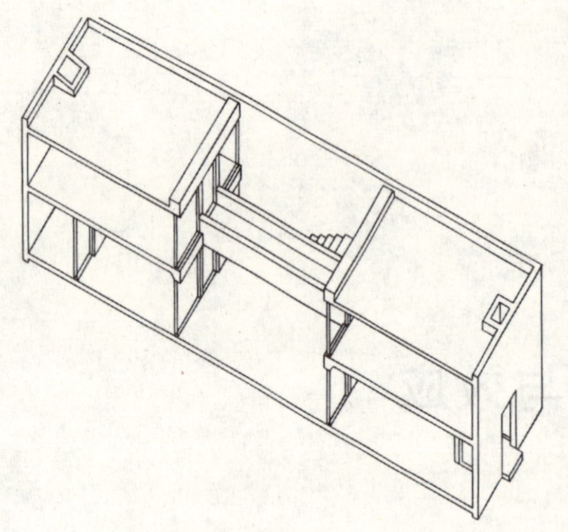

图 6－1　住吉的长屋轴测图

沿街立面没有开窗。住宅内部有一个开敞的中庭，通过这个中庭空间，使用者可以组织内部交通空间，二楼中间是一个可以联系两侧房间的桥廊，在这个小空间中，人可以感受到室内与外部空间的某种意识关系，可以在有限的天井中感受到天空的阴晴和光影变化……对于这个小住宅，可以直觉地概括为“是一个简单而有意味的空间形式”。

那么这一直觉概括就会包含两个方面的结构内容。其一，对建筑客观存在状况的信息刺激的第一反应，为当下空间的具体表达形式：两个空间以及连接它们的方式，连接体空间上方的采光方式，人在动态过程中对空间与光的感觉……其二，对经验和记忆的信息搜索反馈：在未搜索到此种类似的空间形式时，信息活动中新的体验感油然而生，探究心理随之产生，它是沉静的、含蓄的，它感觉有些不同寻常，它似乎隐含着设计者的某种建筑哲学意念表达……直觉性的体验此时就会释放出它的能量，体现出直觉性体验的意义。

建筑与人之间的感觉对话是安藤大多数作品所寻求表现的核心。他在一篇“身体与空间”的文章中，把用户看作是“观众”或“参与者”，而不仅仅是一个“占有者”和“使用者”，同时，他更多地把他设计的住宅看成是可感知的设施，而非纯功能性的遮蔽物。“我愿意成为用户与建筑深层对话之间的一个中介，因为我的空间超越了理论，而触及到了最深层的精神层面，换言之，我创造的空间与基本的人性相关。”①

图 6－2　住吉的长屋内部空间

图 6－3　住吉的长屋内部空间

无论在何种建筑环境中，建筑环境的表象信息刺激，以及个体对信息刺激的反应，都会形成直觉性体验，例如你走在某古朴幽静的古镇小街上，水巷、石桥、石板路、沿街的住宅、店铺、炊烟……建筑环境的信息会给予你一种闲适而放松的直觉体验感。而当你在某大城市步行街上行走时，拥挤的人群、喧闹的商店、丰富的商品、炫目的广告，给人以兴奋、急促、紧张的直觉体验。这是两种完全不同的场所体验感觉。

① 国外建筑大师思想肖像．建筑师．中国建筑工业出版社，2008，204.

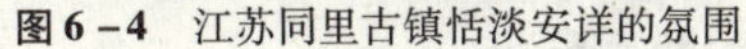

图 6-4　江苏同里古镇恬淡安详的氛围

图 6-5　上海南京路繁华喧闹的氛围

笔者在一次对丽江古城的考察中，为了避开喧闹的旅游人群拍摄资料照片，特意起早，赶在人群高峰到来之前拍摄建筑场景。的确，这时的丽江古城是静谧的，它还没有完全醒来：店铺都上着门板，还没有开张，偶尔有住民走过，已经有人在院落内点起炉灶，炊烟袅袅，我特别注意到脚下的石板路的凹凸变化（人拥挤的时候可能会被忽略），尤其是当我知觉到瞬时的场景时，特别地体验到“我在这里”的感觉…… 这是一种非常强烈的直觉体验。而在九点钟后，情景开始发生变化，店铺卸下门板，开张营业，人渐渐多了起来，有几个藏族汉子牵着马进入了四方街，吆喝着招揽生意，为游客提供骑马拍摄留影服务。古城内又开始了喧闹的一天……同一建筑环境，在不同的时间里也会有不同的氛围和体验。

图 6-6　清晨宁静的丽江古城

图 6-7　热闹的丽江古城四方街

对于大多数人而言，直觉性体验是人们在建筑环境中最为普遍的体验现象，同时也是在记忆库中储存最为丰富的一种体验。这种体验的特征是：感官直接对信息进行感知，并与记忆融合形成直觉体验形态，进而作出直觉体验判断。

（二）逻辑性体验

逻辑性体验是对建筑的理解性的认知体验，侧重于两个方面：一是对建筑信息与建筑功能期待契合的体验，二是对个体对建筑所具有的特殊性质的体验。

先来分析第一个方面的体验。对建筑信息与建筑功能期待契合的体验，就是建筑的信息所体现出来的功能效应，能否与人对建筑功能的期待相吻合。因为建筑功能与人的使用之间的关系体现为一种逻辑关系，需要通过一系列的逻辑感知推理才能完成，故称之为逻辑体验。在这个体验过程中，所有感官对信息的获取都要进行分析和处理，最终对功能实现程度实现体验反馈。

试举例分析，一把椅子，看上去造型别致，材料很昂贵，做工很精细，但当人坐上去后感觉不舒服，肢体坐姿的感觉极为别扭。那么，这把椅子给予人的逻辑体验就是不符合人体工程学的设计原则，并不适合于“坐”的功用。既然不适合于“坐”，这把椅子的功用价值就不存在了。当然，我们依然还可以观赏它的别致、昂贵和精细，但是作为一个“有用的器物”存在而言，恐怕这把椅子的整体价值就会贬值。当然，如果这把椅子的存在目的不是为了“坐”，而是其他，其评价标准则另当别论，例如对传统的明式家具可以作为一种文化陈设来看待。

同样的情况也存在于建筑中，如果一所大学的建筑样式过于商业化，就容易将其联想为星级酒店，一所商业化建筑的面孔过于行政化，也容易联想为某级别的行政办公楼，都是从形式上违背了功能体验的期待。进入一栋大楼的门厅，能否在直觉的引导下尽快地找到电梯间，建筑的平面布局和流线设置能否使人顺利抵达所要去的房间，建筑采光能否合理高效地利用，建筑内部空气质量是否能够得以保证，人群疏散通道是否畅通，讲堂的声效能否做到清晰悦耳以达到听觉舒适，住宅的隔声是否能保证家庭生活不受干扰等，都是对建筑逻辑性体验的内容和范畴。

对建筑功能的体验，是由人们对建筑空间的直接感知和以往生活经验知识积累的联合作用而构成的，通过这种形态的体验，可以得出建筑场在功能实现上的价值判断。

图 6－8　山东交通学院图书馆，建筑形式符合生态建筑的逻辑性

图 6－9　赫尔辛基现代艺术博物馆，空间形式符合艺术特征的逻辑性

接下来我们分析第二种逻辑性体验，即对个体建筑所具有的特殊性质的体验。所谓特殊性质，是指建筑具有某种特有的价值。比如埃菲尔铁塔，表达的不仅是一个钢铁构架的物质形态，而是一种时代观念的象征。再如文丘里的“母亲住宅”，也不简单表现为一个别墅住宅，而是对其后现代建筑理念的物化阐释。如果你去德国的波恩参观贝多芬故居，其实住宅只是普通的一所住宅，同其他住宅相比较并无特殊之处，在知觉信息刺激方面不会产生特殊的感受，但由于人们知道这是贝多芬故居，所以就会以对贝多芬这位音乐天才的生活经历产生探求的心理，并在这种心理支配下去体验该住宅空间。

在这里还要提到一个具有特殊意义的例子，这就是西班牙毕尔巴鄂古根海姆博物馆。博物馆，世界各大城市有很多座，但是毕尔巴鄂古根海姆博物馆，它的意义却不仅仅是由于它是由弗兰克·盖里所设计，也不仅是因为它是一座解构主义的经典之作，还在于这所博物馆对于毕尔巴鄂这座城市的意义和价值。毕尔巴鄂在20世纪90年代之前，由于造船业和钢铁业的逐渐衰落，经济状况下滑，在城市面临着诸多困境之际，毕尔巴鄂市政府决定转变城市职能，策划开发旅游业以振兴经济，毕尔巴鄂古根海姆博物馆就是在这样的背景下建造的。果然，这座博物馆收到了预期的效果，它源源不断地吸引着来自世界各地的旅游者、艺术爱好者和建筑爱好者，使得毕尔巴鄂市转型成功，摆脱了经济的颓势。据有关资料显示，博物馆开幕的一年内吸引了130万参观者，第三年达到了400万，直接门票收入占全市总收入的4%，相关产业经济增长了20%以上，带来直接经济效益数亿美元。因此，毕尔巴鄂古根海姆博物馆就具有了特殊的意义，就像人们所说的那样，“一座博物馆救活了一座城市”。对这座建筑的体验，人们除了建筑本身的意义，还会将建筑文化与时代经济联系起来。

图6-10 德国波恩贝多芬故居

图6-11 毕尔巴鄂古根海姆博物馆对复苏毕尔巴鄂经济起到了重要作用

很多建筑具有这样不同方面的特殊的背景因素，如中国北京的故宫、法国巴黎的凯旋门、意大利的佛罗伦萨大教堂等建筑，就是需要在文化、经济等背景的把握过程中，来体验这一特定的建筑。

在这一类建筑的体验中，建筑的背景意义就会形成一个背景主题和联想情景，使人的体验围绕着这个背景主题和联想情景来展开，这个背景主题和联想情景对体验具有引导和“移情”的作用，人的知识把握和思想感情将会灌注于体验之中。

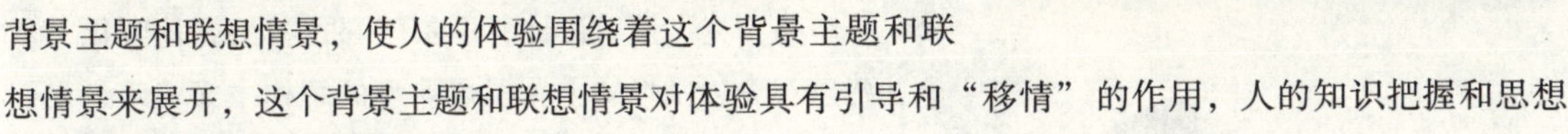

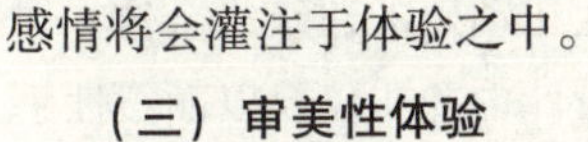

（三）审美性体验

审美性体验是指侧重于对建筑环境审美感知心理的体验。这里包含两个方面的内容：一是对建筑形式的审美体验，二是对建筑功能的审美体验。

1. 建筑形式审美体验

关于建筑形式，毫无疑问，在建筑设计中必须要考虑与功能的有机关系，但是建筑的形式还具有相对独立的特性。假如一个建筑学班级有30名学生，按照老师布置的同一个设计任务书要求做出设计方案，尽管建筑功能内容一致，但是最终会有30个不同建筑形式的方案作业。北京国家体育场“鸟巢”，有13个方案，而且各具特色。2010年上海世博会中国馆最初收到有344个方案，入围有8个方案，也是各有各的设计理念。许多建筑大师都在建筑设计中以形式特征引起广泛的效应，例如卡拉特拉瓦的钢结构形式，哈迪德的结构形态的力度与动感，盖里的解构形态构成，安藤忠雄的混凝土空间处理等，充分说明，在建筑创作中，形式问题永远是建筑师所要探求追寻的美学问题甚至是哲学问题，因而对建筑形式美的体验也必然会成为整个建筑场效应的重要内容。

建筑的形式呈现具有两个方面的意义：一是反映了建筑师创作的支配意义；同时也包含了这种存在所能够获得的形式效应意义。建筑师在创作中既要考虑建筑是否符合一般的美学原则，又要考虑建筑是否具有形式上的“影响力”，即建筑的形式效应是否足够强。建筑师在建筑设计创作中的美学观点与实践，只能部分决定对建筑形式审美的体验效应，从很多建筑实例中都可以看到这种现象，对某些建筑大师的设计作品的审美评价观点是有较大争议的。因此，对建筑形式美的审美体验主要在于人的个体主观审美经验与审美取向。

从一般规律上讲，能否获得对建筑形式美的审美体验，与建筑形式要素的选择组合和结构特征有关，如何变化组合运用建筑设计元素，使其达到人的知觉的愉悦感，有其内在的心理知觉规律。符合知觉规律，就会满足意识潜在的美感期待，知觉便能够在主观的审美期待和客观的形式信息统一的情况下获得愉悦的美感体验。另一方面，建筑形式突破一般的建筑形式美法则，用创新的意识和新颖的形式来阐释建筑，同样也会获得新奇的感知效果，这种突破常规的形式理念往往能够给人带来一种全新的审美体验效应。

安藤忠雄设计的三个教堂，并没有依照传统的教堂形式来处理，而是基于自己对宗教空间的理解，用一种新的方式来诠释。在充分考虑了建筑场地现状的情况下，对教堂的形式作出了创新性的表达。因此，所有亲历教堂现场的人，都会从这样的建筑空间形式中得到不同寻常的审美体验。此外，在安藤忠雄的一系列建筑作品中，人们都可以体验到一种简约朴素的建筑形式对人们的审美影响。美国建筑评论家亨利·普朗莫曾这样评价安藤的建筑："华美的贫乏、空虚的盈满、开放的围蔽、柔和的坚硬、半透明的不透明、发光的实体、光亮的黑暗、模糊的清晰、浩瀚的荒僻。"这足以见得安藤的建筑语言所具有的哲学意味。

图 6-12 京都府立陶板名画庭（安藤忠雄）

图 6-13 芬兰赫尔辛基现代艺术博物馆（斯蒂文·霍尔）

图 6-14 毕尔巴鄂古根海姆博物馆具有豪迈的激情美

霍尔设计的赫尔辛基现代艺术博物馆，采用"陌生化"的建筑手法，对房屋的概念进行了新的诠释，这个建筑没有严格意义上的屋顶、屋身界限之分，一个巨大的弧面将建筑包裹起来，整个建筑的形式就像一个舱体，它没有可以同传统建筑进行类比的可能，是一种新的建筑形式思维与创造。这样的形式可以被接受，最根本的原因，是由于建筑形式本身就具有现代艺术的表述意义，如果作为住宅的话，其形式就值得商榷了。

弗兰克·盖里设计的毕尔巴鄂古根海姆博物馆，从建筑观念以及形式上无疑是典型的解构主义建筑，我们看到的是一座由内力作用产生扭动感的建筑组合体。但是具体到这座解构建筑，其设计也并非仅仅以颠覆性手法否定传统那么简单，而是有其设计形态产生的缘由。盖里的设计灵感来自于16世纪时期西班牙的航海图，船只扬帆远航时，海风吹动船帆，船帆就像一团燃烧的火焰……所以古根海姆博物馆就被有力的舞动的线条勾勒出来，它被赋予了一种雄浑的激情，象征着张满风帆的豪迈！西班牙灵感与解构形式的结合成就了毕尔巴鄂古根海姆独特的建筑美学意义。

2. 建筑功能审美体验

建筑功能美的审美体验是建筑这一事物不可忽略的体验内容。何谓建筑功能美，功能美就是人对建筑的功能与精神期待得到实现和满足，思想和情感得到尊重后所产生的一种心理体验。

前面已经在逻辑性体验中分析过建筑功能体验的含义与意义，这两种体验是紧密连接的，符合功能逻辑的认知判断，能够迅速转化为对建筑功能的认同，从而上升为功能美的审美体验。

它并不仅仅是视觉所获得的美感，而是整个身心的愉悦舒适所引起的综合体验美感，具有社会道德层面的含义，就像美国社会学家马斯洛所提到的“满足了被尊重的社会要求”。

建筑功能的范畴很大，大到建筑区域规划和建筑空间组织，小到一扇门窗、一个把手，都能够体现出审美体验的特质，往往是在细微精密之处才能够深刻体会到功能真正意义上的实现，它是一种在人性化理念支配下所实现的体系，而不仅是某个建筑构件的有无。

笔者在日本考察时曾注意到许多功能细节，在地铁的转换枢纽站，都有极为详尽的转车路线示意图。在电车站，看到一种介于坐姿与站姿之间的一种候车休息功能设施，就是考虑到在短暂的候车时间里，人们也能够稍息片刻，真正体现了细致入微的功能考虑。此外，住宅区内的垃圾分装系统，高层住宅楼顶的直升机紧急救援系统，都体现出全方位的功能体系意识，从而能够在这些实在具体的体验中，感受到功能被赋予的人性化意识效应。

图 6－15 电车站候车休息的一种设施

图 6－16 日本某高层住宅楼顶的救援停机坪

图 6－17 日本某建筑内部空间的人性化设施

图 6－18 既可观赏又可以利用的休闲架

概括之，功能的审美体验是在感性知觉的基础上经过逻辑性认知，又上升为审美的体验过程，是一种理性与感性相结合的体验形态。

（四）情感性体验

情感性体验，是人在与对象交流过程中，感知、理解、融合、共鸣，达到最佳状态而获得的情感满足时所表现出的一种体验形式。

情感性审美体验可以从特指和泛指两层意义上来理解。特指的情感性体验是指特定的建筑环境空间对特定的人群所含的特殊情感意义。泛指的情感体验是指从一系列的体验归纳中所得出的一种人性化的情感满足心理状态。下面分别进行分析。

图6－19 中国南京日军大屠杀遇难同胞纪念馆

1. 特指的情感体验

特指的情感性体验是指特定的建筑环境空间对特定的人群所含有的情感意义。所谓特定的建筑环境空间，是指与体验主体必然发生某种联系或因果关系的建筑环境空间，那么特定的人群，特殊的意义，也就成为某建筑环境空间发生某种因果关系的情感体验。

试举例说明，侵华日军南京大屠杀遇难同胞纪念馆，是为了揭露日军侵华时期在南京的屠杀暴行，同时也是为了悼念在大屠杀中罹难的30万同胞而建立的。这个纪念馆就属于特定的建筑环境空间，它不是一个普通意义上的博物馆或展览馆，也不是一个可以为各种展会提供场地的现代会展中心。它与特定的历史事件有关，与特定的中华民族这个大的群体有关，与世界反法西斯运动有关，与呼吁世界和平有关。因此，这个纪念馆，就具有了特定的情感体验功能内涵。很多这种类型的建筑空间都具有这样的功能，像德国柏林的犹太人纪念馆，美国纽约的犹太人大屠杀纪念馆等，因涉及到历史事件和相关的群体，因而会在他们之间的信息交流中产生强烈的信息波而导致情感性体验。

其他例证也可以说明这个问题，比如一个人对于自己孩提时代曾居住生活过的房屋以及环境都会留下很深刻的生活印象，如果成年后再度重访故居，也会对这个对自己有着特殊意义的房屋院落有着个体性的内在的情感体验。

加斯东·巴什拉在《空间的诗学》中写道："然而，除了回忆，出生的家宅从生理上印刻在我们心中。它是一组器质性习惯。时隔20年，尽管我们踏过的都是无名的楼梯，我们仍会重新感受到那个'最初的楼梯'所带来的反射动作，我们不会被这个略高的台阶绊倒。家宅的整个存在自行展开，与我们的存在相契合。我们仍然会推开那扇总是咿呀作响的门，我们仍然会摸黑走进高高在上的阁楼。我们的手还留有最小的那个门闩的感觉……当我们在经历了数十年的漂泊之后重回老宅时，最细微的动作，最初的动作会突然鲜活起来，而且总是那么完美……我们的身体永远不会忘却这座不能忘却的家宅。"①

我们还可以看到，福建的客家人生活在土楼里，已经有将近一千年的历史了，客家人的历史渊源、生活经历、记忆情感都与这种特殊的建筑样式和空间环境有关，那么客家人这个群体就会对"土楼"的建筑空间环境具有生命皈依的情感体验。对于北京国家体育场"鸟巢"而言，建造"鸟巢"的建筑工程施工的工人，对于这个凝聚自己一份汗水和劳动而建成的建筑，也会有着与一般人不同的情感体验。像教堂、修道院、佛寺庙宇这样一些宗教建筑，会对虔诚的信徒、香客产生精神性情感体验，而一般的游客则只能够产生直觉性体验而不会上升到情感性体验。

由此可见，特指的情感性体验是以特定的建筑与人的个体或群体的特定情感关系所引发的一种体验方式，它具有很强的情感指向意义。

2. 泛指的情感性体验

泛指的情感性体验与特指的情感性体验有所不同，它所指的体验状态并不是由特定内容和关系决定的，而是指从一系列的体验归纳中所得出的一种具有普遍意义的情感满足心理状态。

美国社会心理学家马斯洛曾经提出人的需求层次理论，人的需求分为五个层次，依次为：生理需求、安全需求、社交需求、尊重需求和自我实现需求五类，依次由较低层次到较高层次。人类之所以能够成为万物之灵，就是因为人类不仅有高度的理性思维能力，而且还具有构筑于理性之上的丰富的情感交流形态。人的社会需求层次实际上就是人的情感系列性需求的总和。人的最高理想状态为情感满足状态，无论通过怎样的途径，需求的终端都会体现在情感满足的层面。人对建筑空间

① 空间的诗学．（法）加斯东·巴什拉．张逸婧译．上海译文出版社，14.

环境的情感体验，建立在需求层次总和的实现的基础之上，逐次达到了各层次需求的满足度，就会形成自我实现需求的心理状态，对情感性体验产生实践。

图 6-20 日本大阪某公寓，住宅环境充分考虑人的情感需求，继而使人获得被尊重的情感体验

我们既可以从宏观也可以从微观上看待这种体验。从宏观上讲，以城市的体验为例，一座城市的活力与价值，往往是这座城市的历史和它所蕴涵的文化情感积淀的总和构成。生活在一座城市的公众，往往会以自己城市的某些优秀品质为自豪，因为这座城市满足了市民作为其中一员的情感需求，城市成就了市民自我实现的愿望，因而这座城市也就具有了情感体验的价值。而一座功能不完善，交通不通畅，空气被污染，历史被破坏的城市则不具备情感体验的价值。

从微观上看，例如一所住宅，住宅的功能要体现出安全、高质、高效、生态、美观等方面的品质要求，体现出对使用者的关心和尊重，人们就会由此产生人性化的情感体验。而一所质量粗疏、低劣，功能简陋、缺失的住宅，则不能够提供被尊重的情感体验。

泛指的情感性体验具有一般性的情感普遍意义，它所实现的是建筑空间环境对各需求层次的满足度，是一种普遍情感意义的体验形态。

二、建筑场的效应

有建筑则会产生相应的“场”，不过因建筑价值的取向、能量的积累、信息的发送等差异，会发生不同的效应。建筑是否具有“场”的效应，首先要看建筑是否具备一定的信息能量，同时还需要通过人的建筑知觉体验，才能反映出效应的结果。

效应，即某一事物作用于相关对象的反应和效果，这种反应和效果对于事物的评价具有重要意义。建筑场的效应，概括起来就是“能够使人在对建筑场所的体验中获得的意义认知”的总和，它是建筑信息活动诸环节中的终端，起到对建筑这一事物反馈评价的作用。

效应会有正向与负向、积极与消极之分，如果为正向积极效应，则会产生多方面的认同，首先是对人性化设计理念实现的认同，即建筑设计是遵循着“以人为本”的设计原则来操作的，在建筑道德、建筑情感方面体现出对人的情感和生存质量的尊重。其次为对科学技术成果应用于设计的认同，即认识到能够在建筑营造活动中合理地运用科学成果和技术手段。最后为对生活品质的整体状况不断提高的认同，即感受到社会生活水平不断提高在建筑实践中的具体体现。如果为负向效应，则会产生相反的认同，那么，建筑将丧失它的应用价值，建筑场就不能够取得理想的积极效应。

怎样才能形成建筑场的正向效应，是一个比较复杂的因果关系，基本要件是：建筑空间环境的优化构成、人与建筑空间环境的关系以及建筑场信息活动规律。

（一）建筑场效应构成要件

1. 要件一——建筑空间环境的构成

建筑空间环境的构成是建筑场效应的基础要件。它的构成的内在机理对建筑场的影响极大。具体而言，建筑空间环境的构成要符合以下原则才能够获得正向的积极效应，其层次依次为：

（1）符合环境有机性发育原则

建筑场所具有的良好品质之一，就是建筑空间环境能够表现出有机的发育原则。建筑环境有机发育，就是建筑要保持、保护环境（包括自然环境和人工环境）原有的机理和品质，遵循生态和文化的发育生长规律，使建筑与环境成为一个有前因后果的有机体。

我国现保存下来较为完整的传统民居在与自然环境的关系上就表现出了很好的有机性，我们可以通过安徽、浙江、福建、贵州等多个地区的民居看到这一点。美国建筑师赖特的有机建筑理论以及他的众多建筑设计作品也都充分证明了这一原则。

建筑与环境的有机性结合，既有自然环境生态意义，也有人工环境文化生态意义，自然环境生态意义在于，建筑应是环境构成的组成部分，建筑的出现不应对现有的环境生态造成不利影响，同时，人们对自然环境特质的认识、体验不被非有机的建筑因素所干扰和破坏。文化生态意义在于，一种建筑环境的形成具有其历史和文化的背景原因，它是在一个较长的时期中逐渐积淀而成的，因此它也就具有了文化的信息内容，新增建筑物要考虑到这一因素，不可断其文脉。尤其是当代我国在政绩、功利心态和行为的影响下，盛行大拆大建之风，将历史积淀而成的建筑环境一概夷为平地，重新建造全新的环境。新固然是新了，但是建筑文化的延续性被切断了，人们对建筑历史记忆的情感也被割断了，使人丧失了体验的线索追寻。欧洲许多发达国家并没有采用如此大动干戈的建筑环境更新手段，相反，他们更重视建筑的历史文化价值，大多采用保护性措施来保证建筑文化的有机延续，同时也尊重了社会公众对建筑的记忆情感。

在这里似乎也有必要提一下"废墟文化"的概念，余秋雨在《文化苦旅》一书中感慨道："废墟有一种形式美，把剥离大地的美转化为皈附大地的美。再过多少年，它还会化为泥土，完全融入大地。将融未融的阶段，便是废墟……不能设想，古罗马的角斗场需要重建，庞贝古城需要重建，柬埔寨的吴哥窟需要重建，玛雅文化遗址需要重建。这就像不能设想远年的古铜器需要抛光，出土的断戟需要镀镍，宋版图书需要上塑，马王堆的汉代老太需要植皮丰胸、重施浓妆……不管是修缮还是重建，对废墟来说，要义在于保存。圆明园废墟是北京城最有历史感的文化遗迹之一，如果把它完全铲平，造一座崭新的圆明园，多么得不偿失……是现代的历史哲学点化了废墟，而历史哲学也需要寻找素材。只有在现代的喧嚣中，废墟的宁静才有力度；只有在现代人的沉思中，废墟才能上升为寓言。因此，古代的废墟，实在是一种现代构建。"① 可见，残破的废墟也会成为一种独特的建筑文化景观，但是它的真正意义并非只是为了观赏，这样的感慨更多的应该是一种启示或警示，提醒我们对于人类文明历程中的创造遗留应该持有的态度。

图6－21　北京圆明园遗址

图6－22　保护完好的奥地利萨尔茨城堡

关于建筑环境的有机发育，可以有一个通俗的比喻：人不可能从1岁直接跳到60岁，人的发育生长至衰老的过程是按照自然生命规律来运行的。建筑环境也是这样，它们也有自身的生命规律，如果人为对建筑环境进行跳跃式发展的操作（除非有不可抗拒的自然原因，如地震、火山喷发以及人为的社会原因，如战争损毁等原因），就会违背建筑应有的生长和生命规律，对建筑环境的有机性造成损伤，同时被损伤的还有人们对建筑的记忆积淀下来的情感。

（2）符合建筑美学规律与知觉规律原则

建筑空间环境应该具有符合建筑美学规律并且能够引起人们知觉注意的形式。这里有两个条件，一是符合建筑美学规律，二是符合知觉规律。符合建筑美学规律，就是要在建筑形式、建筑功能、建筑艺术、建筑技术等方面具备建筑美学品质。符合知觉规律，就是具备优化的知觉条件，能够有效地获取并感知到建筑信息的传送。一个形态丑陋的建筑也能够引起人的知觉注意，但是它并不能使人获得视觉愉悦的美感，是不符合此项原则的。一个符合一般建筑规律，中规中矩但无特色的建筑，由于缺乏新的信息含量，在知觉上缺乏体验信息刺激，同样也不能取得理想的效应。

① 余秋雨．文化苦旅．东方出版中心，2002.

（3）符合建筑文化特征原则

建筑空间环境要具有比较显著的地域性、时代性、文化类型的某些典型特征。世界各地的建筑文化的形成都有其深厚的历史文化渊源，是人们文化情感记忆的组成部分。因此，具有这样的特征，就会使得人对建筑认知获得文脉情感的体验。此原则并非是要求建筑必须传达传统建筑所具有的特征，当代建筑现象较强地表达了建筑师的个性化和建筑观念的多元化，这也是在当代文化语境中所表现出来的建筑文化特征之一，与本原则不相冲突。

图6－23 瑞士巴塞尔的展览仓库具有知觉信息的刺激，也具有建筑形式美（赫尔佐格、德梅隆建筑事务所）

图6－24 苏州博物馆符合建筑的文化特征原则

图6－25 西班牙卡塞雷斯美术馆具有厚重的历史文化遗迹感

（4）符合建筑群落关系的有机性原则

这项原则是指建筑群落在规划营造时，要保证其内在的有机性关系。有机性体现在两个方面：其一，构成建筑空间环境群落的单体之间要体现出建筑形式的有机性。如果体现出建筑群落形式的有机性，则有利于对建筑场的感知体验，促使其场效应的发生。而建筑群落的形式杂陈无序，就会导致感知识别系统混乱，无法形成清晰有效的知觉体验。笔者在福建永定考察时，曾看到某村在传统的土楼旁边建了一座现代化的“土楼”，像是村委会的办公楼，外墙全部用瓷砖粘贴，从形式上失去了原有土楼的材料质感，感觉极为不协调，这就破坏了建筑群落形式关系的有机性原则。笔者在安徽查济考察时，看到古村落中竟然建有一座洋式小楼，与古村的建筑环境、周边自然环境不相融合，相当突兀，这就是违背了环境的有机性原则，应属于拆除之列。

其二，构成建筑空间环境群落的单体之间须具有建筑功能联系的有机性。例如居民区与相配套的学校、商店、邮局、银行具有建筑功能联系的有机性，而与工厂、商务区规划在同一区就不具有功能联系的有机性，如果住宅处在火车站附近，高密度人流，持续的噪声，都会极大地干扰人们的正常生活，必然会造成负向消极的效应。

（5）符合建筑空间功能应用原则

对建筑空间的体验认知离不开具体的建筑使用功能，对于建筑而言，人的使用功能要求是与建筑场效应密切相关的，人的感官、肢体、行为对于建筑空间的体验具有微观敏锐的特征，任何与功能有关的细节，都会伴随着体验而得出相应的效应判断。在很多情况下，就是因为建筑空间在功能细节方面未能达到人性化要求，而影响了对其品质的体验评价。

2. 要件二——人与建筑空间环境的关系

人与建筑空间环境的关系体现在若干方面：一是知觉与体验的存在条件；二是知觉与体验的方式；三是个体对建筑所持的态度。

（1）知觉与体验的存在条件

在建筑场信息活动中，信息活动双方的主体与客体是在一种客观存在条件下来进行的。人之于建筑的位置、距离、角度，知觉与体验的时间，当时的情景下的光影、温度、声音等都是知觉与体验的相互存在条件，每一种存在条件及其组合都会产生不同的知觉体验，反映出不同的建筑场效应。

假如一栋建筑的形态很有特点，从各个角度都可以获得很好的观赏效果，但是由于该建筑处在高密度建筑区域，无法拉开人与建筑的观赏距离视线，那么这栋建筑就非常遗憾地丧失了大部分形态审美效应。如果朗香教堂建在某都市密集的建筑群中，不仅其观赏效果受到影响，更为重要的是，其存在的“氛围意义”也会丧失。有很多建筑从设计效果图上看是很有“效果”的，原因就是效果图是按照最佳观赏角度和光影效果来绘制的，而在实际建造环境条件中，却很有可能受到场地环境等诸多方面因素的影响和限制，不能够实现建筑设计效果图上的最佳“效果”。

（2）知觉与体验的方式

使用何种知觉体验方式，会对信息产生不同的获取把握，进而影响到效应结果。比如只是运用视觉方式，就会对适合于视觉的信息知觉和体验，而缺失其他感官的信息知觉和体验。因此，要全面地把握信息，需要视觉、触觉、动觉、听觉等知觉方式的共同知觉与体验才能完成。安藤忠雄在设计住吉的长屋时，考虑到日本人对自然的热爱，在抽象的方盒子中，对脚可以踩到的地板和手摸得到的家具全部采用自然材料从而使住户在精神上有所慰藉。当然，在不同的情景条件下，可能会侧重于特定的感知方式。比如站在山顶上俯瞰山下建筑景致，就会侧重于视觉的知觉与体验方式。而对一个楼梯、一扇门、一个座椅的知觉体验，就需要视觉、触觉、动觉的感官配合才能把握知觉体验。

图6－26 从布达拉宫鸟瞰下面景物是一种全景概括性体验

图6－27 近距离观看某建筑局部产生细节性体验

图6－28 当身体处于空间某种位置时会感受到建筑空间的状态体验

（3）个体对建筑的态度

效应与个体的差异有关，建筑场效应在很多情况下是取决于个体对特定建筑的态度，建筑知觉与体验的实践表明，人们在面对同样的建筑空间时，会表现出不同的知觉取向，其体验的关注点与兴奋程度均有不同，从而导致效应反馈不尽一致。在兴趣侧重方面，可能有人侧重于建筑表象，有人侧重建筑功能，有人侧重于建筑历史，还有人侧重于建筑技术。

在情感侧重方面，由于建筑背景和人的生活经历等方面原因也会导致体验效应的差异。例如，中国大剧院的形式与中国人的审美意识和习惯有距离，就可能造成某群体对其否定的体验效应。如果有人对某建筑的造型样式持否定态度，他不仅不会投入体验感情，还会产生逆反心理。假如一栋建筑很美观，但是它影响到某住宅的采光，那么这个住宅中的人对影响自己住宅采光的建筑，不仅是感情否定，而且还会为自己住宅的采光权益采取维权行动，而无关其使用利益的其他市民却可能对这栋建筑有不错的评价。因而，建筑场效应的个体态度是客观存在的，是影响建筑场效应的因素之一。

3. 要件三——遵循建筑场信息活动规律

建筑场能否显现效应，要看是否遵循了信息活动规律，只有经过信息活动过程，才能获得完整的效应结果，如果缺失了其中的某个环节，就会造成信息活动链接的不畅，影响到全面的效应结论。

（1）获取建筑信息方式

建筑信息获取方式分为直接获取和间接获取两种方式。直接获取是置身于建筑空间环境之中，直接依靠感官获取信息。间接获取则是依靠文本、图片、声音等媒介方式来获取信息。间接获取虽然也能够把握一定的建筑概况，但都属于知识信息的了解，不具有体验性质。直接获取则不同，人置身于建筑空间环境中，能够体验到“建筑空间”和“我在空间”的存在以及建筑空间对自身的影响，对建筑环境产生“磁场”的感应。安藤忠雄曾经说过：“要真正理解建筑，不是通过媒体，而是要通过自己的五官来体验其空间，这一点比什么都重要。”① 因此，要形成建筑场效应，就必须亲历建筑空间现场，直接获取和感受建筑空间信息和氛围。

（2）生理感官知觉机制

由于建筑场信息获取对感官的综合性要求，从生理构造角度看，人的生理感官系统需要协调，才能完整地获取信息，如果生理感官有某些缺失，就会影响到知觉机制的有效运行。因此，生理感官知觉机制的完备性，是建筑场效应信息活动的基本物质条件之一。

（3）信息认知体验的理性机制

建筑信息获取与处理的终端环节是建筑认知，认知是在知觉的基础上发生的，具有理性的推理和判断特征。只有知觉的感性与认知的理性有机地结合，才符合建筑场信息活动规律，只有经过认知理性的积淀，才能更深入地触及对建筑空间环境的高级情感体验层次。

（二）建筑场的效应范畴与意义

建筑场所产生的效应是多向位、多层次的，归纳可概括为建筑场的个体效应和建筑场的社会效应，下面逐一进行分析。

1. 建筑场的应用效应

建筑场的应用效应，是指侧重于建筑空间环境在物质功用方面的品质和效率的实现程度以及人对其实现程度的体验和判断的反馈。

建筑为之用的基本观点是建筑产生的原点，建筑首先应该满足的是被称之为使用功能的“用”。“用”，对于建筑来说，它所包含的内容相当多，范围也相当广泛，但都应围绕着一个核心问题，即以特定时代的“人”为设计的出发点，包括人的特征、人的需要、人的情感。总之，是以为“人”

---

① 安藤忠雄论建筑．（日）安藤忠雄．白林译．中国建筑出版社，9.

设计为宗旨的。

建筑场的应用效应，是在对建筑空间环境功能性体验的基础上获得的，没有人会对适用的建筑提出否定意见，效应能够反馈出建筑应用功能的实现程度，并决定对建筑基本品质的评价。

人们对某建筑的功能效应的反馈评价，由该建筑在当时所有条件的支持下，同时也在一定条件的规定下的最佳操作所决定。比如说，传统的徽派民居，在我们今天看来其应用功能肯定不如当代的住宅，但是在当时的社会制度、物质技术等条件下，已经体现出了最佳的状态，所以应该是以当时的应用效应为标准，而不是以现代的应用效应为标准。即便是两个标准，优秀的传统民居依然有着我们今天需要继承的文化性的内涵。

再比如，现代的五星级的酒店与三星级的酒店相比较，由于前提设定不同，二者之间在规格设定、营建投资、设计要求、服务对象、服务项目、收费标准等方面均有差异，因而功能效应也会不同。住五星级酒店比住三星级酒店舒适是肯定的，但如果人在体验过程中，理性地认识到酒店星级的这种差异，考虑到二者的不同标准和条件，在三星级酒店中，在它所能够给予的最佳功能状态下，人的体验依然能够得到很好的应用效应反馈。

2. 建筑场的伦理效应

建筑伦理，即在建筑上所反映出来的社会伦理道德价值的标准和原则。建筑场的伦理效应，就是指建筑的营造实践活动是建立在一个什么样的伦理观念基础之上，是整个社会对建筑伦理内涵和价值的具体反映。

不同的历史时期和社会体制有不同的伦理观念，这种社会伦理观念意识会影响到各种物质创造活动。建筑也不例外，纵观建筑历史，建筑伦理始终贯穿其中。从建筑的服务对象方面来看，在封建社会，建筑服务的主要对象是封建君主。西方资产阶级工业革命后，建筑的服务对象逐渐转向城市市民，而当代建筑服务则扩展到整个社会。从建筑的形式来看，封建帝王追求豪华奢侈、镶金贴银，极尽排场奢靡之能事，而现代建筑则注重民主、经济、适用。从建筑与环境生态角度来看，有些建筑不顾环境生态原则，造成环境生态系统的破坏，而生态建筑观则强调建筑的生态哲学观，尽量做到人工与自然和谐相处。以上等等，都说明建筑伦理价值观在潜移默化中所起到的作用。

建筑伦理也会通过建筑场体现出其效应，建筑应该按照什么观念原则来规划建造，实际上，建筑的生态原则、环保原则、经济原则、功能原则、美学原则，都是建筑伦理价值观的支配下的建筑实践体现。从宏观的建造规划到细微的功能设计，无不渗透着建筑伦理的内涵。占用大面积的森林用地用于开发建筑，就不符合建筑的生态伦理；忽视残疾人这个群体的生活行为要求，缺乏应有的人性化建筑设计，就是不符合建筑的人伦情理；只兴建豪华住宅，而不考虑建造经济适用房和廉租房，就不符合社会群体享有平等住房权的伦理原则；完全将老城区夷为平地再建新城，而不考虑城市文化的保护性改造，也是对城市文化情感伦理的巨大损害。

建筑场效应能够触发人们对建筑潜在的伦理性的审视与判断。由此可见，建筑伦理的价值观念体现了一种社会的文明程度。

3. 建筑场的审美效应

建筑、空间、环境都需要以美的形态出现，美的形态体现人们追求高品质生活的共同愿望，无论是单体建筑，还是建筑群落以及相关的环境构成，都需要按照环境美学原则来规划营造，使人产生精神审美愉悦的感受体验。建筑场的审美涉及的美学概念较多，比如审美主体、审美客体、建筑美因、审美信息、审美态度、审美心理、审美机制等，亦有内容侧重之分，一般情况下可以分为生理快感审美、心理愉悦审美、建筑形式审美、建筑功能审美、建筑内涵审美、建筑联想审美等。建筑场的审美既包括形式也包括内容，同时也反映建筑意识和建筑理念。建筑场的审美效应的意义概括起来反映在三个方面：一是能够体现出丰富、和谐、富有感染力的建筑形式和环境氛围，给人以建筑的视觉观赏美感；二是体现在建筑的社会因素对建筑审美的意识导向，给人以建筑的时代意识美感；三是能够体现出人们对自身生存环境美学品质提升的不断追求，给人以建筑的创造性美感。

建筑的审美效应是社会公众中的每一个个体都能够知觉体验到的，它既具有符合社会公众群体一般规律的共性，也具有人的个体条件差异的个性，因而在具体分析其效应时要注意到这一点。

4. 建筑场的情感效应

情感效应是一种综合性的具有积极意义的效应，它建立在对所有建筑要素理解、认同的基础上，通过对建筑的体验和认知获得。这里所说的情感既包含感性认识也包括理性认识，是对建筑内涵理解认同后的评价反馈。

建筑场情感效应能够使人体悟到建筑给予人们的精神价值，建筑已经不仅仅是物质形态，在此，人与建筑、空间的关系已经超越了物质层面而进入精神层面，它已经与人的个体或群体的生存意义融合起来。

建筑场情感效应并非只是通过建筑师的设计来完成，而是需要使用者的生活参与共同实现。日本建筑师安藤忠雄在设计中就极为重视建筑与人的感情对话，他在一篇“身体与空间”的文章中，把用户看作是“观众”或“参与者”，而不仅仅是一个“占有者”和“使用者。同时，他更多地把他设计的住宅看成是可感知的场所，而非纯功能性的遮蔽物。他说到：“我愿意成为用户与建筑深层对话之间的一个中介，因为我的空间超越了理论，而触及最深层的精神层面，换言之，我创造的空间与基本的人性相关。”① 正因为如此，物质的建筑空间与人的生活凝结成为有机的情感空间，所以在对建筑场效应的评价中，应该重视建筑空间所具有的情感感召力。

以上概括分析了建筑场效应不同的侧重及其意义。虽然建筑场效应有不同方面的侧重，但并不是以各自独立的形式呈现的，建筑场效应是一个完整的体系，各类效应之间呈交错交融结构，相互影响、相互渗透，最终形成整体效应，体现出综合的效应价值意义。

① 国外建筑大师思想肖像．建筑师．中国建筑出版社，2008，04.

第七章　建筑场理论与建筑美学

建筑场研究与建筑美学之间有着密切的联系。这种联系在于两者的研究都涉及主客体相互间的关系以及着重于体验所产生的效应。因此将建筑场研究与建筑学美进行比照分析，可以从研究内容、规律、目的等方面找出两者的差异与相融之处。同时，也能够将建筑美学的相关理论和研究成果有机地应用于建筑场研究之中。

建筑美学是建筑学和美学交叉融合后形成的新学科，主要研究建筑领域里的美的本质、规律和审美问题。它既能够充实美学分支研究领域的理论，又可以丰富建筑学领域理论体系并指导建筑创作的实践，还是当代建筑文化重要的研究内容。因此，逐步细化的交叉、分支学科理论研究现象是当代学术研究的一种特征和趋势。

建筑美的本质、规律与建筑审美活动是建筑美学所要研究的两大内容，建筑美的本质是研究建筑美的本质规律和形成规律，建筑审美是研究人的审美意识规律以及人的建筑审美活动规律。在已经展开的建筑美学研究中，对于建筑美和建筑审美的研究都取得了富有成效的研究成果，在建筑场理论的研究中，不可避免地要涉及建筑美学的内容。下面我们结合建筑场来讨论建筑美与建筑审美问题。

一、建筑美的内涵

建筑是否是美的，取决于两个方面：一是建筑需要按照功能要求和美的法则来进行设计和建造，而且两者要形成有机的统一，使建筑具备综合美（内容与形式的统一）的信息积累，能够达到建筑美的信息“量”与“质”的要求。在这个建筑的物化体中，蕴涵着建筑意识、思想、观念、伦理、情感等方面的内容，并通过建筑物化实体得以体现。二是建筑是否能够真正实现审美的效应和价值，还有赖于人们在对建筑实际的使用与体验的过程中，对建筑所体现出来的诸多要素的应用评价，这就涉及建筑的审美问题。

我们先来看建筑美的基本含义。建筑美可以有狭义和广义之分，一般说来，狭义的建筑美是指单体的建筑所反映出的美学信息，如建筑的功能的完善、形式的悦目、技术的精湛等。而广义的建筑美则是不仅仅着眼建筑的单体美，而是把建筑放到更为广阔的特定的时空及文化背景中去考察。从时间的角度讲，不同的历史时期有对建筑不同的审美要求，从空间的角度看，建筑建在什么地点，建筑群与建筑区域的形成及其关系，都是评价建筑美的重要参照标准。从文化的视野来审视，人类文化的诸多因素如意识、思想必然会对建筑活动产生巨大的影响。因此，广义的建筑美是在狭义的建筑美基础上的外延扩展，广义的建筑美较之于狭义的建筑美涵盖因素要丰富得多，它更多地表现为诸多关系的有机性。无论是狭义的建筑美还是广义的建筑美，对于建筑场的研究都具有重要的参照作用。

（一）狭义的建筑美

狭义的建筑美对建筑物是具有普遍标准意义的。古罗马时期的建筑理论家维特鲁威在《建筑十书》中提到关于建筑美的问题，维特鲁威对建筑理论的最大贡献是对建筑艺术及其美学的贡献，他提出了经典的“建筑三要素”观点，这就是建筑应该符合“适用、坚固、美观”的要求。这一观点从古罗马一直到今天，仍然是基本适用的，是对建筑最基本的标准和要求。美国著名现代建筑师埃罗·沙里宁也曾表达过类似的建筑观点：“不论古代建筑还是现代建筑，都必须满足功能、结构和美这三个条件。”① 以上观点都是围绕着建筑三要素而展开的建筑美学探索，是狭义建筑美的思想核心。由于这种理论及研究针对建筑本体的美学特性，也可以说，狭义的建筑美就是建筑的本体美。

建筑三要素中将美单独列为其中一条，是与其他两条并列的。这便会引出第一个问题，即这里所说的“美”到底是指什么？通常应该理解为建筑的形象，即建筑的样子看上去是美观的，是赏心悦目的，这就涉及建筑的形象、形态、形式等方面的问题。关于建筑的形象、形态或形式等是否美的认识，不同的背景和观念可以导致不同的认识结果，因此并不具有共性和确定性。

同时，也会引申出第二个问题，即建筑的功能（适用）里是否存在美？如果我们只是将视觉感受的结果作为美的评判标准，那么，建筑的美就只能与视觉的建筑形式有关，而与建筑功能的使用体验无关。显然这种推断是不能够成立的，因为审美的终极目的是人的情感体验的满足，建筑是作为一个整体来供人进行体验的，它既包括视觉的，也包括人的所有感觉器官对建筑的知觉和认知。通过对建筑的使用行为体验，如果符合甚至超过使用心理预期，就会得到情感体验的满足，产生功能满足的愉悦感。因此，我们可以认为建筑功能是与美有着密切联系的。

继而引出第三个问题，建筑技术环节（合理、坚固、安全）是否存在美？建筑的结构合理、坚固安全对于建筑来说是最为重要的，是建筑首位的要求，它的重要性要超过建筑的美观。建筑技术环节同建筑的功能有着直接的关系，没有建筑技术的保证，就不可能有效地保证建筑功能的实现。建筑技术也同建筑形象有着密切的关系，许多建筑形象就是建筑结构方式的结果。如中国古代建筑的形象特征就是由木结构（抬梁式、干阑式）的方式导致的，西方古代建筑的形象特征就是由石结构（拱券结构）的方式形成的。随着现代建筑技术的发展，建筑结构方式较之于古代更为多样，钢结构、膜结构等结构方式广泛应用于建筑，建筑结构技术的发展甚至可以颠覆传统建筑的形象，创造出不可思议的新的建筑形态，而建筑结构也从建筑的幕后走向前台，将自身特有的技术魅力展示出来。同时，建筑工艺的精湛也可以将技术层面的内容转化为艺术层面的内容。因而，可以认为建筑技术也具备美学品质，是建筑美不可或缺的构成要素。

基于以上观点，狭义的建筑美并不只限于建筑的形式，它同时也存在于建筑功能和建筑技术中，因此我们称，建筑的功能美、建筑的技术美是符合建筑美规律的。综合归纳，狭义的建筑美的构成应为功能、形式、技术三个要素的有机统一，三者并不是各自独立的表现状态，而是在相互依附和交融所形成的整体中实现其意义的。由于建筑的功能类型不同，所以每一栋建筑在这三者的要求比例上会有所不同。如中国国家大剧院，就需要这三要素有同样的比重；一座纪念碑可能在形式美要求的比例上有所增加；一个科研机构会在功能美、技术美的比例上占有优势。

狭义的建筑美的观点对于研究建筑美具有重要的意义，通过某种归纳，找出建筑所共有的美的特征与规律，即建筑美的共性，形成建筑美创造的一般法则。事实上，在人类不断的建筑实践活动中，一栋建筑所含有的美的因素相当复杂。比如建筑的伦理性，建筑是否符合建筑所处时期的建筑伦理标准；建筑的情感性，建筑是否符合某一社会群体的情感认同；再有，在建筑的特殊意义方面，

---

① 埃罗·沙里宁．功能、结构与美．建筑师．(7)，169.

如属于建筑遗产方面的建筑遗址、历史建筑、文物建筑、特殊事件建筑等。它们已经不可能用以上狭义的建筑美的一般原则来要求，而是背景意义在起着主导作用，因此，狭义的建筑美的观点除了具有一般规律外，还有其复杂性和特殊性。

图7－1 上海大剧院，单体的建筑美存在于自身的形式、功能和技术的综合性中

图7－2 悉尼歌剧院，建筑的独特形象给人留下丰富的审美想象

（二）广义的建筑美

广义的建筑美不仅着眼于建筑的本身，同时更多地关注建筑环境的整体美。广义的建筑美包括对建筑环境有机形成的诸多环节的美学评价，它包括城市规划、城市设计、景观设计、园林设计、室内设计、公共艺术设计、广场设计等人工环境营造要素群，考察所有已经存在的相互关联的建筑之间在功能和形式能否形成一种和谐的关系，同时，这些已经物化了的建筑所释放出的信息是否具备社会文化、思想意识方面的承载内涵。这样一种对建筑美的审视，已经超出了对狭义建筑美这一命题的讨论，而是将其纳入人工营造环境这个大的范畴当中了。广义建筑美的意义就是将建筑放到了一个更大的背景平台上进行考察与评价，对于建筑美的总体价值给出一个科学的评价结论。

狭义的建筑美与广义的建筑美，应该是一个涵盖的关系，即：狭义的建筑美要符合广义的建筑美。在建筑实践中，这两者之间却常常会发生矛盾。比如一个符合狭义建筑美原则的建筑，放到某个建筑环境中却是不协调的，每个单体都很有特色的建筑，组合到一个建筑环境中，却使得整个建筑环境混乱不堪。对此，曾有一位美国建筑师尖锐地指出："我们的问题不在于单幢建筑的质量，设计得很出色的建筑不在少数，然而散开来分布于城市和乡村，给我留下的印象却是泽西城的火车大车祸，一堆傲慢武断的、过于隐秘的和异常混乱的大杂烩。"① 现代城市化的急速发展和扩张，导致城市规划与建筑的无序化建设状况加重，建筑环境品质下降，建筑环境的现实问题使得人们从建筑转向环境，从建筑单体转向城市环境，从形式深入到体验。从而也使建筑美的观念的"外延"有了更大的拓展，使广义的建筑环境美成为新的建筑美核心理念。其标志性的宣言是1977年国际建筑师协会通过的《马丘比丘宪章》，宪章中指出：现代建筑要强调的"不再是孤立的建筑（不管它有多美、多讲究），而是城市组织结构的连续性"。② 与城市设计、建筑环境、环境艺术、风景园林等相关的美学理论的研究领域也呈现出繁荣景象，如美国的凯文·林奇所著的《城市意象》，挪威的诺伯格·舒尔茨的《存在、空间与建筑》，日本的芦原义信的《街道的美学》、《外部空间设计》，意大利的阿尔多·罗西的《城市的建筑》等著作，都是论述建筑环境美的研究成果，从社会学、心理学、城市学、生态学等不同角度，多侧面地论述了广义建筑美的内涵、意义和建筑环境美的内在规律。

其实，建筑环境美的概念和意识并非只是现代社会的产物，而是有历史渊源的。肯尼斯·弗兰

① 张钦哲．美国建筑向何处去．建筑学报．1986，9.

② 建筑师．中国建筑工业出版社，1980.

姆普敦在谈到这个问题时说："希腊人绝不会脱离建筑地点以及它周围的其他建筑物去构思一幢建筑……每个建筑主题本身是对称的，但每一组都处理成一景，而各组建筑的体量却组成了相互的平衡。"① 这说明早在古希腊时期，建筑环境整体性的意识已经存在，而且在建筑规划营造中得到了很好的体现。在此后的欧洲城市形态进化中，中世纪城市的规划营造也体现出了很好的有机性和整体性，无论是街道、广场、建筑群都具宜人的尺度，建筑自身各有风采，但局部服从整体，整个建筑环境既变化丰富又协调统一，应是建筑环境美的有力例证。

我国传统建筑观在建筑环境的整体美方面也实践得非常充分。首先是建筑选址方面，注重自然环境与人工建筑环境的有机结合，使人居建筑环境得益于自然的恩惠。安徽南部古村落宏村就是一个极好的例证，它的选址不仅从生态学角度上符合人的生存要求，而且从环境美学角度上看也是极其优秀的，建筑环境信息给人的体验用"诗意的村落"来比喻是最恰当不过了。其次，从建筑群落的结构布局规律来看，"中国建筑不但在平面上作同一组织的多次重复，在立面构图上同样是作不断的重复，这样不但使二者间取得极为和谐的关系，同时又取得强烈的节奏感。"② 正是由于中国传统建筑的这种特征，使得建筑环境的协调美这一概念自然而然地在建筑营造中实践着。北京紫禁城就是典型的宫廷建筑群落美的实例。从其他建筑群类型看，也无不如此，比如现存的云南丽江古城，山西平遥古城，山东曲阜的孔庙、孔府，山西平遥的乔家大院等建筑群落环境等都遵循了这一建筑原则。

图 7-3 安徽黟县宏村，建筑美反映在建筑群落之间所形成的有机关系

图 7-4 上海人民广场，上海博物馆与背景中的建筑形成的城市建筑景观

（三）多义的建筑美

建筑美除了反映在它的狭义和广义上，还有它的多义性。所谓多义性，就是建筑发展至当代，它所呈现出的多重意义的内涵，比较鲜明地反映在两个方面：一是强调建筑阅读体验的文本性特征；二是强调建筑生态理念的生态性特征。

1. 关于建筑的文本性特征。

当代的文化语境中，文本的观念已经扩展了，可以泛指一切可阅读和体验的事物，如文学、新闻、艺术、设计、建筑、景观等。当代法国思想界的先锋人物、著名文学理论家和评论家罗兰·巴特（Roland Barthes 1915 ~ 1980 年）倡导"新写作"方式。所谓"新写作"方式就是逃离语言秩序束缚的"中性写作"。这种写作是直呈式的写作，是反修饰、反叙事、反深层意义的写作，呈现出中性的形式状态。

文本可以分为"可读性文本"与"可写性文本"两种。所谓"可读性文本"就是固定的自足的

① （英）肯尼斯·弗兰姆普敦．现代建筑——一部批判的历史．原山等译．中国建筑工业出版社，1988，11.

② 李允鉌．华夏意匠．天津大学出版社，2005，163.

现实文本。在可读性文本中，能指和所指之间的关系一目了然，文本的意义是可以把握解读的，阅读只是接受或拒绝，而并不是重写。所以，可读性文本是读者消费的文本，它在不断的阅读中把握其有限的意义。而“可写性文本”是可供重新书写的文本，是可以进一步扩散改写的文本。巴特以其意义的多重性、空间的开放性和语言活动的无限性，为不同读者的解读提供了文本模式。可写性文本打破了文本内部的有限性制约，使读者不是通过语言去观看一个先定的世界，而是去洞悉语言自身的新本质，并与作者一起参与创造作品中世界的新意义。

传统建筑美的观念体现为“可读性”，即建筑已经规定了建筑的美与审美的意义，人们对此只需要接受性地阅读。而当代建筑美的观念呈现为“可写性”，即建筑只提供一种中性（多义性）的形式状态，并不规定建筑美与审美的意义，在对建筑的体验中随时可以按照自己的意愿进行阅读并重写。

文本可写性的建筑美学观念突破传统的建筑美法则，以独特的思维方式，构建了另一个建筑美体系，来表达建筑的美学意义。在这样的建筑美学观念引导下，建筑本身的表现力得到了充分的发挥，同时也丰富了建筑审美的想象力。传统美学范畴中的“美”已被“表现”和“表现力”所取代。一栋建筑是否具有美学意义不再简单地依赖于建筑师或建筑实体的意愿，而在很大的程度上需要观赏者的参与、体验与再创造。由于建筑的“可写性”而导致建筑可以获得多重美学意义的指向。

图7-5 北京长安街某建筑，呈现为可读性建筑文本

图7-6 奥地利驻德国使馆，呈现为可写性建筑文本

2. 关于建筑的生态性特征

由于当今社会日益重视可持续发展的理念，社会建筑伦理观念也发生了质的变化，建筑的生态观念逐渐成为对建筑美学价值的评价标准之一。

建筑的生态性特征体现为两个方面。其一，是指建筑的设计营造必须要考虑它的自然生态环境条件和背景，同时也要考虑建筑的文化生态历史与文脉。简而言之，就是建筑的设计营造必须使某地域、地区的自然与人文有机、协调、共生。

图7-7 吉巴欧文化中心

其二，是指建筑要考虑自身的生态循环系统，比如低耗节能、利用太阳能、优化空气质量、减少污染、降低噪声等，使建筑成为绿色健康的生态建筑。建筑的生态性要靠各种建筑生态技术来实现，同时这些技术也会带来与功能相匹配的建筑形式。

显然，建筑的生态观念为建筑美学增加了新的信息内容，也为建筑审美带来多重意义的审视、认知、判断与评价。

在时代发展的过程中，建筑美的理念发生了巨大的变化，在继承、发展、创新的循环中，我们寻求的应该是一种符合特定时代人的生存审美情感的建筑美学表达方式，才能真正体现建筑美的意义。

图7－8 清华大学生态建筑

二、建筑审美机制

建筑美的发生是建筑（环境）将自身的美因信息作用于审美主体的结果。我们称含有美因信息的建筑为审美客体，而人则是审美主体，二者之间是一种相互作用的关系，可以看作是审美过程，而审美的最终结果则是审美效应。审美主客体之间的关系带有鲜明的生动性和复杂性，只有在二者协同并积极地作用下，建筑美感信息才能得以传递，才能够最终产生建筑审美效应。建筑审美效应可用以下公式表示：审美效应＝f（审美主体·审美客体）。审美效应是审美主体、审美客体的函数，前者随着后者的变化而变化。

建筑审美，简而言之，就是指人作为审美主体在对建筑美的观赏与认知过程中所产生的一种心理活动。美产生于建筑，审美则是主体对建筑美的能动反映。建筑美的信息汇聚于建筑自身，并通过有效的方式进行发送。建筑美的信息接受则有赖于审美主体的建筑审美能力。这也说明，在建筑审美中，二者缺一不可，而且随着双方的信息交流而产生相应的审美效应。

建筑审美是一个比较复杂的心理活动，这种复杂性是由建筑美的综合价值特性所决定的。较之于其他产品，建筑美的综合价值特性表现在：既要符合生理要求的使用性规律，又要符合建造要求的技术性规律，还要满足观赏要求的形式美规律。这三个方面贯穿于人对建筑的生理感觉与心理认知过程中，由此而产生多层次的审美心理结构，从而形成特殊的建筑审美机制。下面从三个层次来对建筑审美机制进行分析。

（一）生理性快感审美

审美的初级层次产生于生理快感，人的生存本能对外界提供的适应性条件产生的本能性心理反应。对建筑的生理性快感产生于建筑所提供的各项物理条件，条件实现的程度越高，生理快感的满意度越高。在人的生理感觉器官中，人的眼、耳、鼻、皮肤等感官所具有的视觉、听觉、嗅觉、触觉都会发挥相应的作用。比如形式优美的建筑使人愉悦；适宜的尺度住宅，会使人感到平和；光线柔和的客厅，使人感到温馨；没有噪声干扰的卧室使人感到宁静；温度、湿度适度的房间使人感到舒适；铺有地毯的房间使人感到柔软。这些都是人的生理感官对建筑所提供的物质条件做出的本能的反应。虽然此阶段仅反映在人的生理阶段，但其形成的快感却能够成为建筑审美的必要条件。虽然我们并不能够认定生理快感就是建筑美感的全部，但是，如果教室的照度不能达到学习要求，使学生在学习中视神经过度疲劳，楼房的台阶设计不合理，造成人的腿部肌肉疲劳甚至有安全隐患，也就不能使人产生生理上的快感，更不可能为进一步的建筑审美确立前提。因此可以说，人的生理快感是构成建筑审美的有机组成部分，是建筑审美机体构筑的平台。

图7－9 兵库县景观园艺学校校舍，幽雅、静谧的校舍环境给人以愉悦感

图7-10 兵库县景观园艺学校多媒体教室，整洁、先进的教室能够提高教学效率

图7-11 兵库县景观园艺学校餐厅，洁净、闲适的学校餐厅满足就餐的需求

（二）心理性愉悦审美

对建筑审美的进一步深化，则涉及人的心理机制范畴。人的生活知识和经验决定了对外界事物的知觉判断，评判建筑是否有美的品质，取决于人的生活知识和经验的积累，人的知识的理性在这里发挥了应有的作用，可分为三种情况：

1. 对建筑抽象形式的审美判断

图7-12 园林景观具有意境形式美，给人愉悦的感受

图7-13 中银大厦具有几何形式的建筑美

2. 对建筑具象联想的审美判断

对建筑具象联想的审美判断是指建筑形象能够使人对其他事物产生具象的联想。这种联想也是人们的生活经验所致，同时也反映了人们的审美心理习惯。如中国传统建筑的屋顶飞檐能够使人联想到飞翔的鸟；柯布西耶设计的朗香教堂能够使人产生多种形象的联想，如鸟、帽子、耳朵等；澳大利亚的悉尼歌剧院使人联想到扬帆远航的巨轮；中国北京国家体育场使人联想到“鸟巢”。尽管现代建筑强调使用功能，讲究功能效率，但一度使建筑成为国际式的方盒子，千篇一律的缺乏想象力的建筑最终被其之后的众多建筑思潮所取代。应当注意的是，当代也有反对建筑形象附会的观点，

认为建筑形象附会使建筑变得小儿科甚至庸俗化，这是属于建筑设计观念方面的问题，在此不作过多评论。但是基于人们审美想象的天性，建筑只要给人们一点想象的余地，人们就会发挥其审美想象力，来构筑他所想象和期待的建筑形象。

3. 对建筑艺术联想的审美判断

除了对建筑抽象形式的审美判断和对建筑具象联想的审美判断之外，还有一种联想的审美判断，这就是对建筑艺术联想的审美判断，这种情况是指人们对建筑所提供的美因信息产生类似其他艺术门类的联想，也可以称之为“艺术类比”审美现象。比如通过建筑形态的美学信息，去联想感受到它具有类似听觉美感的“音乐性”，或是具有视觉美感的“雕塑性”和“绘画性”，还可能是有情节体验美感的“戏剧性”等。中国传统园林布局营造的美学创造就很充分地说明了这种“艺术类比”现象。园林总体布局就像是一首委婉抒情的古曲，园林建筑、理水堆石形成了视觉的“雕塑性”和“绘画性”；游园的过程犹如体验情节曲回的“戏剧性”。建筑的这种“艺术类比”现象，反映了建筑审美心理的一种转换机能，是一种高层次的审美形态。

图 7－14 荷兰风车能够引发对风、浪漫和飞翔的联想

图 7－15 苏州园林富有诗情画意的联想

（三）情感性体悟

情感性体悟是审美过程的高级阶段。除了生理性快感审美和心理性愉悦审美外，建筑还有可能具备另外一种审美的高级形态，这就是情感性体悟审美。这种审美形态需要两个条件：一是建筑的特殊性使其具备了情感审美信息；二是审美主体的特殊性使其具备了情感性审美的素质与能力。

所谓建筑的特殊性，一是包括建筑的功能类型，二是该建筑对于审美主体所具有的特殊意义。建筑的功能类型中，有些建筑承载着较多的情感意义。如文化性建筑、纪念性建筑、宗教性建筑等，这一类的建筑本身就以精神功能为主，故在建筑信息的形成中，情感性因素占主导地位，人们很容易在与建筑信息的交流体验中产生情感共鸣。安藤忠雄所设计的三个著名的教堂：风之教堂、水之教堂、光之教堂都能够给人以深刻的人生哲理情感体验。德国柏林的犹太人纪念馆，运用建筑语言的表意功能，使祈求人类和平的理念得到了充分的表达。

至于建筑对于审美主体所具有的特殊意义，主要表现在建筑所承载的信息具有特殊性，特殊性包括建筑的文化意义、时期意义、生活方式意义、人物事件意义等方面的内容。希腊雅典卫城帕提农神庙，具有很强的世界性文化意义。中国山西的应县木塔，是目前世界上历史最长且惟一

图 7－16 丽江古城是活性的建筑群落文化标本

现存的纯木结构建筑，具有中国建筑技术考证和文化成就等多重意义。法国巴黎的埃菲尔铁塔，象征着新的观念、新的材料、新的结构、新的形态和新的时代的开始。中国云南的丽江古城，是中国西南茶马古道上的重镇，是多民族交汇生活的古城镇，具有非常珍贵的历史生活方式的保护意义。

对建筑的情感性体悟是建筑审美的最高境界，它把物化的建筑上升到一种精神境界的层面，赋予了建筑以象征性。它反映了人对建筑由感性到理性认知的层次和过程，正如美国著名社会心理学家马斯洛（Abraham Maslow，1908～1970年）的需求层次理论中所列出的生理需求、安全需求、社交需求、尊重需求、自我实现需求五个层次。同时，对建筑的这种情感体悟也集中体现了马斯洛提到的“高峰体验”，并通过这种体验使人达到“完美人格的典型状态。”

三、建筑场理论与建筑审美的关系

以上我们分析了建筑美的内涵和建筑审美机制。显然，建筑审美与建筑场理论研究之间有着某种关联，那么它们之间究竟是一个怎样的关系？有着怎样的结构方式？下面尝试分析。我们可以假设如下四种情况：

（1）建筑场理论与建筑审美理论呈平行状态，二者各自独立进行研究。

（2）建筑审美理论涵盖建筑场理论，二者成为所属关系，建筑场研究属于建筑审美学范畴的研究内容。

（3）建筑场理论涵盖建筑审美理论，二者成为所属关系，建筑审美属于建筑场研究范畴的研究内容。

（4）建筑场理论与建筑审美理论在某些部分呈交错关系，可以相互借助理论研究成果。

为了弄清楚以上假设，我们首先从二者各自的研究内容与研究目的的比较中进行分析。

（一）建筑场理论研究的主要内容与目的

主要内容：

建筑场的含义与类型；

建筑场理论研究的意义；

建筑场的信息特征与构成；

建筑场的信息活动机制；

建筑场的信息效应分析。

研究目的：

为确立建筑场概念成立并客观存在的科学合理性，通过系统研究建筑、信息、人之间的关系，把握建筑场的信息活动的复杂性、丰富性、特征性与规律性，启发建筑环境优化的思路，为人工建筑环境的优化发展提供一个可供参考的理论评价体系。

（二）建筑审美理论研究的主要内容与目的

主要内容：

建筑美的含义与类型；

建筑审美的意义；

建筑审美的机制。

研究目的：

通过对建筑美因与建筑审美的系统分析，把握建筑美因原则与审美活动机制，以此来启发积极的建筑美的创造思维方式与正确的建筑审美观照态度，为建筑环境不断提升美的品质而提供理论参照体系。

在以上对比中我们可以了解到，从研究内容上看，建筑场理论强调建筑整体综合信息的活动，建筑审美理论则强调建筑美的信息活动，二者有各自的研究侧重点。从研究目的来看，建筑场理论强调综合性地对建筑环境信息交流、体验与认知机理进行研究，外延相对大。建筑审美理论则强调从建筑美与审美互动的角度来关注建筑的美学品质，内涵相对集中。这样比较之后，我们可以对上述的四种选择进行分析：

（1）第一种情况可以否掉，因为建筑场理论与建筑审美理论并非毫不相干，二者可以交互研究。

（2）第二种情况不符合我们分析的逻辑关系，建筑场理论信息外延要大于建筑审美理论，并非所提出的涵盖关系。

（3）第三种情况比较符合二者比较之后的情况，但我们在前面谈到，建筑场理论的学科归属问题时，将建筑场理论归属到建筑心理学的范畴内而不是建筑美学范畴，这样的话就牵涉到跨学科研究问题而不是涵盖问题了。

（4）第四种情况较为合适，建筑场理论与建筑审美理论虽然归属不同的学科（建筑心理学和建筑美学），但在某些研究部分呈交错关系，可以相互借助理论研究成果。

这样我们就可以明确二者之间的关系，是属于在建筑学、美学、心理学整合后的相近学科研究中可以相互借鉴的关系。尽管在以上分析中我们要理清楚建筑场理论与建筑审美理论的关系，但在实际的研究过程中，实在是你中有我，我中有你，难分彼此。有很多基础研究的成果都可以相互渗透、借鉴、互补，而且，建筑场效应理论研究的目的，最终也还是要归结到对建筑的高级审美形态这一主旨上来。这也是为什么本书要单列一章建筑场理论与建筑审美。在本书此后的建筑场效应分析中，还会多次提及与建筑审美有关联的内容。

四、建筑场的审美效应

建筑场的审美效应建立在建筑场客体与在场中的人的信息活动中。建筑场中的信息构成比较复杂，但所有信息活动的最终结果，都要归结到对建筑审美评价的层面，即建筑场信息所引起的人的心理活动，是按照人对建筑审美的预期要求来进行的，能否达到审美心理预期，则要依据审美主客体在建筑信息场活动中的实践。我们下面就对此进行一些尝试性的讨论。

建筑场所引发的审美效应，会因建筑信息的指向性不同而产生多种效应形式。我们可以把建筑场指向分为三种情况：第一种是以强调功能性为主的建筑场；第二种是以强调精神性为主建筑场；第三种则是二者兼而有之的建筑场。

强调功能性为主的建筑场，提供给人们的是实际生活功能效率信息，而强调精神性为主，建筑场提供给人们的则是精神生活层面的信息。二者兼而有之的建筑场则要兼顾多种信息的平衡。无论是哪一种类型的建筑场，都存在审美效应，具体归纳，可分为建筑的功能审美，建筑的形式审美，建筑的内涵审美三种审美效应。

（一）建筑场的功能审美效应

建筑场的功能性审美会涉及一个古老的美学命题，即“益美”说，指建筑之美首先在于它是有用的。从古希腊美学理论开始，美和用就有着不解之缘。20世纪流行于世界各地的“功能主义”建筑美学思想则是近代“益美”说最典型的代表。其后，像美国建筑师路易斯·沙利文和弗兰克·劳埃德·赖特都相继提出了与“益美”相同的观点，赖特提出有机建筑论，沙利文则提出“形式追随功能”。且不论建筑思潮与建筑学术观点之争孰是孰非，单就建筑的基本目的与价值而言，建筑的“用”永远都是放在第一位的。

一栋建筑立面的柱廊可能提供了很好的视觉形式信息，比如柱子的装饰很华丽，材料很昂贵，但是，如果它不是最合理的建筑支撑结构形式，装饰的形式美就会打上一定的折扣。如果柱子又对人的出入疏散产生了不利的影响，造成安全隐患或者是降低了疏散效率，那么这栋建筑的柱廊就不会有任何美感可言了。在这种情况下，有时也可能出现信息反馈的现象，就是依据以往对建筑的使用经验，从视觉上也会察觉到这种形式不利于使用功能。那么，这个柱廊即便是看上去也不会得到美感认同。

事实上，当代建筑的审美观更多地体现在对建筑功能高品质的深化开发上，使之更为人性化、高质化、生态化。现在美国许多建筑倡导生态化的环保、节能、高质并予以实施，就是在新的建筑美学观念下对建筑功能性审美的深化实践。

因此建筑功能审美可以概括为：建筑场所提供的实用功能信息充分、完善，人们在使用中对建筑功能体验表现出认同与满意的信息反馈，继而产生对建筑的功能性审美效应。

（二）建筑场的形式审美效应

建筑场的形式审美效应，就是关注建筑的形式形态的美学要素，即建筑的形象符合建筑造型美学的规律，它通过自身的形体、结构、材料、色彩、装饰、质地、肌理等造型要素的和谐搭配，塑造出优美的建筑形象，使人赏心悦目，能够给人带来的“愉悦”的感受。

对于建筑美的“愉悦”说，黑格尔有一句名言：“美只能在形象中见出”。① 其观点就是强调美的形象的重要性，只有美的形象或形式才能给予人完整、和谐、生动的印象，使人产生愉悦的审美感受。

事实上，人们在对建筑的实践中也的确反映出了这样的现象特征。人们之所以对悉尼歌剧院审美感受强烈，审美印象深刻，就在于它的形式是美的，而且是独特的。当代许多建筑师，都力求在建筑形式上有所突破，有所创新，有一种“语不惊人死不休”的设计追求，都期待能够在建筑形式上给人留下深刻的印象。中国国家大剧院、北京国家体育场“鸟巢”、中央电视台新楼、2010 年上海世界博览会中国馆等建筑设计，莫不如此。任何事物，对于其表象的知觉总是会在很大程度上确定审美导向的，因为对建筑表象形式的知觉不仅是生理感官的，同时也是生活经验积累构成的判断意识能力在发挥作用，所以，对于建筑的形式审美，也含有对美的形式价值判断。

（三）建筑的内涵审美效应

所谓建筑内涵，就是隐含在建筑物化形象之中的一种观念、一种追求、一种精神、一种隐喻等意识形态的内容。对于建筑内涵的审美，首先有赖于建筑自身的美学品质，其次依据审美主体的审美素养和能力，二者缺一不可。

它与建筑功能审美并不矛盾，比如，建筑技术使建筑室内空气质量达到了生态质量标准要求，那么这一建筑技术举措的内涵便是对建筑“人性化”、“生态化”理念的具体实现。建筑在无障碍设计方面做得很完善，那么无障碍设计的内涵便是“关心并有效解决残疾人的行为”理念的具体实施。可见，任何具体可见的建筑功能行为都会表达一定的内涵。

同样，建筑内涵审美与建筑形式审美亦有密切的关系。建筑师在创造建筑形象时，往往会通过建筑主题的要求，同时根据自身的理解，提取出典型的建筑语言或符号来创造建筑形象，那么建筑形象就是设计主题的“外化”（当然，建筑实践中，这种“外化”也有预期、能力、效应等方面的差异）。比如法国巴黎新区的德方斯大门，是具有很强时代象征意义的建筑，它的意义主要是在同巴黎香榭丽舍大道上的凯旋门的对应中产生的，其内涵是：两个时代，两种形态，两种意义。

图 7－17 法国巴黎凯旋门

图 7－18 法国巴黎德方斯大门

① 黑格尔．美学．

贝聿铭设计的苏州博物馆，其形象既有传统民居建筑的印迹，又有当代建筑美学的理念，其内涵便是"地域建筑文化的继承与发展"。这说明建筑形式是建筑内涵的形象化，建筑内涵是建筑形式的抽象化。如果建筑内涵与建筑形式形成有机的结合，就会收到良好的审美效应。

图7－19 苏州博物馆的形式是内涵的外化

当然，也有结合不成功的例子，比如某地有一个博物馆设计方案，其内涵是"天圆地方"，在设计方案鸟瞰效果图中也有所反映，但是由于建筑体量、结构、视线等方面因素的限制，作为现实中的人根本无法看到建筑造型中的"圆"，而只能看到建筑的"方"，要想看到建筑外观的"圆"，只能是处在天空航拍状态，这就是很遗憾的事情了，建筑形式并没有有效地实现其内涵。

再有一种情况，就是某建筑也是有"含义"的。比如重庆某县某镇办公楼是一个缩小版的天安门城楼，这个建筑之所以设计成（不如说是刻意选择）天安门城楼的形象，其主观意图可想而知，显然，建筑的思想意识是反映一种腐朽没落的封建官本位心态，因此它毫无建筑审美价值可言。

以上从三个方面对建筑场审美效应做了概括分析。在讨论中我们看到，建筑场审美效应是建筑场理论的重要有机组成部分，是建筑场、建筑信息、建筑美因、建筑审美等综合活动的反映，是建筑环境心理学与建筑美学研究成果的有机结合，具有深入探索研究的价值，并可以通过其研究的成果，启发当代城乡建筑环境优化的思路与举措。

第八章　建筑场与中国传统风水理论

在对建筑场的研究中，似乎不得不提到中国传统的风水学理论，这同本书的建筑场理论研究应该是有着密切关系的。中国传统风水学是与建筑选址、规划、设计、营造直接有关的学说，概括地说，就是探寻、实践、积累人工建筑环境与自然环境如何更优化地结合营造的思想、理论和方法，最终的目的是要选择营造一个适合于人居的建筑环境场所。这个适合，肯定是既要符合自然生态规律，也要符合生活需要规律，更要符合多重的心理需求。在这样的意识指导下所选择和营建的建筑环境，无疑会在具体的生活实践中形成一种积极的“场”体验效应，并反映出内在合理的机理规律。实际上，风水说所涉及的方面还不仅限于此，它还是中国传统文化体系的重要组成部分，涉及古代科学、哲学、美学、伦理学以及宗教、民俗等多方面的内容。借鉴这样一种学说，对建筑场的研究会起到有力的理论佐证与实践验证作用。本章将阐述中国传统风水理论的核心思想、实践规律和与建筑场的关系，从传统文化营造思想的角度来分析建筑场的理论与实践依据。

一、中国传统风水理论概说

（一）中国传统风水说的核心思想

中国传统风水学说，其起源可以追溯到先秦，春秋《尚书》中记载：“成王在丰，欲宅邑，使召公先相宅。”至汉朝，司马迁的《史记》中也有“孝武帝时聚会占家问之，某日可取妇乎？……堪舆家曰不可”的记载。可见，早在三千多年前就已有了风水意识和相宅活动。历经沧桑岁月，风水学说在不断的实践中积累发展，逐渐成为古代人们对生活环境选址营造必不可少的术说依据。

风水术又称堪舆，还有卜宅、相宅、图宅、青乌、青囊、形法、地理、阴阳、山水之术等别称。为何称为风水或其他别称，考察得知其中蕴涵着风水学要旨的思想，简述解释如下，有助于更好地理解风水学说的思想内涵。

关于风水之说，是先人在诸多论著中提到的观念，逐渐形成概念共识，沿用至今。一般认为出自晋人郭璞所传古本《葬经》：“气乘风则散，界水则止，古人聚之使不散，行之使有止，故谓之风水。风水之法，得水为上，藏风次之。”较早的《青乌先生葬经》亦有“风水”之称，“内气萌生，外气成形，内外相乘，风水自成”。

因此考察典出“风水”之意，应是对自然地理环境因素的一种考察，包括地质、山势、水文、生态、小气候及环境景观等要素，然后为理想地选址、营造提供参考依据。

堪舆是风水的另一称谓。据考最早出自汉《淮南子》，其云：“堪舆徐行，雄以音知雌”，意思是说天地运行之道。司马迁《史记》中也曾提到“堪舆”与生活起居凶吉的关系。对于“堪舆”一词的释义，东汉许慎曾谓：“堪，天道；舆，地道。”简言概括了堪舆是指天地之道，堪舆术即天地运行之道之辨析术。据考，堪舆术在汉代甚为流行，占卜日辰凶吉是其主要内容，其中有较多的迷信成分。但在结合天、地、人等诸多关系的考究中，也有一定的合理的成分。

风水与堪舆的联系，据考，在三国时期魏人孟康曾提到：“堪舆，神名，造《图宅书》者。”此后又有众多关于堪舆与图宅术的著述。当时堪舆家的所为，较多的是图宅风水内容，即勘察宅之方位和起宅时辰吉凶之说，故逐渐两者合二为一，基本上相互可以替代使用。风水关注微观自然生态环境与生存环境优化心理之间的关系，而堪舆强调宏观天地运行之道与人的心理行为之间的关系。应该说，二者的补充融合更能够体现出中国传统风水理论的全面性和有机性。

在传统风水理论中，处处渗透着中国传统哲学范畴的思想意识，比如道、气、阴阳、五行、八卦等。传统风水学引申出中国传统哲学范畴的相关概念，结合自身的应用特征解释风水现象，这表明，传统哲学对风水理论有着本质和实践上的影响。本质就是思想、意识、观念，实践就是思维模式与行为方式。因此，风水理论的重要特征，是运用和引申传统哲学，在宇宙人生序列关系的探索中，类比推演，建立起一套完整（准则、依据、方法）的体系，由此而认识和把握自然环境与人工聚居环境相生存在的内在机理。它既具有实际的功能性意义，也具有伦理、道德、美学、隐喻等意识形态的信息传递意义。

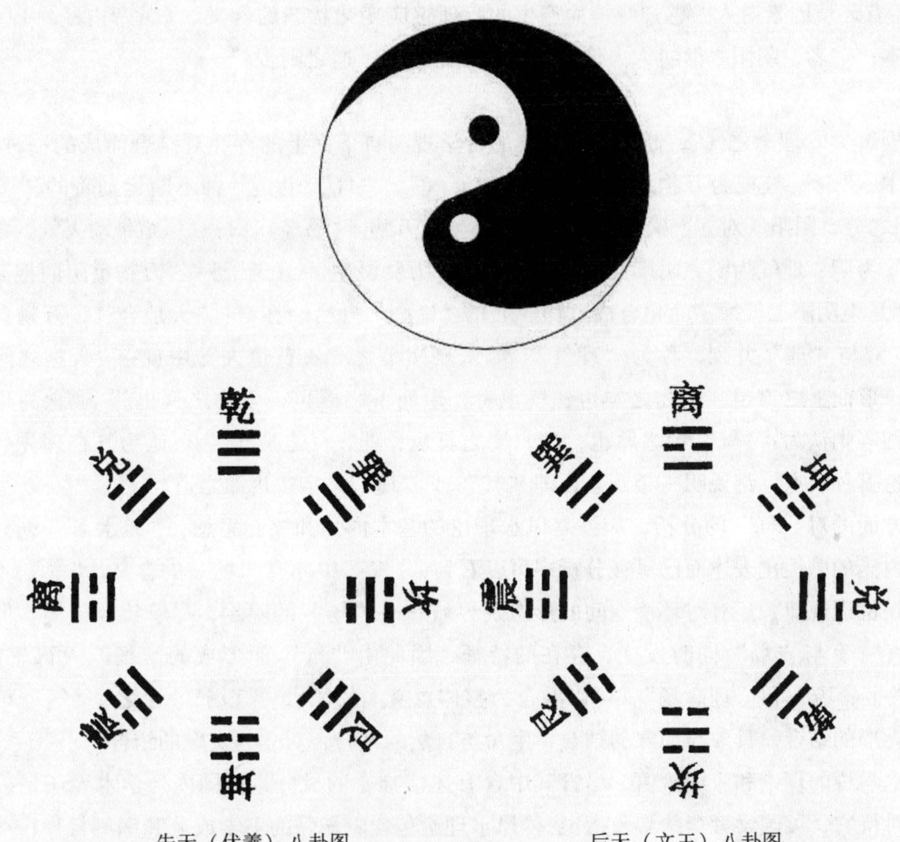

先天（伏羲）八卦图　　后天（文王）八卦图

图 8－1　风水学说中渗透着阴阳、八卦等中国传统哲学思想

传统风水理论的核心的内容是“气”、“场”。“气”是指事物的内在机理规律，“场”是指环境空间的界域及形态。二者合一就是“特定的空间环境形态界域中所有因素的有机联系以及发生的机理规律”。所以，可以将二者合并为“气场”来加以理解。那么，气场的内容是什么？是对风水理论核心思想把握的关键。现尝试对其内容构成进行分析。

理解一：

可以理解为“自然之气”，即自然环境所显示的水气、云气、气象、气息、气势等，具体包括环境中的地势、地形、水流、气流、风向、温度、湿度、植被、海拔、含氧量等因素，以及它们所综合构成的环境特征。

如古籍所云：“夫阴阳之气，噫而为风，升而为云，降而为雨，行乎地中而为生气，发而生乎万物……气乘风则散，界水而止。古人聚之使不散，行之使有止，故谓之风水。”①

“山水者，阴阳之气也……动静之道，山水而已，合而言之总名曰气，分而言之，曰龙、曰穴、曰砂、曰水。”②

“内气萌生，外气成形，内外相乘，风水自成……内气萌生，言穴暖而生万物也；外气成形，言山川融结而成形象。生气萌于内，形象成于外，实相乘也。”③

又云：“无水则风到而气散，有水则气止而风无，故风水二字为地学之最。而其中以得水之地为上等，以藏风之地为次等。”

从以上论说中可以看出，气是由自然现象和特征而生发出来的。

理解二：

可以理解为“生命之气”，是贯穿于人身体内的生理、心理、精神的某种状态，如“生气”、“精气”等人的生命状态规律。其特征为：充斥于生命体内，维持生命状态，决定生命变化。此种“气”同时还有环境因素对人的感知影响而产生的心理感应变化状态的含义。《黄帝内经》曰：“气者，人之根本；宅者，阴阳之枢纽，人伦之轨模，顺之则亨，逆之则否。”

理解三：

还可以理解为“理念之气”，是由自上而下的哲学观与自下而上的存在观结合而成的一种意念，在哲学思维中，“气”被视为万物之源，即所谓“元气”，“气”也是一种不断运动着的“力场”。“气”有阴阳之分，阴阳既对立，又相交相融，因而生成万物。《易经》曰：“星宿带动天气，山川带动地气，天气为阳，地气为阴，阴阳交泰，天地氤氲，万物滋生。”《老子》：“万物负阴而抱阳，冲气以为和”，是说阴阳二气冲荡而化合成万物。王充《论衡·自然》亦言：“天地合气，万物自生。”同时，“气”常与“理”并列，称为“理气”。如朱熹文集之“答黄道夫”中说：“天地之间有理气。理也者，形而上之道也，生物之本也；气也者，形而下之器也，生物之具也。”观念为理在气先。而王廷相等则认为：“气，物之原也；理，气之具也；器，气之成也。”④ 认为气在理先、理载于气。但无论哪种观点，都说明一个观念，即“气”或“理”是宇宙规律之道。

以上三方面的对“气”的分析，应该是风水理论的基本内涵和核心思想，“风水”一词只不过是对其思想内涵的感性化表述而已。在分析中可以看到，“气”中亦有“场”的含义，“气”不仅是指事物的内在机理规律，还有对环境空间的形态及界域——“场”的隐喻，尽管比较模糊，但还是存在的。“气”有与“场”同时发生、存在的特征，因此由“气”而形成的“场”，可以分解为“环境场”、“生命场”和“理念场”，可以融合为整体意义上的风水“气场”。总之，“气”可以理解为有形与无形的结合，具象与抽象的结合，生命与自然的结合，对立与交融的结合。

对于风水学说的理论和应用价值，尽管其中含有迷信唯心的成分，但国内外学术界还是以基本肯定的态度对待它，英国学者李约瑟曾指出：“风水理论包含着显著的美学成分和深刻哲理……”国际学术界普遍认为，风水学说反映了中国传统哲学体系的思想观念、思维方式与方法论，应该以科学分析的态度对待，使之形成科学化的理论体系，既有批判也有借鉴，古为今用，既是对风水理论体系研究的深化，也是对当今可持续发展生态战略的实践观的体现。

① 葬经.
② 青囊海角经.
③ 青乌先生葬经.
④ 慎言·五行.

（二）中国传统风水学说的基本特征

古籍中对风水的论述很多，其中不乏迷信的成分，这与封建社会的文化、体制、观念、经济等诸多因素背景有直接的关系，用现代科学的眼光看待它，亦可以提取出合理科学的内容。从积极、肯定的角度解析，可以归纳出风水学符合科学的基本观点，可以概括为如下特征。

特征一：风水注重对自然地理的勘察。

风水也称地理，或称地学，故风水家又多称地理家、地师，可见风水学对自然地理环境勘察的重视。《周易·系辞上》云："易与天地准，故能弥纶天地之道，仰以观于天文，俯以察于地理，是故知幽明之故。"仰观天文，俯察地理，就是对自然地理的"山"、"水"、"风"、"土"、"气"等诸因素进行考察和辨析，掌握特定自然环境的特点，为各种环境营造的操作做好准备工作。风水选址中的想模式称为"穴"，形容其犹如人体穴位之关键，"盖犹人身之穴，取义至精"。一般情况下是三面或四周有山峦环护，地势为北高南低，背阴向阳，中间为内敛型盆地或台地，这种"穴"的模式，被认为是藏风聚气、利于生态的最佳风水格局，谓"内气萌生，外气成形，内外相乘，风水自成"。明末清初揭暄和游艺在研究潮汐时用"气"描述了万有引力现象，他们合作绘制了《两月对摄潮汐图》①，用虚线表示了气在月水相互作用中所起的媒介作用，非常近似电磁场的表示方法。

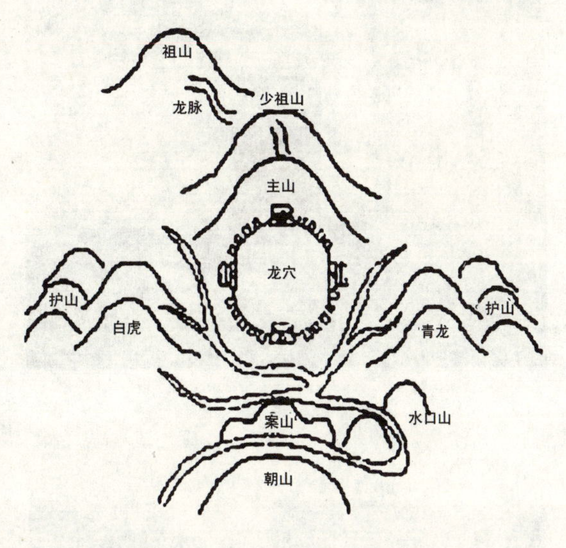

图8-2　风水认为最佳之宅选址位置应在龙穴

这种对自然地理环境的认识，是符合自然科学生态规律的，是经过对自然地理环境的考察和实践而得出的规律，是为选择适宜人聚居生活的环境所做的科学性论证。

特征二：风水注重人与自然的有机联系。

风水注重人与自然的有机联系，反映了两个方面关系：一是环境的生态性要符合人们生活需要的生态性；二是人聚居的生活场反过来又会影响周围的环境场，它们之间是一种交互感应的关系。

风水学的主要目的是为人的居住选择环境，所以考虑生活功能需求以及人的心理状态是必需内容。古代的城垣、村落选址，对房屋的建造活动既要考虑适宜的自然生态条件要求，如土壤、水源、风向、日照等，也要符合社会生活功能要求，如防御、生产、经济、交通等。因此，风水学说认为，环境优劣决定住房的凶吉，住宅的凶吉又关系到人的身心健康及命运，可见环境对人心理的影响之大，中国传统民居的选择营造大都依照这一原则。

图8-3　陕西党家村选址体现了人与自然的协调关系

① 游艺·天经或问候集.

图8-4 建筑风水中蕴涵了社会伦理道德观念

特征三：风水注重对社会伦理道德观念的观照。

在古代，风水理论又被称为“理义之术”，实际是因为风水理论妥善观照了古代社会的伦理道德观念，并在建筑实践活动中贯彻始终，能契合并满足世俗观念及现实生活的种种需要。这也是风水理论及其实践能长期生存发展的基本原因。①

特征四：风水注重人与环境的审美关系。

中国的审美观崇尚自然，古代文人有“知者乐水、仁者乐山”之说，无论从古代文人的诗词歌赋中，还是画家的绘画作品中，都可以领略到其中的审美追求和美学意境。在对建筑环境的选址规划中，风水极为重视对自然景观的审美，讲究建筑人文美与自然环境美和谐有机的统一，表现出很强的美学品质。

古人的自然山水观在很大程度上是通过人与环境的审美关系来体现的。“林尽水源，便得一山，山有小口，仿佛若有光，便舍船从口入，初极窄，方通人，复行数十步，豁然开朗，土地平旷，屋舍俨然……”晋代陶渊明在《桃花源记》中所描绘的居住环境，表达了古人对环境审美的渴望与追求，通过环境审美依托“天人合一”的人生理想。风水勘察自然山水的原则，不仅要体现对生活环境使用功能的满足，更要求对人的精神审美功能——景观诗意化的满足。

图8-5 风水学中也蕴涵着丰富的景观审美思想

特征五：风水注重哲学宇宙观思辨方式。

中国传统哲学思想具有独特的宇宙观思辨方式，强调宇宙与人的有机关系，也就是“天人合一”的哲学观。中国的传统哲学理念主要源于三大学说流派：道家、儒家和佛家，它们尽管有各自的学说体系，但又都强调了宇宙生命观的有机统一性。英国学者李约瑟说：“在希腊人和印度发展机械原子论的时候，中国人则发展了有机的宇宙哲学。”② 风水学中的阴阳观集中体现了这一哲学理念。

（三）中国传统风水理论的流派

自古以来，风水学界的著述，汗牛充栋，浩若烟海，门派也是百家争鸣，派别林立，但主流无非是形势派和理气派两派。形势派中又分为峦头派、形象派和形法派。

峦头派注重勘察自然地理中的山川形势，自然地理的峦头包括龙、砂、山。龙是指远处伸展而来的山脉；砂是指穴场四周360度范围之内的山丘；山是指穴场外远处的山峰。

形象派是将山脉形势与某种其他事物相联系，或动物或传说或联想，如龙、狮、虎等，如美女照镜、七星伴月等，以此判定环境的优劣。

而形法派讲究峦头中形象与穴场配合的法则。例如有一条道路与穴场对冲，在形法派中称为

---

① 王其亨．风水理论研究．天津大学出版社，7.
② 李约瑟．中国科学技术史．3.

“一箭穿心”。

形势派总体上看更重视自然环境对建筑选址的影响。

理气派的构成较为复杂，它将阴阳五行、八卦、河图、洛书、星象、神煞、纳音、奇门、六壬等几乎所有五术的理论观点都纳入其立论原理，形成了十分复杂的风水学说。其中有八宅派、命理派、三合派与二十四山头派、翻卦派、玄空飞星派、星宿派、奇门派、五行派、玄空大卦派以及金锁玉观派和紫微大数派等。总体上看，理气派注重时运生克的原理，更鲜明地体现了中国传统哲学思想、观念、意识对风水学的指导意义。

对于建筑场而言，风水学说流派恰好反映了不同的理论侧重与有机结合，即既要科学地勘察、分析自然环境，选择、优化物质生活场，也要重视思想观念对人的环境心理影响，营造出包含社会意识的文化心理场。

二、中国传统风水理论的方法与实践

（一）中国传统风水理论的方法

中国传统风水理论有完整的实践方法，比如对阳宅的相法，就有形法、理法、日法和符镇法之分。不同的风水术法有不同的风水侧重依据，分别为：

（1）形法定点，侧重宅居形态、宅境关系、功能规律。

（2）理法定向，侧重天人感应、阴阳五行、卦象星气。

（3）日法定时，侧重于吉日选择、时令气候。

（4）符镇法以心理效应为主，侧重于文图符镇、心理暗示。

阳宅形法强调定点，即以“宅”为中心，对宅外视野所及范围的环境（包括自然和人工环境）进行选择和处理，其方法在具体实践中有辨形、察气、宅外形、宅内形等。“辨形”就是对住宅所在环境形态及构成因素的辨析，为宅居堪形状、察凶吉、选福祉。“察气”就是辨明住宅内外各种气（包括气流、气息、气味等）的性质，对应采取“迎气”、“纳气”、“聚气”、“藏气”等方法，调理布局，改善生活空间质量。“宅外形”是察辨住宅本身形状以及宅居与外部环境的关系的方法，《阳宅十书》说：“若大形不善，纵内形得法，终不全吉，故论宅外形第一。”“宅内形”则侧重住宅内部空间环境，对空间设置、联系，生活设施设备的布置安排要达到方便合理，生活氛围要营造得体。

阳宅理法强调定向，由“天人感应”的思想为基础，以阴阳五行宇宙图示为框架，形成了其观念方法。英国学者李约瑟说过：“皇宫、庙宇等重大建筑当然不在话下，城乡中无论集中的，还是散布在田园中的宅舍，也都经常显现出一种对‘宇宙图案’的感觉，以及作为方位、节令、风向和星宿的象征主义。”① 理法的基本宗旨概括地说，就是根据河图洛书、八卦九宫和阴阳五行的宇宙图示，把天上的星宫、宅主的命相和住宅的时空联系起来，分析其中的相生相克关系，运用“时空合一”的风水罗盘，作出住宅的方向、布局以及兴造时序的选择与处理。

阳宅日法强调定时，又分为忌神煞法、紫元飞白法、建旺日法等，其主旨是运用天体运行轮回、地支坐标、洛书九宫、建旺时位等勘定法，选择确定住宅的营建时日。

符镇法强调心理暗示效应，用文字、图案、物件等作为“符”，如石敢当、山海镇、太极图、八卦图及文字等，形成一种可以从人的心理上得到崇拜、求吉的图腾符号，然后放置到宅居相应的位置上，以求得逢凶化吉、保佑平安。符镇法侧重于对人的心理暗示效应，并无对住宅客观物质环境的实际营建指导价值。

---

① （英）李约瑟. Science and Civilization in China Vol.

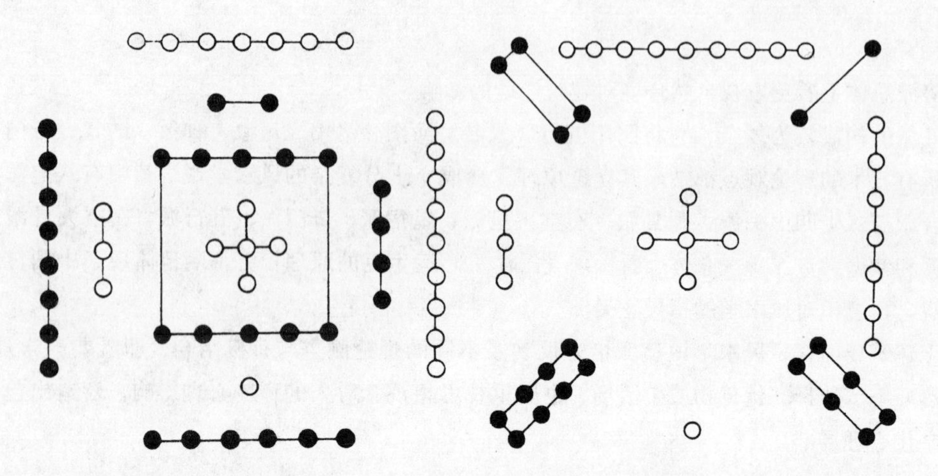

河图：天一生水，地六成之；地二生火，天七成之；天三生水，地八成之；地四生金，天九成之；天五生土，地十成之。

洛书：戴九履一，左三右七，二四为肩，六八为足，五居其腹，洛书数也。

图 8-6 河图洛书

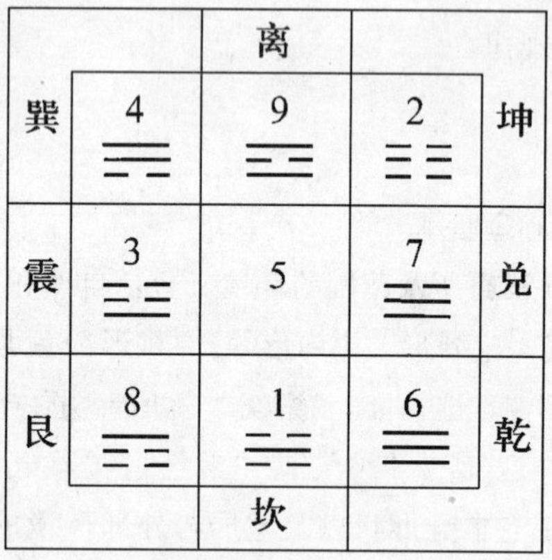

巽 4	离 9	坤 2
震 3	5	兑 7
艮 8	坎 1	乾 6

图 8-7 八卦九宫图

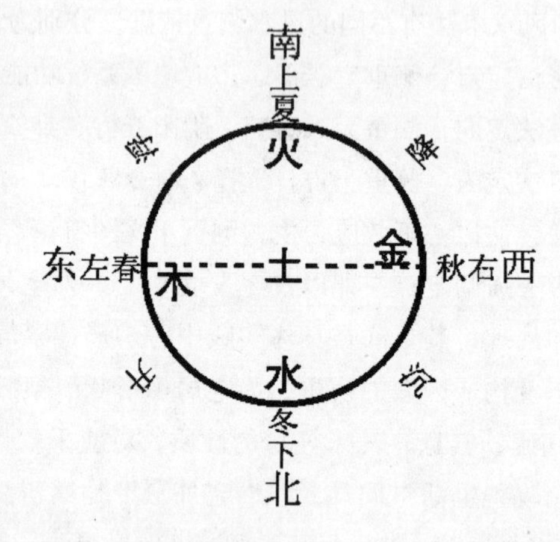

图 8-8 五行运动图

中国传统风水说方法构成可以说是蔚为大观，内涵相当丰富。从以上的对阳宅的各种相法来看，确有许多方法是含有封建迷信的成分，这同风水源于古代巫术活动有直接的关联，也是在中国传统哲学思想观念这个整体的涵盖下的必然反映。但是，我们也应该看到其中合理的成分，相宅的日法、符镇法的确有很浓烈的迷信色彩，但从现代心理学的角度分析，有些心理活动并非没有科学论证的可能，只是有些现象在当时因科学的不发达而无法解释。如果对风水理论用当代信息科学观来指导研究，就有可能对原本虚妄的现象作出合理科学的解释，形成具有科学依据的理论并合理地应用于生活实际。

归纳风水理论方法，可以看出基本上是以“环境场”、“心理场”和“观念场”三种场为基本观念而形成的方法，它们之间有侧重，有交替，也有融合。具体分析，阳宅形法属于以“环境场”为主，阳宅理法属于以“观念场”为主，而阳宅日法和符镇法则是以“心理场”为主。

（二）中国传统风水理论的实践

中国传统风水理论的实践性可以说是最为鲜明的，千百年来人们对生活环境的营造活动一直是和风水观念意识分不开的。在长期的营造实践活动中人们逐渐掌握了规律，积累了经验，丰富了风水学说，反过来，风水学说又进一步指导、影响营造活动，由此循环往复。

在住宅选址时，“辨形”为风水的环节之一，“辨形”就是对住宅周围的环境进行审视，看对住宅的利弊影响。住宅周围的构成环境，有以自然环境为主和以人工环境为主两种情况。对处在自然环境中的住宅，要觅龙、察砂、观水、点穴。所谓“龙”，是指自然中的山脉，如《管氏地理指蒙》说：“指山为龙兮，象形势之腾伏”；“借龙之全体，喻夫山之形真”。风水论说山脉的起止形势最终衍义为成语“来龙去脉”。所谓“砂”，是指某处环境山脉群总体的构成状况，呈现为立体化的地图“沙盘”。《地理人子须知》说：“沙者，古人授受，以沙堆拔山形，因名沙尔。”沙与砂相通，“水”即山水之水，“地理之道，山水而已”。风水理论认为，“吉地不可无水”，“风水之法，得水为上”。“穴”是指环境的紧要之处，犹如人体之穴位，“盖犹人身之穴，取义至精”。住宅选址应在内敛向心围合之处。

对于处在建筑环境中的住宅，即井邑之宅，自然山水因素则退其次，重点应该观察毗邻住宅房屋周围的其他建筑、道路之状况。因此，对井邑之宅的辨形，则将龙、砂、水、穴赋予新的含义而加以应用。《阳宅会心集》说：“一层街衢为一层水，一层墙屋为一层砂，门前街道即是明堂，对面屋宇即为案山。”正因为如此，便对住宅山墙的形状进行一定的改造修饰，使其符合龙、砂之法的自然原则。

图 8－9 建筑在自然环境中选址应在内敛向心围合之处

图 8－10 井邑之宅对周边建筑环境的辨形至关重要

三、中国传统风水理论与建筑场理论的关系

中国传统风水理论与建筑场理论是怎样的一种关系呢？我们尝试分析一下。

中国传统风水理论是集自然环境科学、生命科学与社会科学于一体的思想体系，在这种观念和思维的基础上，对人的生存环境给予周全的勘察、验证、规划和营造，使人居环境在诸方面都达到优化状态，这是一种在生命意识支配下对生活实践的操作过程。有了这样对居住环境的优化性操作，就有可能获得更为理想的居住环境场价值效应。

建筑场理论是研究既有的建筑环境所具备的信息特征，这种信息特征对人的体验认知影响以及这种影响所体现的效应或价值。

显然，两者之间在环境信息、对人的心理影响以及建筑环境场效应的方面是有着共同的研究目的的。传统风水理论侧重于哲理、勘察、预案、方法、心理，而建筑场理论侧重于意识、知觉、体验、认知、评价。可以说，既有先后次序的关系，也有同步叠合的关系，两者在理论研究的目的上体现了相似性，即通过对自然环境和建筑环境的分析，找出环境优化规律、确立建筑营造原则，通过实践而达到人工建筑环境优质优化的目的。具体而言，两者之间体现了两个方面的紧密关系。

（一）理论观念的融通性

建筑场理论与中国传统风水理论在观点上多有相通之处，下面对此进行比照分析。

图8-11 传统住宅中的天井具有“气场”的意义

1. 气场观念：

风水讲究“气”，前面已经对“气”进行了相关的分析，从而引申出“场”的概念。风水理论中虽然并没有直接提出“场”的概念，但实际上“气”已经具有了“场”的意义。明末清初，揭暄和游艺在研究潮汐时用“气”描述了万有引力现象，他们合作绘制了《两月对摄潮汐图》，用虚线表示了气在月水相互作用中所起的媒介作用，非常近似电磁场的表示方法。此外王廷相在磁学方面也有过同样的论述：“气以虚通、类同则感，譬之磁石引针隔关潜达。”现代科学也对中国传统风水理论中的“气”进行研究，认为“气”更接近现代科学所说的“场”，提出“气”与量子场中的“场”极为相似的观点。英国学者李约瑟就此指出：“中国人在这方面是如此地领先于西方人，以至于我们差不多可以冒险地猜测，如果社会条件有利于现代科学的发展，中国人可能首先通过磁学和电学的研究，先期转到场物理，而不必经过撞球式的阶段了。”①

建筑场理论，明确提出了“场”的概念，解释了“场”的含义与基本观点，在这个场中，蕴涵着建筑信息和环境氛围，同时也聚集着人的心理感应气息，这些是建筑场重要的研究内容，概括地说，就是建筑场中有“气”的感应信息存在。因此，从学说的观念来看，中国传统风水理论与建筑场理论有相通之处，虽然在表述方面有所不同，都是围绕着“气”和“场”为中心来进行探讨研究的。“气”中有“场”，“场”中有“气”，“气”和“场”均以建筑环境信息和心理感应为特征。风水学中又提出了“形”的概念，而建筑场中的建筑环境的形态又与之相对应，从而形成了相通性的理论观念。

2. 阴阳观念

阴阳的观念，源于古代先民对天文地理的经验认知，如昼为阳、夜为阴，向日为阳、背日为阴等。后来通过对自然现象的观察，领悟到天地人世万物都有“阴”、“阳”之理，于是阴阳便逐渐衍化为中国传统哲学范畴的核心内容之一，即事物对立统一的观念，被用来作探究世间万物产生、运动和变化机理的思辨方法，普遍应用于自然、社会各种事物和现象中。《系辞传》说：“一阴一阳之谓道。”《葬经翼》又说：“阴阳变化，自然之道也，循而穷之，虽山川诡异，莫能逃焉。”就是把阴阳视为宇宙间的根本规律，一切事物均存在于对立统一的关系和属性之中。

阴阳之于风水，也是基于它的对立统一观，无论是自然环境还是人居环境，都以阴阳相交相辅为最佳状态。如“阴阳交而天地泰，山水会而气脉和”。②“夫宅者，阴阳之枢纽……是以阳不独王，以阴为得；阴不独王，以阳为得……凡之阳宅即有阳气抱阴，阴者即有阴气抱阳……阴阳往来，即合天道自然吉昌之象也。”③“山水者，阴阳之气也……山水之静为阴，山水之动为阳。阳动则喜乎静，阴静则喜乎动”④ 等。风水的阴阳观涉及自然环境、人工环境和心理环境，处处以相反相成方式对应表述，辩证关系明确且易于理解。

建筑场理论在阴阳观念方面，提法不同，没有直接提出阴阳的概念，但是在理论论述中，对立统一的观点始终存在并贯穿于理论体系中。在建筑表象、建筑形式等建筑环境信息等方面，也存在

① （英）李约瑟 Science and Civilization in China.
② 青囊海角经.
③ 黄帝宅经.
④ 青囊海角经.

对立统一的观念和方式，比如建筑与周围环境的关系，建筑形式的丰富性与统一性，信息活动过程中的认知等方面，都存在着对立统一的规律。二者可以在理论上相互启发、借鉴、融合。

3. 形势观念

风水中有"形势"之说，如《管子》中的《形势》、《形势解》诸篇，《孙子》中的《形篇》、《势篇》等。其中，"形"是指建筑的形式、形状、形象、表现等含义，可以概括为建筑的物质层面的形态表象构成；"势"则指姿态、态势、趋势、威力等意义，可以概括为建筑形象内在的势态神韵的构成。"形"与"势"相比较，"形"还具有个体、局部、细节、近切的含义，"势"则具有群体、总体、宏观、远大的意义。在《管氏地理指蒙》、《郭璞古本葬经·内篇》等风水要籍中，有关形势有如下论及："远为势，近为形；势言其大者，形言其小者"，"势居乎粗，形在乎细"，"势可远观，形须近察"，"远以观势，虽略而真；近以认形，虽约而博"，"千尺为势，百尺为形""势即在形之内"等。如著名风水术书《黄帝宅经》所云："宅以形势为身体。"就是说住宅的本质既要有形态，同时形态中还要蕴涵着势态，形与势要兼备，方能具备建筑的生气。

形势观念也是建筑场理论的重要组成部分，在建筑场理论的研究中"形势"观念就是建筑场形态构成与建筑信息感知之间诸多的关联与关系的问题。其中包括建筑群体组合原则，建筑整体与局部的关系，建筑的形态与神态结合，对建筑视距变化感受等内容。主要研究建筑场物化构成的美学规律以及人们对建筑场的视觉审美体验，从中寻找出机理规律，形成建筑景观审美理论。从两者观念的比照中，可以看到，风水理论的"形势"说对建筑场理论研究有着很重要的启发和借鉴作用。

此外，重视自然生态条件对人工建筑环境的影响，重视对人在生活中的心理与行为规律的研究，重视社会因素对人居环境的影响等方面的观点，都体现了两者相通并可以相互借鉴的关系。

（二）营造实践的规律性

两者在实践效应方面有许多可供总结的规律，而且传统风水理论中有许多实践经验可供建筑场理论借鉴。

风水在对宅形的选择要求上，以宅外形最为重要。宅外形即建筑坐落的环境的位置与宅居本身的形态构造。《阳宅十书》说："若大形不善，纵内形得法，终不全吉，故论宅外形第一。"宅外形对房屋的所处环境、坐落位置、南北朝向、排水系统、交通要求、私密性要求、防风、防火、防盗、防潮等方面均有要求，对影响人心理的房屋、院落布局以及房屋院落周围的既有环境因素也极为重视，有追求、忌惮之分。宅内形即宅院的内部环境，主要体现为内部的平面环境的布局处理，各种功能空间要完备，联系要得当，布置要得宜，尺度要得度。《黄帝宅经》说："宅有五虚，令人贫耗，五实，令人富贵。宅大人少，一虚，宅门大内小，二虚，墙院不完，三虚，井灶不处，四虚，宅地多屋少庭院广，五虚。宅小人多，一实，宅大门小，二实，墙院完全，三实，宅小六畜多，四实，宅水沟东南流，五实。"这些由经验所形成的风水相宅规法在当时并未能够以科学方法得到因果关系，但现在是完全可从环境自然科学和心理行为科学的角度来解释其内在机理的。

现代建筑环境的营造实践活动，是以现代建筑思想意识和功能要求为基本依据的。但不可忽视的是，任何文化都具有延续性，传统文化的积淀对当代建筑营造人文理念依然有着极大的影响。虽然由于时代变化发展，对建筑的使用要求和评价标准不同了，但是心理体验的基本规律并没有改变。从以上风水相宅的要旨来看，既有功能方面的，也有心理方面的，比如墙院的完善与否、井灶位置是否合理就是安全和使用功能方面的，住宅的入口与住宅面积大小之比、住宅面积与住宅人口之间的关系则是建筑空间心理体验方面的。今天的住宅设计和住宅体验依然要基本符合以上的居住功能和心理规律。

总而言之，对中国传统风水理论要辩证地分析和看待，其中的哲学思想理念的渊源对于当今建筑场的精神塑造和认知体验具有重要影响，而其中的实践方法也是当代建筑实践操作中需要继承与发展的重要内容，因此，对风水理论的系统研究和开发应是当代建筑场理论研究的任务之一。

第九章　建筑场的实例分析

建筑场所形成的体验会呈现出非常复杂的现象，原因在于，严格意义上说，每一个建筑环境对于每一个体的人甚至在不同的情景下，都会不同程度地存在着“差异性”的情形。由于其建筑场“差异性”是客观存在的，若想将所有个别的效应现象统一定型为体验模式，几乎是一件不可能的事情。然而，任何事物都会有发生与活动规律，即事物的内在机理所表现出的共性。我们能够探讨的，就是建筑场体验效应共性方面的问题，从多样和差异中寻找符合共性规律的线索。接下来，我们将选取若干建筑空间实例，对它们进行建筑场效应分析，从客观的建筑存在中对建筑场的形成、体验和效应进行解析，从实例中探寻建筑场这一事物的内在机理和共性规律。

一、中国古典园林——东方美学的建筑场

中国古典园林是一种意义独特的景观形态，之所以说它具有独特的意义，是因为它不仅仅是建筑或园艺的场所，而且能在这种形态中折射出的社会学、文化学乃至哲学的意义。所以，对中国古典园林的体验也就不仅仅限于游山玩水、观赏花木，而是可以从中得到更多的传统文化与艺术的体验。

（一）中国古典园林的形态意义

中国古典园林是中国传统营造文化中一个比较独特的现象，从历史的角度看，中国古典园林是中国历史在封建社会阶段演化、成熟的一种景观形态。它的营造目的、思想基础以及艺术成就都是同特定时代的社会形态相关联的。概括之，中国古典园林属于特定历史时期的艺术形态。现代公共性的公园虽然也多有继承和借鉴古典园林的手法，但在更广泛的意义上看，它同中国古典园林还不能等同看待和理解。

中国古典园林分为皇家园林、私家园林和宗教园林。作为皇室的离宫别苑的皇家园林用地面积较大，显示其恢弘气派。私家园林的规模都不是太大，以小巧精致为特色。宗教园林是与寺庙道观等建筑结合形成园林形态。我们今天依然能够通过若干保存下来的古典园林来感知当时的生活情境，间接体验当时皇室贵族、士人商贾、文人隐士们的闲情逸致或静虚避世的园林情结。但是，在今天，这种感知是知识性的，体验是间接的，因为我们现今社会的思想意识和情感追求与当时已经有太多的不同。

（二）中国古典园林建筑的意义与特征

在古典园林造园的山、水、植物、建筑四个要素中，建筑所占的比例并不大，这同古典园林营造的自然山水观有相当大的关联，但其中的建筑要素又是必不可少的，这又同古典园林的总体构思

和布局有关。园林建筑往往会出现在空间联系和关键的景观节点部位，故园林建筑有园林“点”（如亭）、“线”（如廊）、“连接”（如桥）的意义，古典园林建筑把自己巧妙地融合于园林景观之中，正是园林建筑的价值所在，所以，在此称古典园林建筑场。园林建筑并非独立地呈现出它的意义，而是将建筑融入了一个整体的园林景观环境之中，并且同这个环境共同完成了建筑场的效应和体验意义。所以，在此我们所讲的园林建筑场，是建筑与其他园林要素融合后的总体景观效应。

中国古典园林建筑虽然属于中国古代建筑总的体系范畴，如结构方式、形态特征、建筑材料、等级形制等基本都是在大的建筑体系框架内，但是它也在很多方面有自己的表达方式，与其他一般官式建筑和住宅建筑有所区别。

园林建筑所具有的主要特征是：

其一，在它的规划布局上，园林中的建筑相对比较灵活地设置、安排，不像其他建筑在建筑思想上受儒家的伦理观念影响，讲究礼制的秩序意义，比如要遵循轴线、对称等较为严格的要求。可能是园林建筑受道家“自在无为”思想的影响较多，更倾向模拟自然山水、追求自由天性的境界。安德鲁·博伊德（Andrew Boyd）对中国的园林建筑就有过这样的描述和分析：“在一座中国房屋中，花园以及人工景色是基于‘所有建筑根本不相同’的原则。我们曾经指出过，中国的思想受到儒家和道家的双重影响，这种相反的二重性清楚地表现在中国房屋和中国花园、城市和园林之间相互对立、互为补充的关系上。房屋和城市由儒家的意念所形成：规则、对称、直线条、等级森严、条理分明、重视传统的一种人为的形制。花园和景观由典型的道家观念所构成：不规则的、非对称的、曲线的、起伏和曲折的形状，对自然本来的一种神秘的、本源的、深远和持续的感受。”①

其二，建筑之间，建筑与景观之间存在着某种情节结构性联系。如起点、过渡、转折、高潮、结尾等序列，常常与园林建筑有关。建筑在这种情节结构中起到了节点和串接作用，因此在位置选择上非常讲究。如果缺失了园林建筑，就会失去故事情节的重心，所以建筑穿插错落于园林之中，很符合人们游览观赏的审美心理的节奏和韵律的需求。例如，当人在长廊行

图9-1 苏州沧浪亭位于园林中的制高点

图9-2 苏州拙政园中的长廊是最为经典的园林体验空间

图9-3 苏州网师园中的桥，以“曲”取胜

① 李允鉌．华夏意匠．天津大学出版社，2005，306.

进时，这条流动的线通常被安排为曲折迂回的，意在通过流动空间的变化来丰富体验的过程。一个园门的门洞、景窗、漏窗，不再仅仅是建筑构件，而转化成为了一件艺术景观的画框……园林建筑的概念在这里似乎被人忽略了，取而代之的是园林情节中的叙述，而园林建筑只不过是这个景观故事情节组织中的手段和元素，建筑要素成为了联系景园脉络的“点”和“线”。这种建筑场的效应体验同一般建筑的效应体验是完全不同的。

图 9－4 花木奇石是贯穿园林的景观情节

图 9－5 漏窗疏离的效果将近景和远景叠映在同一画面中

图 9－6 框景是古典园林常用手法，它是三维空间的“画”

图 9－7 小品的点缀处处体现美学的匠心

其三，园林建筑有丰富的建筑类型组合，如亭、廊、墙、榭、轩、楼、阁、馆、堂、桥等形式，这些建筑类型并非园林所独有，在园林之外也可以存在。但是，当把这些建筑运用到园林之中，它们就已经属于了一个被景观环境所融解的元素，不再是自身独立的意义了。它们的形式丰富多样、不拘一格，而且还会有许多建筑类型的变体形式，比如亭子就有三角、四角、六角、八角、圆亭、半亭之分，有建筑形式创新的意味，这样就会给人以丰富的建筑形式视觉体验。

图9-8 园林建筑的形式多样，更具浪漫的想象力

图9-9 苏州拙政园中的廊桥

其四，园林建筑非常注重自身建筑特性与园林景观的关系，即它的主要功能既不是为了“居住”，也不是为“行政事务”而设置。它的主要功能是“赏”、“愉”、“品”、“悟”，既要自身有观赏性，又要成为园内其他景物的观赏点，因此它充分尊重景观审美的视觉和行为要求。园林建筑不像住宅建筑，很少有独立封闭的院落空间，大多呈现为开敞或半开敞的形式，通透性比较强，这主要是为了便于人们在行动中的灵活进出和从不同的角度来观赏院内景致。比如，当人在园林的亭子里休憩时，这个“点”被设立在一个与周边园林景观有关的位置上，它是开敞的，有利于多视角地观赏周围的景物。

图9-10 苏州留园中的水榭

（三）中国古典园林建筑场的体验

图9-11 园林中的景观随着视点移动而变幻

中国古典园林在总体规划上体现出内向型规划布局形式，即周边是有围墙围合的，这与我国古代封建建筑规划有关，也与民族习惯和性格有关。而园林内部则别有洞天，自成情趣，可以依照个人意愿设计营造、游憩观赏。由此可见，在园林这个小世界中，人对个性体验的价值追求体现得更为充分。无论封建意识思想怎样地限制，在园林中，还是强烈地反映出了人自由浪漫的天性。而且，不仅仅是私家园林，皇家也在宫城内外按照园林手法建造大内御苑、行宫御苑和离宫御苑，形成与皇家礼制建筑的结合与互补，来满足皇室成员的娱乐需要。实际上，皇家园林建筑还多少带有“礼制”的痕迹，比如“轴线”、“对称”、“等级”还是存在的，不如私家园林来得更为彻底，完全抛开所谓的规矩，任由个人的情趣意念来发挥。因此，相对于建筑场的体验效应来看，私家园林更充分地表达了这一特定建筑场所的营造思想和目的。

对古典园林的体验，要从以下几个方面分析。

其一，自然山水的体验。

中国传统的自然观使人们在对园林的体验中追求回归自然的感受。安德鲁·博伊德（Andrew Boyd）评述说：“即使规模不大，中国的园林都在追求唤起对自然原始的联想……园林

图9-12 园林追求自然的景观效果

成为一种成功的事物，它就是游山玩水经验的反映和模拟的创作。”[①] 古典园林的材料元素，几乎囊括了所有自然要素：土、石、水、植物，在营造形式上也完全按照自然山水形态来塑造，不像西方园林那样弄得方方正正。先在园中的堆山理水，挖出一个池塘，然后再将挖出的土在一旁堆成一座小山，就有了自然山水的雏形，再加以植物的配置，就形成了园中的自然小天地。虽然园林中的景物由人工建造，但是一切却追求天然的自由形态，所以就有了“虽由人作，宛自天开”的创作要求和体验感受。人们在一方被浓缩的“自然山水”之间游憩，也就会有一种置身自然山水中的悠闲、恬淡和感悟的体验，这也正是古典园林追求的精神功能。

其二，艺术的联想体验。

李允鉌在《华夏意匠》中分析说：“园林建筑和中国的文学、绘画、音乐之间存在着一定的关系，它们相互影响而发展，常常表现出一些共同的意境和情怀。”[②]

的确，中国古典园林艺术与中国的诗、画、乐等艺术是一种相互联想、相互启发、相互融合的关系。由于丰富的联想和融合关系，中国古典园林的艺术气质和品格就跃居其他建筑环境之上了。

中国古典园林与“诗”的关系表现在园林中所含有的诗词歌赋的内在规律。

这种内在规律体现为：诗的结构性——主题前奏、起承转折、高潮结尾；诗的韵律性——抑扬顿挫、曲折有法、掩映有致、虚实相应；诗的境界性——抒发情感、展现情操、塑造人格、言表志向。

中国古典园林与“画”的关系表现在园林中所含有的中国绘画的独特表现手法和意境联想的共性。

这种共性体现为：写意的追求——不求客观逻辑的“真理”，而求主观感情的“意趣”；塑造的手法——选景、构图、线条、墨韵、敷色均由感性自由发挥；意境的联想——通过对画面形象虚、实、有、无、浓、淡、繁、简等艺术处理，充分调动对画外之境的心理构建，形成意境联想。

中国古典园林与“乐”的关系表现为艺术通感的转化，它能够把视觉艺术转化为听觉艺术。

如果说中国古典园林是一首乐曲，那么这曲子绝不是铜管乐器演奏的，而是丝竹乐器发出的音律；这曲子绝不是乐团的合奏，而是独奏或者至多是两三种乐器的低语对话；这曲子肯定不是进行曲，而是抒情曲；它既不具有豪迈宽广的气概，也不展现激情欢乐的意境，而是缓缓的，低吟而婉转，就像静心品味的清泉。

所谓“诗情、画意、乐韵”，就是中国古典园林按照中国古代的诗词、绘画和音乐的艺术创作规律来营造的，具有诗词、绘画、音乐的神韵风采，因此是“形象的诗词，动态的画卷，视觉的音律”。

中国古典园林将诗、画、乐的艺术特征融入了其艺术联想之中，可以说是诗中有画、画中有曲、曲中有境、境中有情，极大丰富了中国古典园林的审美体验内涵。

---

① 李允鉌. 华夏意匠. 天津大学出版社，2005，306.

② 李允鉌. 华夏意匠. 天津大学出版社，2005，308.

图9-13 园林空间的形式增加了意趣与意境的体验

图9-14 苏州园林沧浪亭上的楹联增添了景观的诗意联想

其三，造园艺术手法的体验。

中国古典园林的营造中常常运用许多手法，这些手法绝不是哗众取宠的"噱头"，而是符合艺术审美心理体验的艺术技巧。

园林中先遮挡再展示的手法，称之为"掩映"，这正是为了满足人的环境心理的一种处理方法，"掩"的目的在于"映"，使人的心理经历未知—期待—想象—惊喜—满足—回味的审美过程。这种悬疑手法是对心理学唤醒理论最好的佐证。它能积极调动人的探究和想象空间，进而产生积极的审美行为。

园林中的道路、小径、廊道等流动空间，常常被设置为"曲"，不仅是有水平的"曲"，还要有竖向的"曲"——起伏。李允鉌在《华夏意匠》中分析园路时："说园中的道路，在功能上当然是'犹之植物枝茎与花果之关系'，但是，更多时候要考虑的是封闭景色和扩大空间的感觉。因此，'曲径通幽'就成为一种园径设计的原则。游园是一种节奏缓慢、悠闲的运动，并不要求道路具有最大的工作效率。庑廊之所以成折线，桥之所以为'九曲'，作用都是延缓行动的步调，除了扩大空间的感觉之外，故意以折线或曲线延长距离就是令人在交通过程中有更多的时间，转换更多的视点，慢慢观赏领略园中的幽趣。曲径、曲桥、曲廊……目的在降低人在园景中运动的速度，增加视觉变换的方向，不仅仅是平面上有趣的线条和图案，而且引发寻幽探胜的好奇心。"① 由此可见，"曲"的处理也是园林体验所必须的审美组成部分，没有"曲"这种艺术处理，就会大大缩短对园林情趣体验的过程，失去了对"幽"的探寻满足感。

其四，园林氛围的体验。

图9-15 有了"掩"的期待才会有"映"的满足，掩映手法符合审美心理需求

图9-16 园中的小径一定要"曲"，才能符合"玩味"的心理

① 李允鉌．华夏意匠．天津大学出版社，2005，327.

中国古典园林之所以雅致，是因为它的氛围幽静，只有幽静才是它的精神所在，只有在幽静中，人的内心才能得到陶冶净化、深远丰富。

余秋雨在谈到中国古典园林时说："中国古典园林不管依傍何种建筑流派，都要以静作为自己的韵律。有了静，全部构件会组合成一种古筝独奏般的淡雅清丽，而失去了静，它内在的整体风致也就不可寻找。在摩肩接踵的拥挤中游古典园林是很叫人伤心的事。"①

园林不需要浮躁和喧嚣，否则园林的氛围气质全无，更遑谈精致深邃的意境。实际上，我们现在正是面临这样一种尴尬的境况，当下的中国古典园林就像一个将要被人估价拍卖的古董，被众人把玩来把玩去，它已经成为"旅游景点"，人头攒动、声浪灌耳，中外游客络绎不绝，导游挥动手中的小黄旗，不停地嘶喊引领，对每个景点都要做一番固定的典故说辞，并不给人以自由漫步和体味的机会，轻松、随意、遐思没有了，代之以机械、急促、被动的脚步牵引，谈何感悟其精髓意境？在这样的状况下，建筑场体验的真正意义便荡然无存了。

站在今天的角度上看，可以说，中国古典园林已经成为美学定型的东西了，可以从中总结出其营造的思想、观念、追求、手法等。从积极肯定的方面说，中国古典园林已经"经典化"了，它的营造理论相对完善，手法相当娴熟，作品非常丰富。从消极方面说，则有些"程式化"了，即它是在一种固定模式中以不同搭配的形式完成的。但总体说来，中国古典园林经过千百年的创造积累，都称得上是艺术精品，属于物质文化遗产。实际上，纯粹的中国古典园林在某种意义上已经不属于当今这个时代了。对于古代的人来说，在这样的园林中赏玩，与园林环境文化发生的是直接体验。而对于当今的人而言，在这样一个古典化的园林中赏玩，并不具有所处时代概念上的直接体验关系，而是两种时代之间的错位体验关系。就像是今人欣赏古董一样，换句话说，就是今天的人体验过去的环境，所产生的是一种"间离"的体验效果，是间接地体验古人的园林生活情感。尽管是间接的体验，对于今人来说，仍然是非常有魅力的一种体验。如果深入考察分析，我们不难发现，今天人们游览观赏古典园林，其实是包含两种不同的体验的，即直接体验与间接体验的混合体。一方面，人们亲历园林环境，体验现实存在的山石水体、竹林草木、亭台廊榭，感受其美；另一方面，是通过"我"的自身的体验，间接探寻古人的生活方式、生活雅趣和美学品味。还有许多类似的情况，对属于过去某个时代的建筑体验都是直接体验与间接体验兼而有之的。

但是，我们当前所面临的并不是如何体验和体验深度的问题，是还能不能有效地进行体验的问题。当代的中国古典园林的物质遗存已经成为一种开放的公共性的园林公园，与当时的场所氛围大相径庭。试想一下，如果一幅中国古典园林画中点缀的是穿西装、运动服、休闲装的人，该是一种怎样的情景？我想一定是比较别扭还有些滑稽的场景。人在园林中，既是观赏主题，也是被观赏的客体。中国古典园林之所以有其魅力，在于它所产生的时代，一切与园林有关的背景，都是造成其建筑场意义的因素，当然也就包括在园中的人在内。所以说，当下中国古典园林的境况：尽管它的实体还勉强存在着，但是它的精神已经被社会功利行为异化了，尽管园林的存在是"真"的，也经过了"物质性"保护，但在某种意义上，当它被旅游商业化之后，真正意义上的园林建筑场价值便逐渐被消解了，这是非常可惜也非常无奈的事情。

此种情况并非中国古典园林所独有，我国许多地区经典的古村落也存在着同样的情况，江苏的周庄、同里，安徽的宏村、西递村，山西的乔家大院，平遥古城，云南的丽江古城等，也受到旅游经济过热的影响，使建筑原有的文化生态氛围遭到破坏。由此可见，建筑场并非一个孤立的建筑物质环境，它的原生文化形态是在特定的社会环境中有机生成的，也是最具生命力的。

二、建筑场意义的转换——建筑场之"798"现象

当代城市要不断地发展，规划新建项目是必然之趋势，但是否老的、旧的建筑一律要铲除夷平

---

① 余秋雨．文化苦旅．东方出版中心，2002.

重建？城市的建筑文脉如何继承？城市多元文化细胞构成是否有机丰富？城市的情感记忆如何保留？都是值得商榷和思考的问题。对于以上问题的提出，并不是几段文字所能解决的，但就其城市的规划发展和建筑文化生态保存的现状问题，就不得不提一下北京798艺术区。"798"这样的一种城市建筑功能转换再利用现象，具有对某一类建筑环境改造的典型意义，可以促使我们对城市的有机发展从另外一个特殊角度来进行审视和思考。

（一）关于"798"的历史背景

在分析并回答以上所提出的问题之前，我们有必要先来了解一下"798"的背景情况。798厂归属于718联合厂，全称为：华北无线电器材联合厂，是我国在20世纪50年代建设的电子工业基地。它位于北京市朝阳区酒仙桥路2～4号院，整个联合厂占地100多万平方米，由当时社会主义阵营中的前民主德国援建，1954年开始动工，1957年投入生产，属当时国家级战略工程，"798"是对这个区域的一个简称。

由于历史上的政治、经济等多方面的原因，2000年12月，798厂等六家单位整合重组为北京七星华电科技集团有限责任公司。为了配合大山子地区的规划改造，七星集团将部分产业迁出，为了有效利用空余的厂房，七星集团将这部分闲置的厂房进行出租。因为厂区有序的规划、便利的交通、坚固的厂房、具有包豪斯建筑理念及风格等多方面的优势，吸引了众多艺术机构及艺术家前来租用闲置厂房并进行改造，逐渐形成了集画廊、艺术工作室、文化公司、时尚店铺等于一体的多元文化空间。由于艺术机构及艺术家最早进驻的区域位于原798厂所在地，因此这里被命名为北京798艺术区。

从建筑的初衷与目的来看，这是一个电子工业厂区建筑群，一切设计是围绕着电子工业生产的功能来建设的，是一个典型的工业建筑类型群落。2000年以来，当一部分厂房逐渐闲置后，最初是中央美术学院在望京的新校区未建成时将其作为临时的校区和雕塑工作室。后来，先后有众多的雕塑家、艺术家发现了它的优势和价值，纷纷进驻这个被闲置的厂区。原来的电子工业建筑厂区在不经意间发生了功能性质上的变化，工业区变成了艺术区，生产氛围演化成了艺术氛围，工业厂房转化成了画廊、工作室，工人置换成了艺术、时尚、前卫的各种群体。时至今日，整个建筑空间环境的功能效应发生了本质性的变化。

图9－17 厂区内仍保留着工业建筑的痕迹

（二）关于"798"的功能性质转换

"798"从工业区转换为艺术区，是一种旧建筑再利用、建筑功能转换的现象。关于建筑再利用的概念的提出，1979年，澳大利亚针对本国的建筑遗产保护制定了《巴拉宪章》，明确提出了关于什么是再利用的概念：即对某一场所进行调整使其容纳新的功能。其关键在于为建筑遗产找到适当的用途，使该场所的重要性得以最大程度的保存和再现，对重要结构的改变降低到最低程度，并使这种改变可以得到恢复。

根据美国《建筑、设计、工程与施工百科全书》（Encyclopedia of Architecture，Design，Engineering Construction）的定义，建筑再利用是指"在建筑领域之中借助创造一种新的使用机能，或者借助重新组构（Reconfiguration）一栋建筑，使其原有机能得以满足一种新的需求，重新延续一栋建筑物或构造物的行为。建筑再利用可以使我们捕捉建筑历史的价值，并将其转化成将来的新的活力。建筑功能置换是历史建筑再利用的核心。建筑再利用是否成功的关键在于建筑师是否能抓住一栋现存建筑的潜力，并开发其新的生命。”

以上关于建筑再利用的概念和定义言简意赅，我们确立了一个正确的认识和理解前提。那么我们就来对798厂这样一组旧建筑的再利用与功能转换问题进行分析。

“798”的再利用与功能转换并非在一种意识的引导下而操作的，而是在“不经意”间形成的，这很耐人寻味，从寻找闲置空间，到发现这样一些旧厂房空间的不寻常之处，然后变为有意为之，应该有其内在的原因。并不是所有的闲置建筑空间都可能由一种功能空间转换成另外一种功能空间后具有如此的建筑效应活力。因此，考证“798”之所以能够成功转换功能的原因是非常必要的。

首先，我们从历史的角度来分析798厂建设的来龙去脉。798厂是我国建国后的重要电子工业基础建设项目，国家的重视程度自不必说。从这个时期来看，共和国建立后，百废待兴，先前中国还从未有过这样一个大型的电子工业基地，即便是在当时的社会主义阵营中的前苏联、前民主德国，也不曾有过这样规模的单独的工厂，这就已经具备了历史发展标志性的意义。从建筑理念上看，由于是前民主德国援建，建筑设计本身渗透着极强的包豪斯设计精神，而这也是当时西方领先的设计潮流。从建筑质量和功能来看，对于建筑抗震强度，严谨的德国人将抗震强度设计在8度以上，厂房不用MU20、MU30砖，而使用MU50建筑用砖，并为此专门修筑了两家筑砖厂。锯齿形天窗的采光角度采用比90°更大的120°，使得生产车间的光效更佳。

这些优质的建筑技术和功能因素是建筑性质转换的重要因素。但是，这些表层的因素之后，真正使之产生化学反应的是什么元素呢？应该是“生活记忆的精神情感”和“对立逻辑关系颠覆”两个方面的原因。舒可文在谈到这个观点时说：“对于建筑本身的改造也有不同的价值评价，在注重效率的现代主义主流话语中，798厂房作为新中国历史上的工业建筑，只是应该被拆除的对象；在建筑理论中，建筑空间不仅是限定一个适用范围，还会提供满足感，这是建筑与人的联系中精神情感的一面；以精神作品为业的人群，在“798”发现了记忆中的岁月和印证记忆的物证，他们要守候的是城市形态的多元化解释。”① “798”作为一个建筑物质载体，它所蕴涵的是一个特定时代的人们的理想、奋斗、骄傲，是他们在这一特殊时期所留下的生活情感，人们正是从这样的一个50年前的工厂中，发现了隐埋在他们内心深处的情感记忆。人们需要这种记忆再次成为可触摸到的现实，以获得精神层面的满足。

另外一个因素，就是“对立逻辑关系颠覆”。以工业化为特征的社会已渐渐被信息化所取代，“798”的使命也是如此，“它的现实正在改变着它的过去，不仅是情调的改变，甚至是“798”所代表的工业城市的整个逻辑就要被完全改变。”② 作为“798”而言，它本初的历史的功能使命已经在社会变革中逐渐消失，其萧条的空间在被敏感的艺术家发现之后，它的价值性质便发生了变化，由工业生产建筑环境的逻辑被颠覆为前卫艺术建筑环境逻辑，应该说，这本身就是一件很具有挑战性、很具创意性、很具刺激性的“艺术创造行为”，尤其是在这样一个大规模的有多方面背景的厂区里操作，就更具广泛的影响力。

图9－18 厂房采光天窗为仰角120度，比90度光效更佳

① 舒可文．城——关于城市梦想的叙述．中国人民大学出版社，2006，184.
② 舒可文．城——关于城市梦想的叙述．中国人民大学出版社，2006，184.

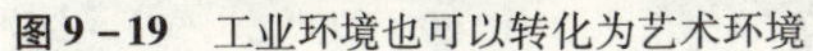

图 9－19 工业环境也可以转化为艺术环境

图 9－20 尤伦斯当代艺术中心展厅

以上因素就像化学催化剂，改变了“798”转基因的建筑性质。在这里，就如同《巴拉宪章》中所说的那样：“其关键在于为建筑遗产找到适当的用途，使该场所的重要性得以最大程度的保存和再现。”也如美国《建筑、设计、工程与施工百科全书》所言：“建筑再利用可以使我们捕捉建筑历史的价值，并将其转化成将来的新的活力。”“798”正是在这种再利用的功能转换中焕发出了新的活力！

（三）对“798”的建筑场体验

原 798 厂厂区面积约有 1 平方公里左右，基本上呈方形，规整有序。由纵横南北的若干道路组成交通网络，并划分成大小不等的厂房建筑区和空地区，方向性、方位感都较明确，较容易认知。道路系统由很明显的主道、次道、支道构成。在逐渐艺术区化的过程中，进驻厂区的艺术机构都在原来建筑基础上作了一定的标识性改造，个性特征比较鲜明，所以每一个机构门面的形象设计都有可能被单独记忆，因而具有了一定的标识意义。

798 厂区的建筑、道路及工业化的设施设备依然很强势也很自然地传递着自己正宗的工业化信息，道路整洁笔直，分区明确，车间及其他建筑各就其位，一如德国人设计的严谨态度。这种工业化的态势并没有因为艺术区的介入而受到太多的削弱，工厂的环境依然释放着昨日的气质能量。

截止到 2009 年初 798 艺术区，共有百余家艺术机构进驻，在这样一个大面积的厂区内，这样规模的艺术渗透基本上覆盖了整个厂区，可以说原工厂为空间异质化提供了非常理想的场地、环境、建筑等硬件条件。

在工厂厂区逐渐成为艺术区的过程中，“798”存在三种基本信息：一是 20 世纪 50 年代的工业化及至文革时期的遗留信息；二是当代艺术观念、行为对 798 厂区异质化信息；三是当下对城市建筑文化性保护的启示信息。前两种信息对于体验者而言，是一种直接可感的，而对于第三种信息，则是需要在深度体验和意义认知中才能被获取和解译的。

对于信息的体验者，应该大致分为两类人，一类就是艺术区的介入者——艺术家，他们在这里找到了一个理想的物质环境，也寻觅到了一个理想的艺术创作和经营环境。这里既无工业建筑环境的嘈杂，也无商业环境的喧嚣，适宜于操作静虚的艺术。老建筑所渗透出来的那种时代记忆痕迹则更容易激发对艺术和哲学纵横交织的思考，使得在此的艺术行为的前卫性、探索性和学

图 9－21 伊比利亚当代艺术中心的形象设计表达了个性和特色

术性更具有文化内涵。同时，这里并非是与世隔绝的孤僻之地，并非只此一家的隐居而无人知晓。艺术是需要文化氛围和信息交流的，多家艺术机构能够促进多元的信息交流、刺激和影响，对于艺术场所的发育形成了良好的条件。

图 9-22 工业化设备是建筑功能的原生形态信息

图 9-23 岁月留痕，建筑内的文字记忆着文革近代的信息

图 9-24 多样化的雕塑、装置成为当代艺术观念与形态信息

另一类人就是来此游览的群体，这个群体的身份构成以艺术家、设计师、外国游客、艺术爱好者以及青年学生为主。这个群体对“798”的体验与目前已在“798”经营艺术的艺术家们是不同的，他们是行走体验在一个逻辑对立的建筑空间环境中的。如果他们行走在王府井商业街上，就不会有这种逻辑对立的感觉，因为王府井商业街的建筑空间环境从规划设计到功能形成都是一致的，而在“798”的环境中，人们就会有一种异样的感觉：这曾经是一家工厂，建筑是旧的，有些闲置着，还有一些被废弃的情形，工业设施、钢架管道于厂区内纵横交错连接，弃用的行车设备还矗立在那里，这像是一种过去时代的蒙太奇的影像…… 这种景象的逻辑已经呈现出它的质地特性，这部分背景所积淀的信息不可避免地叠印入人们的知觉系统中。另一方面，当下的文化趋势、艺术潮流、行为观念又直接而强烈地传递着另一个体系的信息，与其建筑背景信息呈现出极端逻辑对立状态，显示着新鲜、个性、创造的艺术探索和表现元素，就像是在一个老的剧场中演一出新戏：厂房建筑被艺术功能利用取代，环境形象标识被工业艺术化，艺术机构入口的表情都在标新立异，建筑内部经过艺术处理的空间依然保留着原生工业化的印迹……这样的一种对立无疑是最能够激发起来此观览人们的探寻和体验心理的，所以人们在整个厂区的游览过程中会期待着多重体验的惊异和欣喜。最终，对立被现实的存在而统一，并由此产生了“798”这一特殊的建筑场效应。

下面是 798 艺术区建筑场信息活动表：

北京 798 艺术区建筑场信息活动表 **表 9-1**

建筑信息		建筑场体验	建筑场效应
建筑背景信息	建筑当下信息		
旧建筑　历史感 工业化　规整性 耐久的　弃用的	艺术的　时代感 文化的　多元的 延续性　利用性	记忆与现实 陌生与探寻 惊异与欣喜	建筑性质转换 建筑文化延续 建筑情感满足

（四）对“798”现象的思考

“798”现象并不是一个旧建筑群改造的个例现象，许多在20世纪不同时期遗留下来的工业或住宅建筑都可能遇到被重新改造利用的问题。例如上海的8号桥、莫干山M50，是对20世纪工厂旧厂房的改造再利用，现在是设计、艺术、媒体等机构的聚集地；新天地、田子坊则是对石库门住宅的改造再利用，成为时尚的文化、休闲街区。这些在当时曾经繁荣过的工业和住宅建筑，在面临城市改造规划、面临被拆除的境地后（甚至已经被大量拆除），又被当今社会的文化艺术界人士意识到它们的历史文化记忆的价值，发出了对其保护的呼吁，也在力所能及的条件下通过自身的力量来介入保护与利用。

图9-25 上海The Bridge 8号桥内的设计机构

图9-26 上海莫干山M50

图9-27 在石库门基础上改造的上海新天地

图9-28 上海田子坊休闲街区

凯文·林奇曾对有历史价值的事物作了一个简略的定义：“一个事物是新的，然后变旧、过时，然后被废弃，只有到后来它们重生之后，才有了所谓的历史价值。”应该说，我国某些城市在不同时期遗留下来的工业和住宅建筑，也正是经历了这样一个过程，在有意识地保护和再次利用中才能够重新被定义它的价值。

如果从更深层的意义上看，城市肌体的丰富性有赖于城市在生长发育过程中所滋生的记忆情感，物化的建筑形态无疑是最能表述凝固的时态空间概念的。一个具有典型特征的建筑区、建筑群、建筑体被保护的意义绝不仅仅在于它本身，而是对于当今城市或乡村环境发展文化生态价值观念的诠释。空间不是效率的机器，它还负有培育感情与精神的责任。

"798"现象之建筑场的发生给予我们很好的启示，从中我们可以归纳出它的发生原因以及它所产生的效应。概括起来，"798"建筑功能转换现象发生的原因有三点：

（1）每个历史时期的建筑都有自己的代表作品，或称之为标志性的作品，是当时社会的文化、经济、技术等方面因素综合形成的建筑物化形态。798厂是我国建国后电子工业基地奠基时期具有代表意义的工业建筑群，建筑观念、技术、质量都是当时国内最为领先的，是高质量、典型化的工业建筑，完全可以将其认定为具有特定时期的标志性建筑，理应受到合理的保护和利用。

（2）作为城市而言，时间与记忆的概念是城市文化情感的必然内涵，是城市的生命、活力所在。城市绵延的纵向保护不仅是保存物质，更重要的是通过物质保存而涵养的城市情感。798厂作为城市建筑环境的有机组成部分，在建国初期承载了特定历史的情感意义，因此它的发生也符合了城市情感积淀和记忆延续的需要。

（3）城市作为有机的生命体，不应是单一的细胞构成，它应该具有细胞的丰富性和有机性。在城市空间环境的功能、类型、层次、效应、价值方面都应该体现出丰富性和有机性，既要有宏观的、逻辑的、物质的、效率性的城市规划，也不能忽略微观的、体验的、精神的、思考性的建筑意义。798厂显然是能够丰富城市肌理的一类细胞，故有其保存的价值。

历史文物建筑保护有三种方法：一种是将它完全保护起来，将其视为一种纯粹的"文物"，只能旅游参观，不作现实中的其他功能应用，如故宫、应县木塔、西安古城墙等；另一种是在保有原有生活功能的基础上加以保护，使其具有活性的文化生态功能，如平遥古城、丽江古城、徽派民居村落、福建客家土楼等；第三种是在原建筑基础上进行一定的改造和利用，使其更新，具有新的使用功能。对798厂的建筑再利用就是第三种方式的实践，把原来闲置的厂房变成艺术功能区，并通过改造和利用重新发现建筑的多元化意义。

不可否认，"798"现象已经引起广泛的社会影响，概括起来，它所产生的效应可以归纳为四点：

（1）资源利用效应

在当下中国的各个城市，我们见过许多旧的或不太旧的建筑及片区被所谓"规划"夷为平地的现象。且不说这些建筑是否有历史保存价值，即便是从建筑经济的角度来看，也并不符合可持续发展的原则。而798厂区的被改造利用，就用行动表明了当今社会如何更好地利用资源的态度、立场和原则。798厂区具备文化资源、土地资源、建筑资源等多方面的优势，改造利用，一举多得，符合当代生态社会节约资源的观念。

（2）艺术价值效应

当代艺术释放出多元的价值观信息，形态形式上呈现出开放性，艺术的主张、观念、行为、作品已经形成了一个有机的整体。798厂区为此提供了一个可供实践的空间场所，对这个空间场所的发现、选择、转化、经营、再利用已经成为了一种文化艺术行为体验的过程。艺术家借助于798厂区的建筑空间环境，艺术家们既能为自己找到一种自己所追求的艺术创作的场所氛围，也能够为观众营造一种陌生、刺激和欣喜的品味和气质，从而制造出艺术的前卫性和陌生化效应。

（3）情感体验效应

在一个城市里，市民可以去的地方很多，目的不同，所期待的情感满足也不同。比如到商店是为了满足了解商品信息和购物的需求；到公园去，是为了放松心情调节情绪的需求；到博物馆去是为了获取知识信息的需求等。"798"是一种比较特殊的去处，这个地方不是一个按照美术馆的功能设计的专门展示场所，也不是为了单纯的休闲娱乐而修建的娱乐环境，而是一个原本在建筑功能逻辑上与艺术毫不相干的场所，在时代变迁中转化了功能，这就为市民多样性的情感体验，提供了一个具有探寻性的空间环境。一个城市应该具备这样的行为情感体验环境，798 艺术区恰好符合了这一需求。在这里，人们能够获得到在美术馆、艺术品商店、步行街等空间环境得不到的体验和感受。对 798 艺术区的体验不仅限于感官和情绪的调动，而且还能够引发思考和精神的愉悦。而且，这个场所是绝不会再被复制的，因此就显得更具有独特的情感体验价值。

（4）文化传播效应

一个城市的文化特征的形成，有赖于自身形成与发展中所有的事件累积，尤其是对一个城市产生较大影响的事件。北京 798 艺术区的前身是建国初期的国家重点电子工业企业，与当时我国的历史背景紧密相联，是新中国的历史时期在城市工业建设中的一个典型项目。显然，这样大型的城市工业建筑项目的实施，作为一个较大的事件，符合城市发展中文化构成的概念，从而使它具有了城市文化信息的意义。

“798”无论是作为原来的工业建筑群，还是当今的艺术区，作为文化信息的一种，都具备文化信息积淀、释放与传播的功能。建筑区域、厂房、艺术家、艺术品、观众和媒体，都是该项目信息的发送与传播者，严谨而符合逻辑的厂区、厂房、设施、路网是一种文化信息；利用这些资源作为媒介所表达的艺术观念、艺术表情、艺术行为、艺术作品也是一种文化信息；对这一特殊建筑景观现象的身体体验更是一种富有动态意义的文化行为信息。因此，798 艺术区作为城市文化的一种信息资源，能够充分释放其信息能量，为城市的文化传播发挥作用。

通过以上分析，北京 798 艺术区现象的确给予了我们多方面的启示和思考，在关注城市文化生态价值的今天，城市文化形态与文化语境的多元化给予了我们拓展思路的可能，我们生活在一个城市，希望它能够为生活在这个城市的人们带来家园的感觉。因此，我们在对待城市发展中新与旧的关系问题上，需要有一种辩证而富有感情的思维方式，其态度、观点与操作行为是问题的关键。重要的是，我们不仅需要一个物质优越的城市，我们还需要一个承载着文化情感记忆的城市！

三、生态与文化——中国传统民居建筑场

中国传统民居是一个特定的概念。从时间概念上看，它是从原始社会到封建社会这个漫长历史时期中的住宅建筑形式。从功能意义上看，民居就是为了解决人们居住的民生问题。从存在的意义来看，构筑“居所”是建筑历史的起源，古代构筑的形式并无功能类型之分，在很长一段时间里，住宅和房屋都属于同一概念，只是在其后的建筑发展中才逐渐有了类型的划分。民居广泛存在于民间的乡村、城镇，是构成城乡人工环境的基础，是中国建筑文化体系中的重要组成部分。

由于中国的地域辽阔，自然环境条件如地理、气候、物产等方面差别较大，又因民族众多，民俗文化背景的丰富性，故民居的形式呈现多样化。而每一类地方民居又都具有自己形成的有机依据以及它们的独特之处，所以多样性和典型性就成为中国传统民居这一类建筑的总体特征。

居住文化与传统民居是因果关系，即传统民居的物化形态是居住文化的产物。而居住文化主要构成是由自然因素与社会因素在一定的历史条件下结合的反映，所以其建筑场包含了这两个方面的信息内容。从自然因素来看，山西、河北的砖结构民居形式中的“砖”，是由于当地自然环境中“土”资源的丰富，便于烧制砖瓦，由自然资源转化成了建筑材料，形成了特征。陕西北部的窑洞，更是利用了地形和地质的资源而构筑的。福建客家土楼依据当地自然地理特征和生存需要，合理、经济地运用当地材料营建出土楼这一举世无双的建筑形式。安徽的徽派民居，则利用山、水、植被的资源的充沛，从选址到营造都体现了自然环境的生态方面的优势。山东胶东传统民居的房顶多用海草作屋面覆盖材料，也是利用海洋物产资源。因此，房屋的材料应用和房屋的构造形式都能够反映出自然的地域物产特征。

社会因素包括时代背景、建筑制度、建筑伦理、建筑情感、建筑技术等方面的内容。在封建社会，民居的数量虽然多，但相对于官式建筑而言，却算不上主流的建筑类型。在封建社会建筑制度建筑等级的规定下，民居类型属于最低的等次，即便是民间的官宦商贾的私家宅院，虽然也有相当的气派，但也要遵循建筑礼制的规定，在建筑的规模、尺度、用材、用色、装饰等方面不可逾越礼制半步。但民间对建筑的营建，又因为其地域文化的影响，并不像官式建筑那样千篇一律，固守清规，而是发挥了民间的想象力和创造力，因而创造出了丰富多彩的民居文化。此外，中国传统风水学说也是民居营造意识的重要组成部分，趋利避害、顺应自然、因势利导、功能逻辑、心理体验都是民居营造所必须遵循的原则。

我国民居形式众多，在此仅就福建客家土楼民居和徽州民居作一概括的建筑场效应分析。

（一）奇特的建筑形式——福建客家土楼之建筑场

福建客家土楼民居，是中国传统民居中的奇葩，在我国建筑文化中占有重要地位，其独特性在世界上有着广泛影响。客家土楼之所以能够具备它的地位和影响，与它的信息内涵有关，分析概括，可以确定其中蕴涵着四种内涵信息内容，即历史背景信息、建筑物化信息、居住文化信息和文化艺术信息。下面逐一进行分析。

1. 历史背景信息

从历史考证上看，福建客家土楼民居形式并非是自古福建当地原生的乡土民居建筑，而是由于历史原因，由迁徙文化为源头而发展起来的一种建筑形式。历史可以追溯到西晋时期，由于不堪边陲铁骑部族的长期侵扰，自西晋至明清，黄河流域的中原地区的先民不断地迁徙南下，辗转到福建、江西一带定居，继而再根据生存的需要创造了一种民居建筑形式。由于迁徙至此的并非本地原住民，所以这个外来群体被称为“客家人”，随之他们所建造的楼房也就被称之为“客家土楼”了。

这种由于历史上的大规模的迁徙而产生的建筑文化现象，最鲜明的特点就是具有它的社会文脉文化与地域生态文化的融合性。

社会文脉文化决定了在一定的历史时期人们所信仰的建筑观念和居住情感，由于历史战乱的原因，人们被动地举家远程迁徙，造成了原生居住文脉的断裂，祖先遗留下来的居住文化情感受到损害，在陌生的环境中重建生存场所需要极大的勇气和坚忍不拔的毅力，还需要有面对各种困难解决问题的智慧，需要数代后人的不懈创造才能延续下来。在这样的境况下，居住文明的创造——土楼，就不仅只是建筑本身的意义，而带有了生存文化创造的意义和价值。

地域生态文化之于建筑，就像母亲的乳汁于婴儿。建筑必然要建立在遵循当地自然生态条件和规律的基础上。同时，由于中原文化的建筑文脉影响，客家土楼与原始社会中后期处于黄河流域的半坡文化和龙山文化遗址的房屋样式相近，从平面布局及其建筑构成来看，与西汉时期“坞堡式”的庄园住宅极为相似。这样一来，客家土楼就成为了中原文化与闽南文化相结合的产物。地域生态文化观在“土楼”这一建筑形式上得到了充分的体现，从建筑材料、建筑形式、建筑技术等方面，都解答了“为什么会出现这样一种民居建筑形式”的问题。这就是在重建生存文明的过程中，客家人既保留继承原有的建筑文脉，又面对现实，在顺应当地自然规律的基础上，运用智慧进行的建筑创造活动，从而创造出了客家土楼这一民居建筑形式。被动的迁徙而又能够产生新的独特的建筑文化创造，正是福建客家土楼文化内涵的价值所在。

福建土楼是客家住宅文化内涵的物化体现，是人们对“土楼”这一建筑形态认知和体验的背景意义，它有别于其他类型民居的历史形成渊源和机理，所以它也就具有了丰富的建筑文化生态学的内涵意义。

现存的客家土楼主要分布在闽、粤、赣周边的福建省龙岩永定和漳州南靖西部地区。据统计，永定县境内现存的客家土楼约有23000余座，清末以前建造的土楼占总数的70%，楼龄在500岁以上的土楼有十多座，600岁以上楼龄的也有馥馨楼、振兴楼、复兴楼、永固楼、华封楼、日应楼等近十座。

2. 建筑物化信息

图 9－29　福建永定承启楼

具体到“土楼”这种民居建筑的物化形态，可以从建筑形式和建筑技术两个方面来考察分析。

类型和形态各异，类型可分为方形土楼、圆形土楼、五凤楼三大类，其形式又有殿堂式围屋、府第式方楼、宫殿式方楼、走马楼、五角楼、纱帽楼、吊脚楼、圆形土楼等，形式之丰富已构成自身的建筑体系了。联合国教科文组织专家安德烈曾经高度赞誉道：“永定客家土楼是世界上独一无二的神话般的山区民居建筑。”

图 9－30　土楼具有显而易见的防卫功能

福建土楼的建筑形式非常独特，相对于中国其他地区的院落住宅而言，它也是围合式住宅形式，但它与一般的院落围合式不同之处在于，它的形态类似于城堡，高大、厚实、坚固，防卫功能十分突出。对于土楼的建筑形式的形成，应该有以下几方面的原因。一是地理因素。永定东南部地处博平山脉中段，沟壑、山涧、峡谷、峭壁等分布纵横，地形切割陡峭，自然山体形成的气流非常强烈，为防止气流对人畜的危害，客家人采用高大围合的建筑形态，以阻挡气流的侵害。尤其是圆形土楼利用圆的切线原理，对于气流的消解非常有利，客家人称之为消解“窠煞”。其二是防御因素。客家人与当地住民时有摩擦冲突，也常有土匪盗贼出没，为了生存的安全考虑，建成城堡形状的土楼，有利于防御，全楼只设一个大门，一、二层不对外开窗，三层以上才开有比较小的窗口，土楼的墙厚度一般都在 1 米以上，最厚可达 1.8 米，墙的基础宽达 3 米。土楼内设有防水攻、防火攻的装置，内部有足够的空间囤积粮食、饲养牲畜，挖有水井，在有外敌围困的情况下，可以坚持数日而不用担忧生活资料储备。其三是为了生活的合理安排，尤其是圆形土楼，对于有效地利用建筑面积，利用自然光，合理地分配家族内的生活用房等方面的考虑。

关于客家土楼的建造材料和技术，当时先民在墙体的选材上有若干种选择，以木材为主材，会毁坏山林，造成林木生态被破坏，以石材为主材，采石耗时费力花钱多。所以就另辟蹊径，采用了当地最为常见的黏性黄土，掺上石灰、砂子，就形成了土楼的建筑基本用材——“三合土”。另有杉木、石料，再以竹片、瓦等为辅材，充分体现了就地取材的经济性。

在建筑技术方面，运用中原传统的生土夯筑技术，据考证，我国殷商时代就有夯土建屋，陕西半坡遗址考古成果表明，生土版筑技术早在6000 年前就被广泛应用于民居建筑了。可见，对于要长期居住生活的环境，客家人已有很强的生态观念，注意保护住宅村落周边的山水、林木、土壤等生态环境。同时，继承祖先的生土建筑夯筑技术，利用当地的土质资源优势，造就了客家土楼这种生态化的民居建筑形式。以黄土为主要建材营造的土楼异常的坚固耐用，现存的土楼中有的已有六七百年的历史，现仍巍然屹立，可以正常居住使用。

客家土楼的建造之坚固经久，客家人自己引以为豪，许多游客对此也发出赞叹，就是因为它的

图9－31 土楼以黄土、石灰、砂子为基材，中间辅以杉木、竹片等筋材，夯筑而成

建筑材料和建筑技术已经成为创造性智慧的象征，经济性、生态性、功能性都在物化营造中得到了体现。所以，客家土楼通过其物化信息可以向人们传递出物质形态与智慧创造的信息，并在其真实的建筑环境中得到体验。

3. 居住方式信息

客家土楼的居住文化，是以中国传统家族式的居住方式体现的。每座土楼基本上就是一个家族成员的聚居之地。在功能分配上，一层是厨房和饭屋，二层是仓库，三、四层是卧房。规模小的圆形土楼为单环楼，规模大的圆形土楼则可能是有多环的同心圆楼。楼院的中心或面对大门的一层空间设有祖堂，是全楼的核心空间，祭祀敬神、宗族议事、婚丧仪式等活动都在此举行。

一般土楼可有百余间住房，可住三四十户人家，容纳两三百人。大型的土楼内有四五百间住房，可住七八百人。这种大型的聚居方式，一是继承了中国儒家文化家族聚居的伦理精神，二是在当时特定的社会境况下，为安全起见，聚族而居，可以集中力量，有效地防御外敌的侵扰。由于客家土楼的建筑特点，使得住民在此居住十分舒适，冬暖夏凉，通风防潮，排水性能好，可以自动调节环境的温湿度，就今天的建筑科学的说法，它具备了良好的建筑物理性能。

图9－32 祖堂位于土楼院内中央，是全楼的核心空间

图9－33 土楼内的空间分割既体现使用功能也包含风水意识与人伦情感

图9－34 土楼内住民的日常生活场景

可以设想，一个大家族的成员生活在一个综合性的空间中，互相交流、和睦相处，勾画出一幅充满亲情、和谐、生动的生活场景。承启楼中有一楹联就是这种场景的真实写照：“一本所生，亲疏无多，何必太分你我？共楼居住，出入相见，最宜重法人伦。”

对于祖辈居住在这里的人来说，土楼就是居住情感的依托，生活的记忆、经验、情感与土楼凝结成了一个整体。祖上创造流传下来的这种房屋形式，已经含有某种建筑图腾的意味了。

4. 传统文化信息

客家土楼不仅建造技术精湛和生活功能完备，还处处彰显着深厚的中国传统文化内涵。儒家文化与民俗文化融为一体，许多土楼的命名都带有传统文化的书香气息。如衍香楼、裕隆楼、馥馨楼等，楼内的雕刻、匾额、楹联、篆刻、诗词等更是营造出浓郁、儒雅的文化气质。看得出来，作为住宅的土楼是极为重视德化功能的，许多匾额、楹联、诗词的内容都与教化、激励、规劝等社会伦理道德观念有关，如"干国家事，读圣贤书"、"振作哪有闲时，少时壮时老年时时时须努力；成名原非易事，家事国事天下事事事关心"等。

客家土楼建筑与传统玄学文化有着密切的关系，选址充分运用了中国传统的堪舆说，融入了八卦、阴阳的理念，对宅基选择的地形、水势、风向的勘验度势十分讲究。大多数客家土楼遵循《易经》六十四卦中"阳尊阴卑"的观念，按照"南田北屋"之说来确定宅基。楼内的八卦理念的体现则更为鲜明。以振成楼为例，楼内的房屋按八卦布局，前门是"巽卦"，后堂为"乾卦"。外楼高4层，每层48间，呈辐射状八等分，象征乾、坤、震、巽、坎、离、艮、兑八卦，每卦设一楼梯，6间为一单元，共8个单元；每个单元（卦与卦之间）设隔火墙，一卦内失火，不会殃及全楼。卦与卦之间以拱门相通，拱门关闭，自成一方，拱门开启，卦卦相通。大型的土楼宅内一般挖有两眼水井，呈东西或南北对称，象征日月或影射太极图案中阴阳鱼之眼睛。所以，从上空鸟瞰土楼，就是一幅生活中的太极图形。此类实例，在土楼文化中比比皆是。

考察分析客家土楼文化性的内在原因：其一，客家人原住的中原地区，是中国传统文化的发源地，受中国传统文化思想的影响自不必说。其二，作为迁徙到闽南地区的移民群体，要面对自然环境与社会环境的双重生存压力，对于避凶祈福自然有着强烈的意识要求。所以，客家人就以其睿智精巧的构思，创造性地将文化观念融于建筑物化活动中，从而形成了积淀丰富的客家土楼文化景观。

5. 艺术形态信息

宏观地看土楼，它本身的造型、体量、尺度、比例、空间处理、材质效果就具备了强烈的艺术视觉效果，甚至可以说它本身就是一件构筑艺术品。进入土楼，就会发现其中多有装饰艺术因素，艺术氛围浓郁。土楼建筑的诸多构件上，如门框、门楣、屋顶、柱、梁等部位都有精美的雕刻、图案、壁画。雕刻、楹联、字画、书法属于艺术形式，其内容则含有教育、激励、规劝等社会倡导的德化功能意义，这就使得艺术性与文化性形成有机的结合。

6. 客家土楼的建筑场体验

客家土楼以每座为基本聚居单位，所以土楼本身就是一个很完整的大型住宅系统，在一个村落中，土楼之间的距离关系有疏有密，虽然以土楼建筑群为单位形成了村落形态，但相对结构松散，不像以院落为基本单位的村落有着很明确的建筑"外墙"形成的街道形态，客家土楼村落中由建筑而形成的街道感较弱。土楼的建筑外观形态有着极强的"独立性"，其建筑内部空间形态又有着极强的"内聚性"，就这样，独立的土楼就在自然地形基础上以不同的组合方式构成了某种"团状"或"带状"的村落形态。

客家土楼所形成的村落感弱，而土楼单体的独立性强，土楼内部空间的营造复杂程度明显地超过外部。所以，在建筑场体验中，感知为外部整体、简洁而坚固，并无太多建筑构件与细部装饰，具有向外的"力"的膨胀感，而内部的虚空部分则是建筑围合性生活体验的集中场所，有着极强的空间"磁"效应。置身于土楼内部空间时，人的知觉神经就明显地表现出被唤醒的状态，视觉同时接收来自环绕其间的多个角度的信息。

图9－35 客家民居以每座土楼为相对独立的单体组成村落

图 9－36　土楼内部空间具有极强的内聚力

人的动觉随着视觉更为深入地进入体验过程，尤其是通过楼梯逐层上升，并在不同的楼层高度的环形水平面上行走观察时，空间信息多维而丰富，使人强烈地感受到这种大型群体聚居形式所带来的空间体验震撼。

除了建筑空间物质构成的场效应，土楼氛围的形成还依赖于住民聚居的生活场景。衣食住行、柴米油盐、家什物件、犬吠鸡鸣，居住生态的活力就滋养在这些日常的、平淡的、琐碎的生活场景中，空间中央的祖堂是一种信仰和象征，平静生活的秩序就是祖上留下的伦理规矩。院落中的水井除了生活饮用，也是一种象征：居土楼与客家文化永远都不会中断和枯竭。

简要地分析后总结如下：建筑形式、建筑信息、建筑体验的独特性，使福建客家土楼形成了独特的建筑场效应。它的建筑形态和居住方式蕴涵着丰富的历史、文化内容，从某种意义上看，客家土楼不仅是一种住房形态，更是一种建筑文化形态。对于住民而言，他们将土楼作为自己世代聚居的“家”，是一种“住”的习俗形式，是生活情感的皈依所在，土楼在他们心中更像是一种可以祈祷膜拜的建筑图腾。而对土楼间接体验的群体，则能够以自身的生活经验和从不同的审视角度，体验认知客家土楼这一独特民居建筑形式的建筑场意义。

下面为福建客家土楼建筑场体验图表：

福建客家土楼建筑场体验图表　　**表 9－2**

建筑信息	知觉与认知体验		建筑场效应
	知觉体验	认知体验	
历史背景信息	残旧、坚固、留存	久远、迁徙、客家	历史与文化 独创与融合 生活与生态 遗产与继承
建筑物化信息	高大、围合、生土	防卫、构筑、生态	
居住方式信息	群体、生动、场景	聚居、宗族、伦理	
传统文化信息	匾额、楹联、书香	礼教、德化、风水	
艺术形态信息	雕刻、装饰、壁画	技艺、审美、意境	

（二）山清水秀、人杰地灵——徽州民居建筑采风

中国传统民居的形式多样，各地民居因自然、社会、经济条件差异颇多，其各自的特征也由此产生，徽州民居就是其中极具特色的一种民居形态，除了它的建筑形式和村落环境使人过目难忘、体验深刻，其中多方面内涵信息更使得它具备了民居多重的文化价值。下面就对徽派民居的建筑场形成、体验与效应作下简明的分析和归纳。

1. 徽派民居的背景

徽派民居，是一个历史、地域和建筑形式相结合的概念。历史概念，是指古徽州的历史由来已久，它经历了秦汉、魏晋南北朝，至北宋徽宗宣和三年（1121 年）始定名徽州。地域概念，是指古徽州的区域是在安徽南部与江西北部地区，具体辖歙县、黟县、休宁、祁门、绩溪和婺源六县，与现在的徽州区并非相同。建筑形式概念，是指古徽州原来是古越人的聚居地，其居住形式为适应山区生活的“干阑式”建筑。中原士族的大规模迁入，不仅改变了古徽州的人口数量和结构，也带来了先进的中原文化，使得中原文明与古越文化交流融合，直接体现在建筑形式上而形成了徽派民居。

在现存的徽州各类古建筑中，明清民居的遗存数目最多，据统计约近 6000 幢，明清徽州民居的主要留存散布于古徽州的六县区域内，由于该地区的民居村落具有自己的历史民俗成因和建筑特色，而且具有广泛的影响，故称之为“徽派民居”。

2. 徽派民居建筑场结构形态

徽派民居的建筑场结构形态按层次是由四种结构完成的：其一是自然环境与村落的结合结构；其二是建筑群体的村落结构；其三是单体院落结构；其四是建筑类型结构。

（1）环境结构

在徽州民居的环境结构方面，注重人工环境顺应自然、借用自然、因地制宜、择吉而居的原则。徽州民居在自然环境的选择上，对于山形和水体极为关注，二者构成了徽州民居选址营造的必然自然要素。

徽州地区为山地形态，民居规划依据中国传统的风水说，需要“察山”，辨其凶吉。徽人相宅力求山形“厚、清、顺、驻”，在“察山”的基础上相宅，主要是朴素的生态观所致，使得定居的环境要具有御寒潮、避尘沙、疏洪流、得葱郁的最佳生存条件。对于水而言，任何住宅营造都是须臾离不开水的，一方面要解决生活之用，另一方面，我国道家文化中也有崇尚水的哲学和美学观，所以村落的选址必定要重视水与住宅的关系，考虑水源、流向、水质等方面因素。考察徽州民居村落就会发现，几乎每一个村落都会有河溪流经村内或村外，具有引用、洗涤、浇灌和调节水土平衡等方面的作用。比如宏村，其水系由三部分构成，一是遍布村内的沿街的水圳；二是村子中心的“月沼”；三是村外南面的“南湖”。三种水的形态有线有面，有大有小，有聚合有开敞，配合建筑与街道，形成了该村特有的灵秀之气。查济村中有河水流过，水源充沛，沿河形成的房屋错落有致，形成了水系村落的有机结构。村口有水口，既是风水的要旨，也是交通的标识需要。

图9－37 位于安徽黟县宏村中心的“月沼”

徽州民居村落因地制宜，有机错落地组成村落。有了适宜的山地环境和水资源的供应，徽州民居住宅的环境就体现出了自然与人工的和谐，生态性、实用性和经济性的统一。村落处于山清水秀、植被丰富的自然生态环境中，人在其中的生活心理状态自然就会因其而产生积极的效应。

（2）村落形态结构

徽派民居从建筑群落的构成渊源来看，是以“紧密型”的村落结构为基本建筑群落特征的，因此“村落环境”是考察徽派民居建筑场的重要因素和前提。如果从村落的规划与构成形态来对比，福建客家土楼是以单体“楼”的建筑形式为特征的，而徽派民居是以宅院群体的形式为特征。在徽派民居中，住宅、院落、村巷之间所形成的互为依托的内外联系更为密切，建筑的组合与分割构成了村落内密集的街道网络，比如黟县南坪村中就分布有纵横交错的72条古巷，漫步村中，给人以丰富的村落结构动态体验。这一点同福建客家土楼民居村落的疏离型结构是有所不同的。

图9－38 村落以街道构成网状布局

（3）单体与群体结构

建筑单体结构是徽派民居的微观结构，由此衍生发展为建筑群体结构。与北方四合院所不同的是，徽州民居的院由于四周的高墙和建筑的围合，加之院落本身的面积较狭小，呈“井”状，故这样的院子就称之为“天井院”。从院落的平面布局看，由“三开间，内天井”为基本单元构成，入宅门有一天井，空间布局对称，中间为厅堂，两侧为厢房，楼梯在厅堂前或左右两侧，在此基础上再组合发展为二进、三进、四合的住宅。具体分析，徽州民居的组合方式是以多进院落式为主，主要形制有三种：三合院式、四合院式以及变体式，在这几种形式基础上大多建二层或三层楼，是“楼居”与“院落”结合的住宅构成方式。在这种构成中，建筑高度与院落空间面积之比，造成了院落的狭小和封闭感，有空间向上发展的心理趋势，所形成的强烈对比，应该是徽州民居建筑空间结构的一个特征，也是建筑场体验的直觉要素之一。

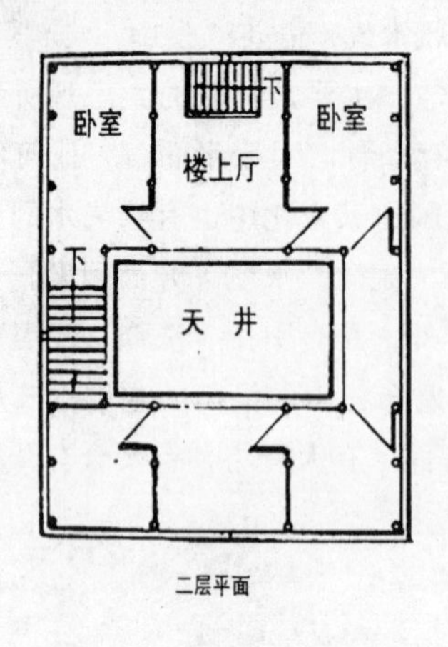

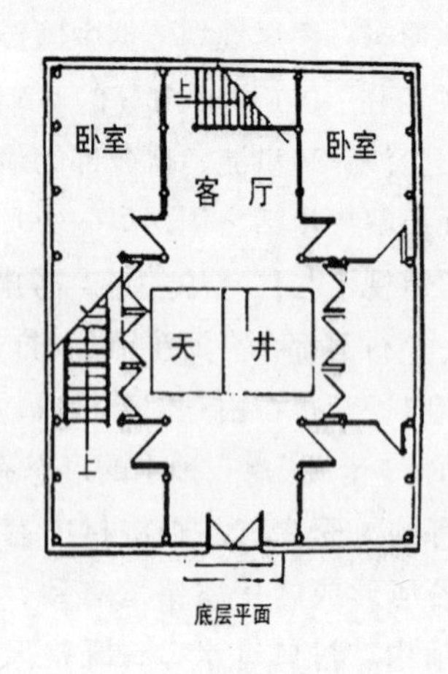

图 9－39　徽派民居院落基本形制

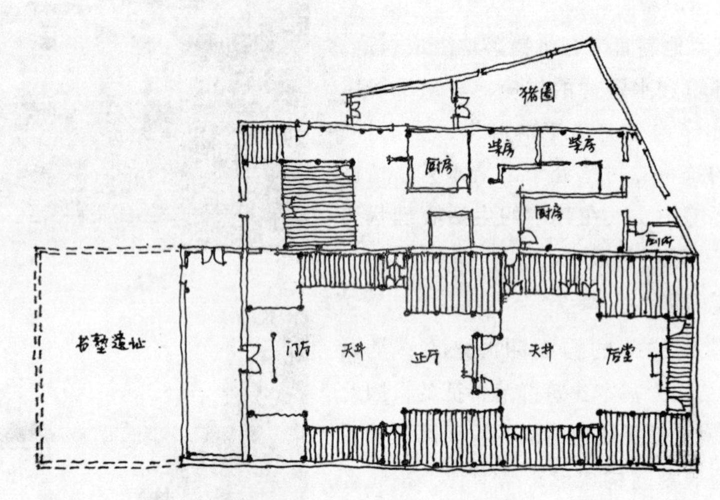

图 9－40　晓起民居江春霖宅

（4）类型结构

关于建筑类型的构成，徽州民居村落中主要是由住宅建筑、礼制建筑和交通建筑组成。住宅建筑按形制规模可分为大型、中型、小型，民宅在数量上占优，功能直接关乎生活，属于功能性建筑。礼制建筑主要为宗祠和牌坊，在徽州民居的每一个村落中，都存有数量可观的宗祠和牌坊，这类建筑在村落中的地位极其重要，在建筑环境中的功能不在于生活实际应用，而在于维系封建宗法制度，教化礼制生活秩序，表彰封建道德功绩等，它所承载的是传统文化内涵，故有被尊崇的意义。据资料，至清末时徽州大小祠堂共有 6000 余座。交通建筑主要是桥梁，由于徽州民居村落与地形和水系的关系，河沟纵横分布较多，所以联系交通的桥是必不可缺的。据统计，徽州地域内的大小古桥约有 120 座，形式各异，除了一般的平桥、拱桥，还有可以遮阳避雨的廊桥，成为丰富民居建筑的景观。牌坊既可以作为礼制建筑，同时也能够作为交通线路上的节点，起到交通标志的功能作用。

3. 徽派民居建筑形式分析

徽派民居之所以被称之为“派”，应该是与其建筑形式的特征性、文化性、影响性和认同性有关，可以说，徽州民居已成为一种“经典”化的民居建筑样式了。

（1）建筑形式与功能分析

徽派民居的建筑形式的形成也有南北文化融合的特征，最早可追溯到东晋时期，为避战乱，中原士族南迁至徽，将我国中原民居的“四合院”形式与南方地区的“干阑式”的楼居建筑形式进行了有机结合。在封建社会历史上，这种自北南迁的现象并不少见，如福建客家土楼形式，也是南北建筑融合的例子。从文化生态的角度看，建筑形式的结合也反映了建筑文化的融合。由于自然地理条件的缘故，古徽州区域以山地为主，为了保证农耕用地的充足，民居营造用地相对紧张，有地狭民稠的状况，又因聚居的民居文化心理和住宅防卫，住宅的日照采光、防热避寒、通风排水等生态功能需求，以及提高建筑容积率减少征地税款的经济性要求，所以就在单位面积内加建楼层来满足以上心理、功能和经济等方面的要求，形成了围护性院落与楼居性建筑的有机结合的建筑的基本形式。从建筑单体至群体的组合来看，以“间”发展为单体建筑，以单体建筑构成住宅院落，并以此为单元，发展为住宅建筑组群。

图 9－41　牌坊既是礼制建筑，也是交通标识建筑

图 9－42　黟县西递村胡氏宗祠，象征伦理教化的礼制建筑

徽州民居村落建筑中使人印象深刻的是“墙”的形式，因墙头似马头翘起而被称之为“马头墙”，又因其功能为建筑防火而称为“封火墙”。徽州民居的“墙”感尤其突出，与墙面积大窗口小所形成的比例有关，也与白色墙面与灰色墙头的对比有关，这一建筑构件在某种程度上可以作为徽派民居的象征符号。“墙”参与所有的建筑界面与院落围合的构成，并具有建筑防火的作用，同时也是典型的建筑审美符号，它既飘逸优雅又质朴厚重，其形式同时具有使用功能与审美价值，可以说是徽派民居建筑功能与审美完美结合的一种浓缩体现。

（2）建筑生活方式与民俗文化

徽派民居的物化形式与民俗文化、生活方式有着密切的关系，建筑空间的设置是依据民俗文化和生活方式的需要来安排的。每栋建筑宅院内的空间围绕着天井而建，空间联系方便易达，厅堂设置有轿厅、门厅、正厅、后厅之分。轿厅是客人落轿下马之处，供轿夫马夫休息；门厅作迎送宾客、仪礼场面之用；正厅是款待重要客人，举办婚丧仪式、节俗庆典的场所，也是宅人家族的议事之处；后厅为家人娱乐休闲的空间。小型民居院落的卧室一般设置在天井两侧的厢房，大型民居院落则多将宅主人与眷属的卧室设置在二楼，而官宦人家为了避免“屈居女人之下”，会将女眷的卧室安排在避弄之处。书房的面积与位置都较为灵活，以符合诵读书写为宜，可谓随意

图 9－43　封火墙是徽派民居的建筑符号

中见秩序，规矩中见情趣。其他附属用房也多考虑其功能要求，例如厨房的位置多安排在房屋后部的角落处，并尽可能地设置小型天井采光通风。可见徽州民居的建筑内部的确很成系统，功能明确，安排合理，衔接紧密，形成了能够满足家庭生活与民俗活动多种需求的空间体系。

(3) 建筑装饰艺术

无论中外，建筑装饰都是古典、传统建筑的重要组成部分，徽派民居也不例外，建筑装饰无处不在，主要装饰形式为雕刻和彩画，尤以雕刻为盛，几乎达到了“无户不雕”、“无处不雕”的程度。雕刻按材料和工艺分为砖雕、木雕、石雕等种类，题材内容分为山水植物、飞禽走兽、戏文故事、民间传说、历史典故、生活场景、宗教神话、装饰图案等类别，包罗万象、内容丰富。砖雕主要装饰在门楼、门罩、墙面、墙端、庭院等部位。木雕主要结合建筑木结构的柱、枋、梁等构建部位及结合隔扇、板壁、挂罩等进行装饰。石雕一般用于柱础、院墙、栏杆等处，雕刻手法多样，有圆雕、透雕、浮雕、平面雕等。彩画的装饰应用不如雕刻广泛普及，但也常出现在建筑墙面和顶棚等处。徽派民居的建筑装饰，从形式上看是对建筑美化的需要，但其中内涵丰富，我们可以从其题材和内容中看到民俗文化中的诸多意识，比如自然观、伦理观、宗法观、教育观、审美观等意识形态的反映。由于徽派民居建筑装饰的广泛性与精湛性，以至于成为徽派民居特征不可或缺的构成要素之一。

图9-44 建筑构件上的木雕装饰

图9-45 墙面上的砖雕装饰

4. 徽州民居的建筑场体验

(1) 视觉与表象

徽州民居建筑场的信息构成首先是以建筑的表象信息形式通过视觉获取来完成的。表象中最具有特征的信息会成为最直接和强烈的感知要素。分析如下：

1) 墙的知觉

徽派民居建筑最大的信息量来自建筑构成的要素——墙。知觉中，大面积白色的“墙”以及墙头上深灰色的“瓦”，成为一种典型而有意味的信息。墙占有绝对的面积优势，以舒展的面的形式表达，而墙头脊瓦则只占有小部分面积，以流畅的线形式表达，为一种面积对比、面线对比。大面积墙体为白色，而小面积墙头瓦为青灰色，是一种色彩对比、明度对比。墙为平整状，而墙头为叠涩肌理状，又是一种材质肌理对比，连续多重对比使得一面简单的“墙”具有了丰富的视觉心理感受。此外，由于建筑的时间性，白色的墙已经有了自然和使用所留下的痕迹，而并非干

图9-46 大多数民居都留有岁月的痕迹

净的白色，这一点应该是最具有视觉魅力的体验要素。墙面上的“痕迹”表明了生活之印迹，“时光”、“生活”、“延续”等概念正是通过“痕迹”来反映的，虽然一尘不染的白色墙面更为纯净，但对历史悠久的徽州民居而言，有痕迹的墙面似乎更能够传递一种时间维度的沧桑之美！

2）错落组合

民居村落虽然在选址营造过程中有一定的规划形态。但村落建筑群的组合是在生活需要和村落逐渐发展扩大的基础上有机生成的，并无过于详细的建造规划控制，生活状态的自我调节构成了村落的生动形态。这一点与当代新农村改造后的模式化住宅完全不同，当然这也与不同时代的生活、生产方式有关。村落在三维构成中呈现出曲直、疏密、高低、大小、虚实等方面有序的组织，生动而富有节奏感。

3）村巷

村巷构成村落的交通肌理，在功能上起到引导、分流、标识等作用，在视觉上，沿村巷的房屋立面、墙体、门楼、路面、台阶等信息构成连续的画面，类似电影的蒙太奇效果，由个体主观的视觉需要任意剪接获取，并留下情节性的印象。村巷的宽度与两侧建筑的高度所形成的关系，视觉重心的高低及视域的宽窄等因素，都能够影响人的心理体验状态，而且差异较大，从而形成对这一动态空间的知觉体验。

图9－47 参差错落的村落构成

4）院落

徽派民居的院落围合感极为强烈，可以明显地感觉到高墙内外的空间场域。最直接的原因就是围合的墙体和楼房高度与院落面积所形成的比例所致。由于竖向空间大于水平空间，所以给人以“井”的感觉，这与北方四合院的院落感有较大差别。但这个“井”并不感到闭塞，也有其原因。原因之一是院落的外部村巷空间本身就是小尺度构成，巷道的狭长感较强，对比之下天井内的静态空间反而会显得大一些。其二，院落内的正面厅堂都为开敞性空间，起到了空间缓冲作用，没有大面积硬质的空间界面，实际上是将院落进深向内扩大了。另外，院落内的生活氛围，是将人的注意力分散到了不同的内容方面，比如建筑装饰、家具陈设、农什用具、花卉植物等，因而弱化了人对空间狭小的感觉。同时也需要指出，尽管人的知觉并不特别感到天井空间的局促，但却在空间的竖向位知觉上有比较强的体验，尤其是向上延伸建筑形成的天井开口，特别强调了一种建筑观念的存在，具有独特的哲学品味，因而这种竖向空间的知觉特征也正是徽派民居院落所具有的空间魅力所在。

图9－48 村落中的街巷四通八达

5）水体

徽派民居从选址开始就比较注重“水”与村落的关系，“水”一方面是生活的应用需要，另一方面则是方便村落内外的庄稼菜蔬浇灌的生产需要。除去这些生活生产方面的应用需要，水还与住宅选址的风水观念有关，

图9－49 宅内的天井使人知觉到竖向空间的魅力

图9－50 宏村中与街巷共生的水圳

风水理论认为“吉地不可无水”，“地理之道，山水而已”，“风水之法，得水为上”等，可见古人在住宅选址方面对水的要求甚高。徽派村落中常常有“水口”的设置，具有保瑞避邪、标识导向的作用。总之，“水”与村庄的关系是一个在生活、生产、生态上相互依存的关系，所以一般会有各种水体与村落相联系，借用河流及开凿池沼，形成村庄的水体景观。例如宏村，在明永乐年间，村民们就将村中的一眼活水开凿成半月形的“月沼”。随后围绕村落人工开挖水圳，使水圳与月沼相通，引西溪河入水口，沿村内巷弄弯曲回转，形成水体网系。后来又在村子的南边再掘成“南湖”，最终形成“村内含珠、水圳巷弄、镜泊映秀”的村落景观。因而，对宏村的视觉印象中，三种水体的构成特色应是最为深刻的记忆之一。

类似的例子还有很多，如西递村，有两条穿村而过的水溪，是村落的规划形成的生态依据，对沿溪流的街道特色的影响尤甚，构成了丰富的视觉和动态体验。呈坎村在原来大片芦苇滩的基础上，为了生活的需要，村民们将其改造为“前有河、中间圳、后面沟”的水系格局。绩溪上庄镇宅坦村则在天然水源不足的情况下，广挖大小水塘，解决了生活、生产用水及生态环境问题，形成人工水体景观特色。

概括之，“水体”是构成徽派民居村落的重要的特征性因素之一，在村落构成中具有形态、功能和审美的意义，使村落建筑环境生发出自然、生动和灵秀之气，与建筑、街道等融合成综合的视觉印象和知觉体验。

（2）信息获取的动态性

一个村落的体验，与一个城市的体验是完全不同的。城市是巨型聚落体，结构复杂、功能多样、信息量大，而村落则是微型的聚落体，结构简洁、功能单一、信息集中。一个较大的城市，在短短几天时间内是不可能游遍它所有的街道、建筑和景观的。而对于一个村落而言，较短时间内便可以转遍村落的角角落落，对其面貌生成一个整体的印象。徽派民居村落是一种以生活为主要功能的紧密型聚落建筑环境，虽然其面积和形状会有所不同，但一般会在0.5平方公里左右。村落规模、平面肌理以及构成尺度均以居住生活功能需求为依据。建筑、街道、院落等紧密构成了村落组团，无论是从居住功能还是从防卫功能上看，都是一种聚居的理想形态。

对于民居村落这样的建筑场的体验，是需要通过动态的体验才能够获取其全面与立体的信息的，动态性体验的特征体现为：①肢体体验的动态性，对村落完整的体验是必须通过人的肢体动态过程而获得的；②视线移动的动态性，即视觉信息是通过视线移动的过程来获取的，视知觉不是在图片式的静止的视觉方式而是以三维搜索信息过程中感知对象的；③视域选择的动态性，对于视域范围的对象，视觉会以焦点与散点交替的动态方式进行，它可能是某一栋房屋建筑或某一建筑细部，也可能是村落、街道、建筑之间关系的总体印象。

从村落的一个点开始，沿着一条街道的线路移动，街巷两侧高低、凹凸错落的院墙、宅门、民居、装饰都是环境信息，不断地随着移动被视觉与其他感官所感知，就像是移动着的摄像机拍摄下一组组的环境场景，纵横密集的村巷，通透叠进的宅院，围合仰观的天井……为体验提供了连续的多角度的动态画面，使得知觉变得立体、丰满、生动。在动态的摄取过程中，各种环境信息会随机被摄入知觉的影像系统，动态体验能够真正表达信息多维向度的组合变化，使得体验具有了时空进程意义。

(3) 认知体验

对徽派民居的认知体验是建立在环境表象与信息获取的动态性基础上的，认知意味着对民居信息的处理过程，体验是人在信息处理过程中，感官、思维、记忆、情感、判断的综合反映。认知体验则全面反映了对徽派民居这一事物的感知。

高低错落的建筑群，有特色的封火墙，围合的天井院落住宅，黑白灰分明的建筑色彩，依附于住宅及空间中的艺术性要素内容，在村内纵横交错的村巷，与村庄交织融合的山水、植物等环境。这些信息综合在一起，给人的知觉系统以反复的刺激，形成了鲜明的环境表象知觉。

表象知觉体验随着对信息的处理而呈现出来的认知体验，可以归纳为几个层面。

第一层面是建筑实体和环境存在的层面。如村落环境、住宅形式、街道尺度的客观存在与现象，置身于特定的村落环境中的体验。

第二层面是民居与村落环境的特征性层面。对村落街道民居的表象形式特征的把握，包括色彩特征、形态特征、材料运用、肌理感和空间结构等方面的特征。是确认环境独特的体验环节。

第三层面是对信息的综合处理而得出的认知性体验。认识到以上表象是由多种背景要素构成的，是具有丰富内涵和多元价值的建筑群落呈现，从而进入理性体验的高度，同时理性体验又反馈情感认同，进入到情感体验的层次。

以下是认知体验层次的归纳表格：

徽州民居村落认知体验表 **表9-3**

认知体验层次	信息层次内容	认知体验结果
层面一	环境构成信息——环境、村落、房屋	环境、存在、聚落
层面二	构成特征信息——布局、街道、宅院 民居特色信息——形态、色彩、肌理 艺术审美信息——技艺、创造、表现	要素、典型、 构成、形式、 特征、审美、
层面三	生活方式信息——聚居、功能、风俗 历史渊源信息——形成、发展、机理 文化特征信息——观念、德化、生态	历史、文化、 民俗、遗产、 价值、保护

四、新的设计理念——CHINA公社酒店场所体验

CHINA公社酒店位于青岛市市南区闽江路8号，是一家风格独特的酒店。该酒店同一般星级酒店和商务酒店有所不同，它是以凸显文化品质与设计个性为特征的，所以可以称之为“文化酒店”或“设计酒店”。又因为在设计中注重空间品格体验的效应，我想也可以将其视为“体验酒店”。

该酒店的设计构思、手法、风格与酒店的经营理念和方式是一脉相承的，它不按照常规酒店的设计与经营思路来操作，而是另辟蹊径，从固有的酒店模式中解脱出来，对酒店文化进行全新的诠释。酒店的老总牛虎兵先生介绍：CHINA公社是一处以古典演绎现代的休闲艺术社区，它不单是一个酒店，而是一个复合性业态。除了餐饮、住宿功能外，还要使其成为一个弘扬中国传统文化遗产的场所，要结合酒店建立民间艺术博物馆，同时还要将国学、国医等中国文化精粹纳入其中。从中可以看出，CHINA公社是一种活性文化的经营理念，在酒店下榻能够体验到浓

图9-51 酒店外观颇似中国福建客家土楼

郁的中国传统文化气息，同时也将中国的文化国粹的传播功能体现出来。设计师马庆先生在谈到设计理念时这样说："CHINA 公社建筑群落的设计灵感来自对中国传统民居建筑神韵的感悟。它重点借鉴了南方客家人的圆形土楼和北方四合院两种最具代表性的建筑，以天井和庭院为核心的建筑符号，展现出中国传统居住文化中所凝结的人与自然、人与人、人与建筑之间的和合特质。"无论是对设计师和酒店业主的访谈，还是亲历酒店的空间体验，都充分说明了这一点，因此，酒店也就以自成一体的姿态展示在我们面前。下面就对该酒店进行一番体验性的巡礼。

（一）酒店的建筑布局形态特点

该酒店是在原来一家商品包装厂的旧建筑基础上改造的。原建筑并无特殊之处，是一栋建筑面积约 8000 平方米的二层框架结构楼房（一层为厂房车间），呈倒"L"形，现在圆形楼餐饮部分原是一个锅炉房。从通常的角度看，在原有建筑基础上改造成酒店不仅没有优势，好像还有诸多的先天不足。譬如原有建筑平面布局、建筑形态、建筑空间等，都缺乏酒店建筑的基本要求，所有给定的条件就是有一栋厂房楼及内部空间。

而设计师在设计中的思维恰恰是将劣势变成了优势。具体操作是，在原有建筑上加建了一层，同时又在此基础上新建一组与原有建筑平行的条形建筑，新建部分与原有建筑之间有 3 米左右的天井空间，两组建筑之间有连廊连接，形成有丰富体验感的建筑空间层次。经改造，建筑形成的半围合场地，也恰好成为酒店所需的水面景观和停车场地。改造后，酒店建筑面积约为 13000 平方米。

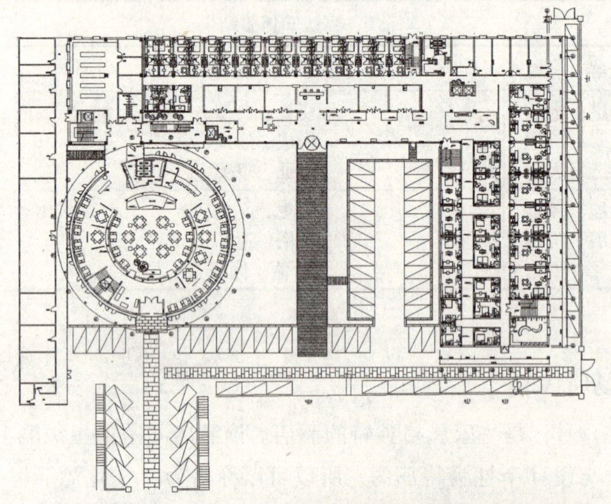

图 9－52 公社酒店平面图

图 9－53 圆楼窗扇被打开时的效果

CHINA 公社酒店的餐饮部分成为了酒店的标志性建筑，是整个酒店最具影响力的核心部分，它是一座酷似中国福建客家土楼的餐厅，这个楼的设计意念来自土楼，但它却并非土质的，而是木结构的，它的建筑立面全部是由活扇的窗所构成的，窗扇关闭时像一个大木桶，窗扇打开时全楼呈通透状，并展开翅膀，具有动感，开闭完全是两种建筑景观的变幻。

在整个酒店建筑的布局上，它既有相对独立的意义，又与质朴的客房部分建筑形成有趣的构图，形成了一个很有意思的建筑结构体，既有"圆与方"的对比，也有"开与合"的交替。而且，招牌式的圆木楼建筑还起到了很好的吸引顾客和酒店标识性作用。

在整个酒店建筑的"凹"形平面布局中，设置了浅池水体和停车场地，直通酒店客房部分的入口有一条宽绰的木栈道，在走过木栈道的这段时间里，人们可以很充分地欣赏到那个圆形木楼和水体景观。入口及建筑立面并没有繁琐、招摇的设计装潢，这也和酒店的整体设计追求相吻合，简洁朴素的入口和建筑立面，反而使人觉得有一种时尚的内涵。

（二）酒店的空间处理特点

酒店是新老建筑的结合，新建部分在扩大建筑面积满足空间使用要求的同时，又融入了中国传统宅院体验理念，打破原有无甚特色的建筑空间形式，通过增加新的建筑部分使建筑空间生动起来。

木构圆楼餐厅的空间很有福建客家土楼的风韵，三层围合空间，中间为顶面采光天井，符合中国传统文化“圆满”之象征，也满足了池座、楼座对观演的功能要求，也很符合中国传统茶饮观戏的功能需求。

图 9－54 餐饮内部空间

图 9－55 客房楼中的天井

客房接待部分虽然没有大面积的大堂空间，但是利用走廊设置了休息、景观、展示于一体的空间，功能效率很高。酒店客房新老建筑之间所形成的条形“天井”无疑会成为贯穿整个建筑体内的“气场”吐纳之处。新与旧两列建筑之间有连廊连接，这部分处理既有利于建筑结构，又解决了空间的联系，还能够丰富空间的层次感，是一举多得的设计。

同时，内部的走廊、过厅、客厅、天光房、书房、阳台等空间的处理，也因灵活、变化、有情趣而成为一种空间设计特色。这同其他酒店客房全封闭的设计理念是不同的。

图 9－56 过厅的采光顶与主题装饰

图 9－57 酒店内“天窗版”客房

（三）酒店的文化气质特点

CHINA 公社酒店在对冠名意义的阐释中说：“用英文‘中国’冠名，意寓该项目融中国文化与西方文明、古老民俗与前卫风尚、自然生态与人化空间为一体，同时展示其开放性和国际性。两个中西合璧而略显洋气的词语组合，不仅简洁明快，朗朗上口，而且体现着项目营造的社区文化的前卫、新锐和时尚的新古典定位。”

的确，该酒店在气质上有着一种独特味道，这主要取决于酒店的经营理念和设计的艺术定位。它不惊艳华美，也不盛气凌人，而是在平和温厚中与你对话，有着浓郁的中国文化的书香气息。设计师马庆先生在酒店文化理念设计上与业主有着深入的沟通并达成高度的一致，在设计中贯彻了这一理念，才有了 CHINA 公社比较完美的设计体现。

酒店内外的视觉传达的元素和装饰陈设，均采用中国传统文化中的元素。如酒店入口处的景观装置，是自然与艺术、具象与抽象结合的象征表达。选择中国传统的皮影为酒店主题形象，将中国传统民间工艺元素贯穿于建筑空间设计之中。其他装饰如隔扇、雕刻、家具、灯具，大小陈设也均有浓郁的传统民间艺术风味。这里必须提到的是选用的装饰主材，一种是中国宣纸，另一种是民间传统的老油布。宣纸主要用于客房内的墙面，从这种材料的信息中，人们自然会联想感受到中国传统文化的书香气息，无需更多的装饰赘言，中国文化儒雅的气质便油然而生。选用老油布作为隔断和灯箱的蒙面材料，这种出自民间的布种，无论是在视觉、触觉还是在嗅觉上，都会使人联想到一种逝去的但又温馨的生活场景。一种可能被认为是已经“过时”的民间廉价的油布，竟能够传递出如此丰富的信息，正是设计理念和设计构思的智慧结晶。

图 9－58 酒店外的景观装置

图 9－59 皮影木雕隔扇

图 9－60 酒店文化休闲走廊，灯箱隔断用老油布制作

图 9－61 具有中国艺术气派的餐厅装饰

（四）酒店体验的特点

建筑空间中所具有的信息越丰富越具有特性，人也就会更充分地体验到它的魅力。酒店内部空间设计信息所形成的系统，会使人通过视觉、触觉、听觉、动觉等不同的渠道感受空间信息的影响，导致个性、变异、未知、好奇、探索等心理的产生，并由此满足心理唤醒与体验要求。酒店空间的各种形式与层次的处理，很好地解决和满足了这种建筑空间体验性的问题。入住该酒店，对其内外空间的全新体验，别有意趣的体验感会始终伴随你，由表及里，然后有感而发。

欣赏建筑外部表象，圆形木楼给了我们一个完美的姿态，能够在视觉和行为上获得360°的信息，从而真正体现出“圆”的本质意义。木楼内部圆形空间虽然有限，但其中却会产生无限的循环之感，很有几分中国传统哲学中“道”和“禅”的意味。设计师笑言曾有客人去洗手间，回来时转了几圈却找不到自己的房间的趣闻。

客房楼的外立面虽无复杂的装饰，但墙面席纹肌理渗透着一种民间传统意蕴，窗内的竖向木格在微观上与木楼材质相融通，非装饰性的手法更能传达含蓄的现代大气之美。客房楼内部的“天井”与中国传统民居有着深厚的渊源，如中国徽派民居的楼居天井形式，北京四合院住宅形式等，是有建筑文脉可寻的，也可以说是中国传统民居的精髓之一。当代的设计师早已意识到先民在住宅空间创造上的智慧和成果，在此设置类似“天井”部分作为空间之气的吐纳之处，是通过空间形式来表达住宅文化的精神所在，亦可以使人产生对我国民居文化联想，可以说是设计成功的关键思路之一。

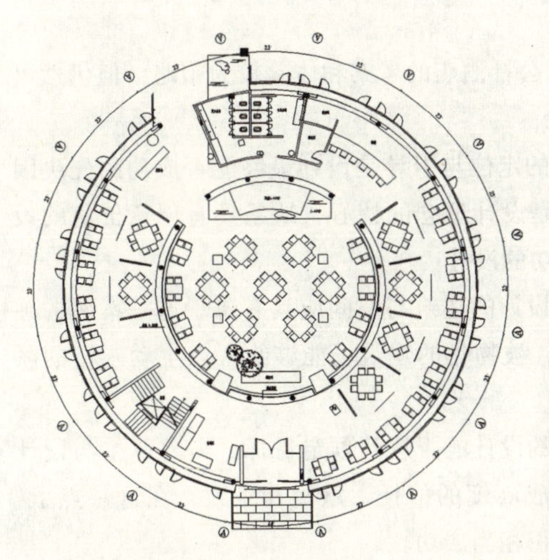

图9-62 圆楼餐厅平面

图9-63 客房楼外立面效果

“客栈”应该是人们进入酒店走廊的第一感受，酒店文化起源于客栈文化，传统客栈最为经典的标识是“灯笼幌子”，在这里，设计师大胆地使用了这个传统标识，使人们联想到“店”的文化原生态意义。

内部空间的丰富性为客房的组织和变化提供了很好的基础条件，酒店客房经营理念并不追求同质化效应，而是在探求顾客住宿心理的基础上，满足客人多元化的住宿追求，客房在面积、形状、设备、内部功能、平面安排等方面都有所不同，既有档次的差异，也有针对不同群体的区别，而且各有气质和特色，使功能不再成为一个模式化的固定配置概念，而衍化成一个个性化的生动变化的体验过程。人们可以在自己的客房中，

图9-64 客房走廊中的灯笼幌子

通过一个天光小厅、一扇窗与另一客房的客人交流（当然，这取决于你的意愿，并非强迫性的），这真是出人意料又令人欣喜的设计点睛之处！

该酒店在体验上既考虑整体立意，也注重细节的信息传递，一把椅子、一个座垫、一个柜子、一套茶具、一方墙饰、一面采光顶……都经过仔细的斟酌然后加以配置，所以也就具有了生动丰富的体验效应。空间中的所有信息都会通过人的感官进入对空间的体验过程，使人流连其中，玩味无穷……

图9-65 客房内景，具有“家”的体验

图9-66 客房中的洁具传递着民间艺术信息

图9-67 客房中的书案散发着浓浓的“书卷气”

虽然对CHINA公社酒店的考察和体验较为粗略，但仍然可以给我们几点启示：

（1）设计理念的定位与引导是设计最终能否成功的先决因素，而创意价值又是设计理念的核心，缺乏具有创意价值的设计最终不能算是成功的设计。

（2）设计师所设计的建筑与空间应具有属于这一案例的独特的建筑体验价值，被物化的建筑场能够给人以生动丰富的联想和体验。

（3）一个项目的设计能否达到预定目标，需要业主与设计师在设计观念上达成高度的信任、默契和一致，在这一点上，CHINA公社酒店做得相当成功。

当然，酒店也并非完美得无可挑剔，比如装修施工工艺的精细程度尚有提升的空间，但相对酒店的经营理念和空间设计创意，只能算是白玉微瑕。可以说，这组矗立于繁闹市区中的建筑，为人们创造了一个心灵可以触摸、精神得以养憩、境界得以提升的空间场所，而这正是我们追求的建筑场效应的意义所在。

结　语

我曾偶然在某一期《读者》上看到中国台湾作家余光中先生写的一篇短文，他谈的是“音乐”方面的社会现象，感慨大量的所谓“音乐”充斥于台湾的社会生活中，“在台湾，音乐被滥用，正如空气被污染，其害已经太深，太久了”。读到此语，自然就联想到了当今的建筑现象，音乐的滥用现象实在是与当今社会建筑现象有某些相似之处。余先生评述说：“终日在这一片泛滥无际的音波里载浮载沉，就能够证明我们是音乐普及的社会了吗？……这样下去，至少有两个后果：其一是噪声、半噪声、准噪声会把我们的耳朵磨钝，害我们既听不见寂静，也听不见真正的音乐；其二就更严重了，寂静使我们思考，真正的音乐使我们对时间的感觉加倍敏锐，但是整天在轻率而散漫的音波里沉浮，呼吸与脉搏受制于繁芜的节奏，人就不能好好地思想。不能思想、不肯思想，不敢思想，正是我们文化生活的病根。”

关于对寂静和真正的音乐的领悟，余光中先生说出了一番具有哲学意味的话：“寂静，是一切智慧的源泉。达摩面壁，面对的正是寂静的空无。一个人在寂静之际，其实面对的是自己，他不得不跟自己对话。那种绝境太可怕，非普通的心灵所能承担，因此他需要一点声响来排解恐惧。另一方面，聆听高妙或宏大的音乐，其实是面对一个伟大的灵魂，这境地同样不是普通人所能承担。因此他被迫在寂静与音乐之外另谋出路，那出路也叫做‘音乐’，其实是一种介于音乐与噪声之间的东西，一种散漫而软弱的‘时间’。”①

以上话语或许能够给我们带来一些启发和思考，我们会很自然地对目前社会“繁荣”的建筑现象产生一些联想。当下轰轰烈烈的大兴土木的建筑景象，其情况与充斥于我们生活环境的音乐噪声颇为相似。一些用各种建筑材料堆砌而成，被称之为“建筑”的东西，正在大量地堂而皇之地占据着我们的生活环境，影响甚至毁坏着心灵的“寂静”和真正意义上的“建筑”。

由此可以产生的思考是，音乐与建筑都是社会生活的组成部分，音乐和建筑都具有引导社会文化价值取向的意义，而不仅仅是一种声响或者是一种被物化的形态的存在。真正的建筑，可以使情感产生共鸣、精神获得体验、哲思得以领悟。

当下社会正在进行着大规模的推土机式的建筑实践活动，政府部门、规划师、建筑商、建筑师、施工人员在不停地忙碌着，每天都有老的建筑或片区被拆除、被改造，有新的工地开工，也有新的建筑竣工，建筑面貌可以称得上是日新月异了。建筑的经济投入巨大，专业环节复杂，社会效应明显，使得建筑环境一旦形成，便不是短时间内可以变化更改的。所以，正确地理解建筑新与旧的关

① 余光中．饶了我的耳朵吧，音乐．读者．2009，4.

系，发展与继承的关系，审慎对待建筑环境的保护与更新，减少建筑开发的盲目性和功利性，通过多学科的研究成果，对建筑环境的生态价值提供评估依据就显得尤为必要了。

因此，重视建筑的认知体验机理，研究建筑环境的效应规律，探索建筑场所活性有机理论，评估建筑实践活动，提出科学规划营造的理论依据，就是建筑场研究的意义所在。研究建筑场的最终目的，也就是使建筑场理论能够具有对建筑环境考量、评价的参照价值。

关于本书的写作，做一点补充。这本书从写作之始，就一直受到很多问题的困扰。首先，建筑场这个概念在这之前很少有系统的专门论述，这个提法是否科学合理，是否能够形成自身的逻辑研究体系。其二，即便是论述同一性质和范畴的问题，也可以从不同的角度或者侧重点来展开，本书内容是否能够体现出相对合理的涵盖。其三，本书确定了建筑场的基本内涵，参与研究的内容和要件又是如此之繁杂，具有多学科交叉融合的特点，很不容易把握它们之间的关系。因此，整个写作过程一直都是在这种困扰中进行的。

随着写作的进行，越发感到建筑场研究内容涵盖极为广泛，涉及学科众多，交叉性极强。其中所涵盖的任何一项内容都可以单独展开，对其进行具有深度的研究和探讨，因此，在这样一个包容性极广的设定中，要整理出一个清晰完整的线索，显然是一个浩瀚的理论工程，而不是本书所能解决的。虽然本书中曾多次提到“建筑场理论”，但本书仅就建筑场概念的提出以及论述从自身的理解角度提出了某种可供商榷的观点。实际上，本书所论述的内容从严格意义上并不能称之为“理论”，只不过是笔者平时教学之余对一些问题的思考片段，本书也是尝试性地触及一下有关建筑场的某些感性边缘，离“理论”的深度尚有相当的距离。因此，建筑场理论的探讨和研究的深入与完善，也就有待于今后各学界的共同努力了。

关于建筑问题的研究讨论，不仅是建筑业内的，而是整个社会的，它不仅是建筑师的事情，也是关乎大众参与的事情，它不仅体现为营造建筑的物化操作，更诉诸于建筑所包含的意识导向与体验意义。因此，作为文化现象的一种，对建筑的创造、体验、认知、价值的研究都是我们必须认真面对的重要课题。

最后，必须提到的是，本书能够得以顺利出版，与中国建筑工业出版社领导的热情支持与协助指导是分不开的，值此本书出版之际，特向中国建筑工业出版社与为此书付出辛勤劳动的编辑工作人员致以由衷的谢意！

丁　宁

2009 年 10 月 28 日于济南

参考文献

[1] 现代汉语词典 . 2002，3 商务印书馆，2002.
[2] 赵巍岩 . 当代建筑美学意义 . 东南大学出版社，2001.
[3] 李斌 . 空间的文化——中日城市和建筑的比较研究 . 中国建筑工业出版社，2007.
[4] 杨德昭 . 新社区与新城市——住宅小区的消失与新社区的崛起 . 中国电力出版社，2006.
[5] 徐苏宁 . 城市设计美学，中国建筑工业出版社，2007.
[6] 孙逊，杨剑龙主编 . 都市空间与文化想象 . 上海三联书店，2008.
[7] Michel de Certeau，The Practice of Everyday Life. Berkeley：University of California Press
[8] 沈克宁 . 建筑现象学 . 中国建筑工业出版社，2008.
[9]〔日〕安藤忠雄 . 安藤忠雄论建筑 . 白林译 . 中国建筑工业出版社，2003.
[10] 张卫东 . 生物心理学 . 上海社会科学社出版，2007.
[11]〔英〕M・W・艾森克，〔爱〕M・T・基恩 . 认知心理学 . 高定国，肖晓云译 . 华东师范大学出版社，2004.
[12] 王甦，汪安圣 . 认知心理学 . 北京大学出版社，1992.
[13] 俞国良，王青兰，杨志良 . 环境心理学 . 人民教育出版社，2000.
[14]〔美〕肯特・C・布鲁姆，查尔斯・W・摩尔 . 身体、记忆与建筑 . 成朝辉译 . 中国美术学院出版社，2008.
[15]〔加〕简・雅各布斯. 美国大城市的生与死 . 金衡山译 . 南京译林出版社，2005.
[16]〔日〕香山寿夫 . 建筑意匠十二讲 . 宁晶译 . 中国建筑工业出版社，2006.
[17] 刘松茯，李静薇 . 扎哈・哈迪德 . 中国建筑工业出版社，2008.
[18]〔美〕凯文・林奇 . 城市的印象 . 项秉仁译 . 中国建筑工业出版社，1990.
[19]〔日〕芦原义信 . 外部空间设计 . 尹培桐译 . 中国建筑工业出版社，1985.
[20] 建筑师编辑部 . 建筑师 . 中国建筑工业出版社，1980.
[21] 汪正章 . 建筑美学 . 东方出版社，1991.
[22]〔意〕P・L・奈威尔 . 建筑的艺术与技术 . 黄运昇译 . 中国建筑工业出版社，1981.
[23] E・莫洛根 . 信息架构学 . 祝智庭，顾小清，詹青龙，吴战杰，郭桂英译 . 华东师范大学出版社，2008.
[24] 陈凯峰 . 建筑文化学 . 同济大学出版社，1996.
[25] 彭一刚 . 建筑空间组合论 . 中国建筑工业出版社，1983.

[26] 李允鉌。华夏意匠．天津大学出版社，2005.
[27]〔英〕肯尼迪·弗兰姆普敦．现代建筑——一部批判的历史．中国建筑工业出版社，1988.
[28]〔法〕加斯东·巴什拉．空间的诗学．张逸婧译．上海译文出版社，2009.
[29] 王博．北京——一座失去建筑哲学的城市．辽宁科学技术出版社，2009.
[30] 国外建筑大师思想肖像．建筑师．中国建筑工业出版社，2008.
[31] 余秋雨．文化苦旅．东方出版中心，2002.
[32] 王其亨．风水理论研究．天津大学出版社，1992.
[33]〔英〕李约瑟．中国科学技术史．汪受琪等译．科学出版社，2008.
[34] 舒可文．城——关于城市梦想的叙述．中国人民大学出版社，2006.
[35] 郭志坤，张志星．东方古城堡——福建永定客家土楼．上海人民出版社，2008.
[36] 藏丽娜．美学徽州——徽州建筑艺术解析．中国文史出版社，2006.